中 等 职 业 教 育 国 家 规 划 教 材
全国中等职业教育教材审定委员会审定
全国建设行业中等职业教育推荐教材

建筑施工工艺

（工业与民用建筑专业）

主　　编　李国年
责任主审　刘伟庆
审　　稿　王　赫　金正芳
　　　　　徐　霞

中国建筑工业出版社

图书在版编目（CIP）数据

建筑施工工艺/李国年主编．—北京：中国建筑工业出版社，2003

中等职业教育国家规划教材．工业与民用建筑专业

ISBN 978-7-112-05391-9

Ⅰ．建…　Ⅱ．李…　Ⅲ．建筑工程-工程施工-专业学校-教材　Ⅳ．TU7

中国版本图书馆 CIP 数据核字（2003）第 043067 号

本书共分为五章，分别为砌筑工，抹灰工，钢筋工，混凝土工，模板工。本书结构简明，内容新颖，注重实际，操作性强。将施工现场最基本、最需要和实用的知识点、技能点进行筛选，优化组织编写。

本书系中等职业学校工业与民用建筑专业系列教材之一，可供中等职业工民建专业师生使用，也可供施工企业技术人员参考。

中等职业教育国家规划教材

全国中等职业教育教材审定委员会审定

全国建设行业中等职业教育推荐教材

建筑施工工艺

（工业与民用建筑专业）

主　　编　李国年

责任主审　刘伟庆

审　　稿　王　赫　金正芳　徐　霞

*

中国建筑工业出版社出版、发行（北京西郊百万庄）

各地新华书店、建筑书店经销

北京云浩印刷有限责任公司印刷

*

开本：787×1092 毫米　1/16　印张：13½　字数：329 千字

2003 年 7 月第一版　　2014 年 5 月第十三次印刷

定价：**19.00** 元

ISBN 978-7-112-05391-9

（14841）

中等职业教育国家规划教材出版说明

为了贯彻《中共中央国务院关于深化教育改革全面推进素质教育的决定》精神，落实《面向21世纪教育振兴行动计划》中提出的职业教育课程改革和教材建设规划，根据教育部关于《中等职业教育国家规划教材申报、立项及管理意见》（教职成［2001］1号）的精神，我们组织力量对实现中等职业教育培养目标和保证基本教学规格起保障作用的德育课程、文化基础课程、专业技术基础课程和80个重点建设专业主干课程的教材进行了规划和编写，从2001年秋季开学起，国家规划教材将陆续提供给各类中等职业学校选用。

国家规划教材是根据教育部最新颁布的德育课程、文化基础课程、专业技术基础课程和80个重点建设专业主干课程的教学大纲（课程教学基本要求）编写，并经全国中等职业教育教材审定委员会审定。新教材全面贯彻素质教育思想，从社会发展对高素质劳动者和中初级专门人才需要的实际出发，注重对学生的创新精神和实践能力的培养。新教材在理论体系、组织结构和阐述方法等方面均作了一些新的尝试。新教材实行一纲多本，努力为教材选用提供比较和选择，满足不同学制、不同专业和不同办学条件的教学需要。

希望各地、各部门积极推广和选用国家规划教材，并在使用过程中，注意总结经验，及时提出修改意见和建议，使之不断完善和提高。

教育部职业教育与成人教育司

2002年10月

前　　言

本书是根据建设部中等专业学校工民建与村镇建设专业指导委员会对中等职业学校“建筑施工工艺”课程教学基本要求编写而成。

该教材深入浅出，通俗易懂。主要介绍建筑砌筑工、抹灰工、钢筋工、混凝土和模板工等工种的施工工艺流程过程、各过程的具体操作方法、注意事项，同时还介绍了相关的质量检验标准、方法与安全生产操作规程。编写内容力求实用性和针对性，整体内容和深度达到中级层次的要求，紧贴操作一线，将施工现场最基本、最需要和实用的知识点、技能点进行筛选，优化组织编写。

该教材适合中等职业学校土建类专业的教学用书和施工一线生产人员常备阅读资料。也可作为工种等级培训、技能鉴定的教材和高职、高专相关专业的教学参考资料。

该教材由陕西省建筑安装技工学校李国年主编（编写 2、3、4 章），参加编写的有天津市建筑工程学校孙大群（编写 1、5 章），江西省建筑工程技工学校邹建军为编写内容取舍提出了宝贵意见。

在编写过程中，建设部人事教育司有关领导给予了积极有力的支持，并作了大量组织协调工作。参编学校领导也给予了极大关注和支持。在此，一并表示衷心感谢。

由于教材编写时间仓促，加之编者水平有限，书中肯定有不少缺点和错误，望各位专家和读者批评指正。

目　　录

第一章　砌　筑　工

第一节　砌筑常用机械设备与砌筑工具

在砌筑工程施工中，首先要掌握各种机械设备的使用方法，了解其使用功能才能在施工中更好的发挥机械设备的作用，同时还要掌握常用的砌筑工具的种类和使用方法，才能在进行操作中掌握其使用要领，使手工工具操作自如。

一、常用砌筑工具

（一）大铲

大铲是用来铲取砂浆，进行铺灰的工具，如图 1-1 所示。随着操作熟练程度的提高，要求在砌墙时做到铲灰量准，打出灰条一次成形，正好满足一块砖挤浆的面积，同时还要用大铲做刮余浆的动作，因此对大铲提出一些具体的要求。

（1）大铲的重量约 0.5kg 左右，一把大铲的重量虽说相差有限，但是砌筑者成年累月握在手中挥铲砌筑，应使其越轻越好。有利于减轻手腕关节的劳动强度。

（2）铲铤的高度和手柄的角度要合适。因为铲铤太高，会增加操作时翻转铲面手腕的扭力，铲柄的角度过大或过小都会影响铺灰一次成形的效果。铲铤的高度和铲柄的角度在使用中可以进行调整。

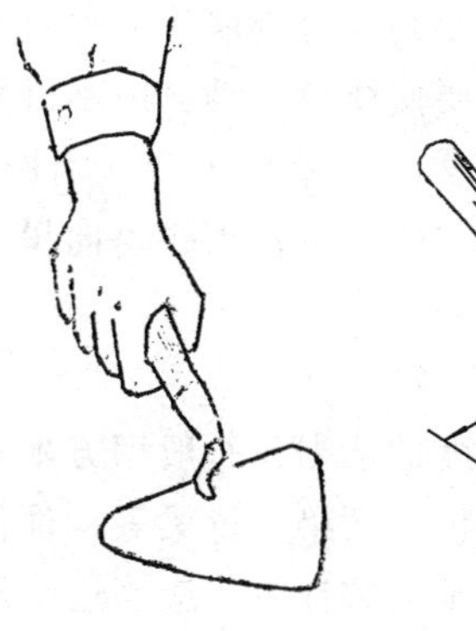

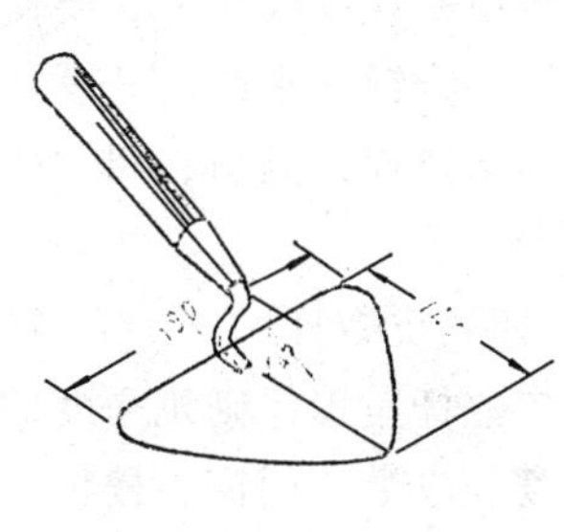

图 1-1　大铲

（3）铲边的形状。铲边的形状直接影响铺灰的形状和刮灰的效果，铲边应具有平缓的弧线，能铲取均匀的灰条，使铺出灰条一次成形，厚度均匀，又便于刮净挤出的余浆。

（4）铲柄使用杨木制作，材质较轻，能吸手汗。

（二）刨锛

刨锛是用来打砖的一种工具，按图 1-2 所示要求打出的七分头，半头，尺寸准确，一次完成。

（1）刨锛带刃的一面不宜太锐利，否则打出的砖边崩棱。

（2）刨锛手柄应用檀木制作，即坚硬又有韧性。

（3）刨锛头安装要牢固，在手柄

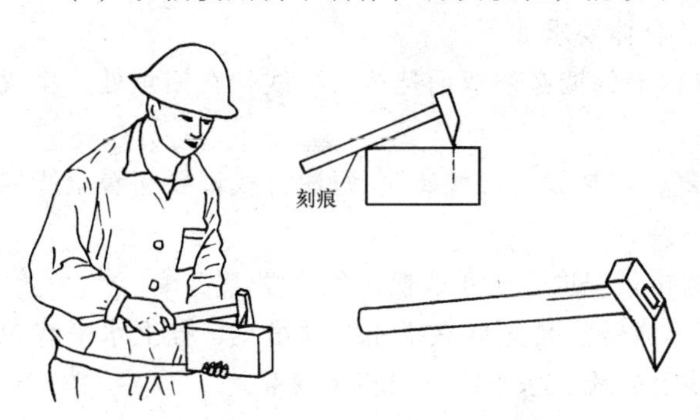

图 1-2　刨锛

上可以刻上七分头的尺寸线。

（4）用刨锛打砖时，可以在砖上用刨锛画上尺寸线，用力要猛、准，一次完成。

（三）线锤和托线板

线锤和托线板是用来检查砌筑的墙体是否垂直的工具。砌筑的墙体不但要求平整，而且要求垂直。砌筑墙体时，用目测只能看出墙体的大体平整，要想观察砌筑的墙体垂直必须依据线锤和托线板提供的垂直线，如图1-3所示。

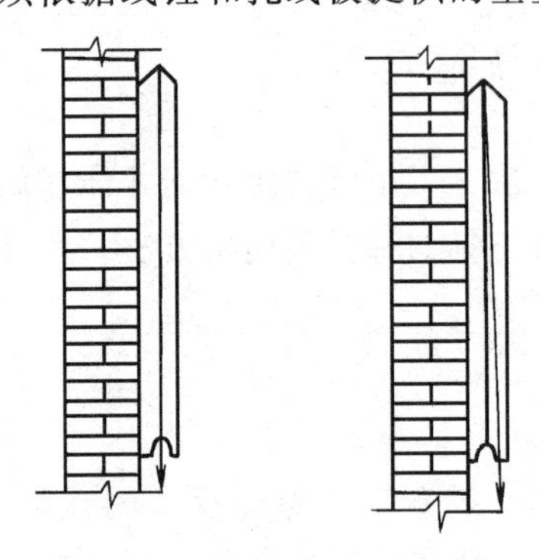

图1-3　线锤和托线板

（1）线锤是在盘角时用来检测墙角是否垂直，盘角一般不超过5皮砖。以线锤提供的垂直线由角的一侧外边逐渐接近墙角的一侧，同时用目测观看墙角一侧与垂线的上下距离是否相等。距离相等，墙面是垂直的；距离不相等，墙面是歪斜的。当墙面是歪斜时，应以最下一皮砖为基准及时修整，直到墙面一侧垂直。检查完角的一侧后，再检查角的另一侧墙。

（2）线锤与托线板的组成不但能检查墙面的垂直度，而且能检查墙面的平整度。用左手把托线板的一侧垂直靠在墙面上，右手放在板的上部按住，左手扶好尺身，用靠上不靠下的原则去检查墙体的垂直度。托线板挂线锤的线不要过长，注意不要使线锤贴在托线板上，要使线锤摆动自由不碰托线板。检查墙面是否垂直看线锤停摆的位置，当线锤的垂线与托线板的墨线重合，墙面是垂直的，当线锤向外离开墙面偏离墨线，表示墙面外倾斜，叫“张”了；当线锤向里靠近墙面偏离墨线，则说明墙向里倾斜，叫“背”了。

（四）皮数杆

皮数杆是墙体砌筑高度的依据，一般用方木和高低尺寸做成，上面画有每皮砖和灰缝的厚度、皮数，门窗、楼板、圈梁、过梁等构件位置。砌墙时，皮砖要与皮数杆的高度和皮数进行比较。当墙体高于皮数杆时，应当逐步压小灰缝，使墙体与皮数杆高度、皮数相同。皮数杆主要是控制盘角的高度，如图1-4所示。

（五）挂线

一道砖墙的两端大角是根据皮数杆标高，依靠线锤、托线板先砌起3～5皮砖，使之垂直、平整。而中间部分的砌筑标准主要依靠挂准线。挂准线时，两端必须将线拉紧，当用砖拉紧线时要检查坠重及线的强度，防止线断，坠砖掉下砸人，并在墙角用小竹片或16～18号铅丝做别子，别住准线。挂线的具体要求如下：

（1）砌24墙为单面挂线，37墙及其以上的墙必须双面挂线，外线挂在墙角处，里线可以用8号铅丝弯制的卡子别在墙缝上。

（2）挂线长度超过15m或遇有风天气，应加设“腰线砖”。每次升线都要穿看全线偏差情况，防止“腰线砖”部位墙面产生偏差。

（3）挂线每次升线都要拉紧，用手测拉紧程度，防止线松出现垂度。

（4）挂立线必须做到“三线归一”。具体做法是先挂立线用线锤吊直，挂上水平线拉紧，再用线锤测立线、水平线，以线锤线、立线、水平线三线相重为准。

（5）砌墙时应使砖面上棱与准线一致，距离准线1mm左右。

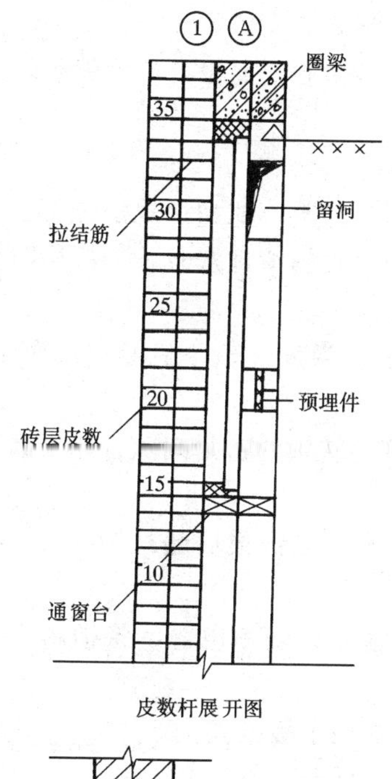

皮数杆展开图

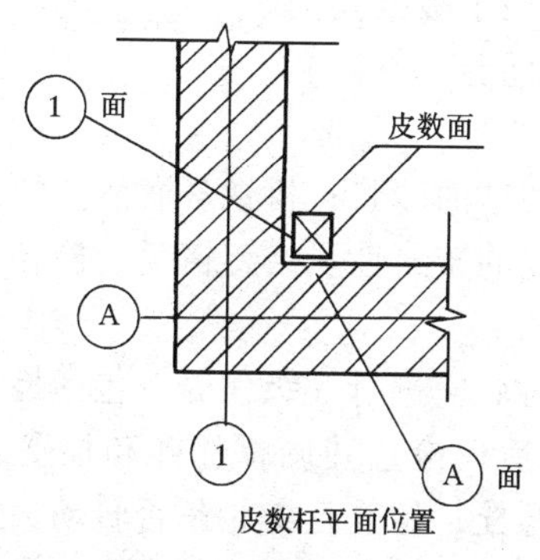

皮数杆平面位置

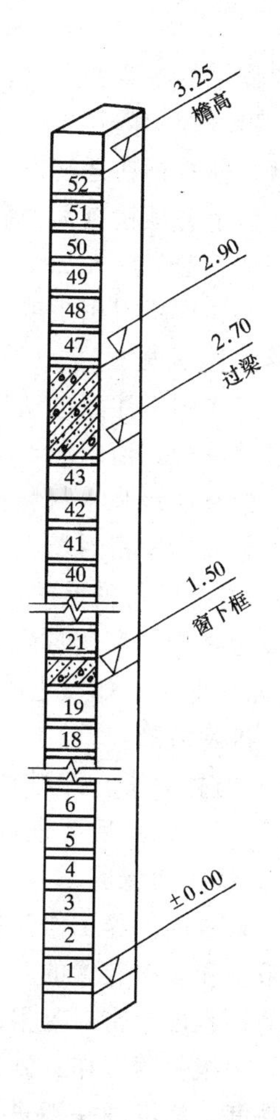

图 1-4　皮数杆

（六）其他工具

(1) 浆壶：用于装水，调整砌筑砂浆的稠度。

(2) 灰斗：用于装砌筑砂浆的容器。

(3) 砖夹子：用于夹砖的工具。

(4) 溜子：用于清水墙刮缝的工具。

(5) 小扫帚：用于清水墙刮缝后清扫墙面的工具。

二、砌筑常用的机械设备

砌筑常用的机械设备主要是用于搅拌砌筑砂浆的砂浆机。无论是哪种型号的砂浆机在使用与维护中应做到以下的要求：

（一）使用方法

(1) 砂浆搅合机在使用前应检查拌叶是否有松动现象，如有松动应于紧固，因为拌叶松动容易打坏拌筒，甚至扭弯转轴。

(2) 工作前还需检查各处润滑情况，保证机械有充分的润滑，轴承边口易于侵入尘土而加速磨损，故应特别注意清洁。

(3) 检查拌合机的电器线路连接是否正确牢靠，接地装置或电动机的接零亦应安全有效，三角皮带的松紧要适度，进出料装置须操纵灵活和安全可靠。

(4) 检查拌桶内是否有残留的砂浆硬块，如有砂浆硬块而没有清除就起动机器，拌叶易被卡塞，使拌桶在运转以后被拖反而造成事故。

(5) 以上各项检查无误后再起动砂浆机。

(6) 加料时，应先加水，再一边加料一边加水，加料不能超过规定容量。

(7) 运转中不得用手或木棒等伸入搅拌桶内或在桶内清理灰浆，并严格防止铁棒及其他物体落入拌桶内。

(8) 工作中需注意电动机和轴承的温度，轴承的温度一般不宜超过60℃，电机温度不得超过铭牌规定值。

(9) 带有防漏浆密封装置的拌合机，应检查调整转轴的密封间隙，如果漏浆，可旋转压盖帽来重新压紧密封填料。

(10) 搅拌叶与桶壁的间隙应保持3～6mm为宜，如磨损后超过10mm，搅拌质量和效率将大为降低，应及时调整和修理。

(11) 作业中，如发生故障不能继续运转时，应立即切断电源，将桶内灰浆倒出，进行检查，排除故障。

(12) 搅拌完毕，卸料时须使用出料手柄，不能用手板推拌桶。

(13) 工作结束后要进行全面的清洗工作和日常保养工作。

(二) 维护与保养

(1) 日常的保养工作包括清除机体上的污垢和粘结的砂浆；检视各润滑处的油料；检查电路系统和防护装置的安全可靠性；检查出料装置的密封性及启闭情况；检查和调整三角皮带的松紧度及密封盘根的密封性能等。

(2) 一级保养工作：砂浆拌合机在使用100小时后应进行一级保养。包括检查减速机的油面高度，润滑油一般进入蜗轮的1/3处比较合适；检查并调整拌叶和桶壁之间的间隙，一般应保持在3～6mm之间；检查并加固各部螺栓；检查行走轮是否转动灵活，机体是否牢固；并检修更换密封盘根或密封粘垫、胶垫等。

(3) 二级保养工作：砂浆机在运转700小时以后须进行二级保养。在二级保养中除进行一级保养的全部工作外，尚须拆减速器。将脏油放净，用适量的柴油清洗。检查齿轮啮合正常无误，重新加注新的润滑油至规定的油线，检查转动轴承和轴径的间隙不应过大，滑动轴承的间隙最大不能超过0.3mm，如超过时应更换铜套；卸料门如有漏浆和渗水现象，更换橡胶垫；拌叶磨损过甚应与更换或焊补；检查电动机并测试绝缘电阻，在运行温度下其电阻值应低于0.5兆欧。总之，砂浆机在正常使用和维护下才能保证在工作中正常运转，必须按时对机器进行保养。

第二节　砌筑施工作业条件的准备和砌筑砂浆的配制

在砌筑施工以前必须将各种施工条件充分准备好。拌好砌筑砂浆才能进行砌墙操作。施工条件的准备，除了工具和机械设备准备好外，还应该进行现场布置。在施工总平面设计的指导下，将机械设备固定安装。将材料和工具按规定排放，做好施工前的准备工作。

一、砌筑施工作业条件的准备

(一) 按施工图进行抄平放线

砌筑墙体之前首先按施工图弹出墙的外边线和轴线,门口位置线等。弹线的具体要求：

（1）首先用经纬仪定出主轴线的位置。用钢尺测量主轴线的距离与施工图的尺寸是否相符。

（2）当主轴线的测量尺寸与施工图尺寸要求相差在允许范围时（表 1-1），将相差值平均分解到每个轴线尺寸上。

（3）当轴线的测量尺寸与施工图尺寸要求相差超过允许范围，应找出问题重新测量。

（4）在主轴线间拉通尺划出各个轴线的位点，再用钢板尺划出墙的边线点。

（5）根据墙的厚度和轴线与墙的关系画出墙的边线点：12 墙应弹 115mm 宽；24 墙应弹 240mm 宽；37 墙应弹 365mm 宽；50 墙应弹 490mm 宽。

（6）根据画出墙边线点用墨斗弹出墙边墨线，当弹不上边线时，可以弹出墙的轴线。

（7）根据施工图在墙边线内弹出门口等细部的位置线。

放线尺寸的允许偏差 **表 1-1**

长度 L、宽度 B（m）	允许偏差（mm）	长度 L、宽度 B（m）	允许偏差（mm）
L（或 B）≤30	±5	60＜L（或 B）≤90	±15
30＜L（或 B）≤60	±10	L（或 B）＞90	±20

（二）选砖，浇砖

只有选好砖，才能更好的完成砌筑墙体的任务。合格的砖不仅达到了设计要求的力学性能，而且外观尺寸、颜色也要合格，尤其是在砌清水墙时，选好砖更为重要。砖的力学性能除抽样到实验室做实验外，现场目测检查应做到以下几点：

（1）砖的外观不能缺棱掉角，颜色要均匀一致。

（2）砖的尺寸：粘土砖虽然国家有统一规定的尺寸要求，但是每个砖厂出产的砖尺寸不一致，检测时将一个条面上放两个丁面，外边对齐时两个丁面的缝应是 10mm。

（3）在常温下施工,粘土砖应在砌筑前一天浇水湿润。水进入砖深度 10～20mm 为宜。

（4）在一般情况下，一栋建筑物所用的砖应是由一个砖厂制做，中途不得换砖。

（三）皮数杆制作和设立

皮数杆是砌筑墙体的竖向标高的依据，它表示砌体砖的层数和建筑物各种门窗、洞口、梁板的高度。有时砖的层数、厚度与建筑物构件的高度不相符合。因此皮数杆制作和设立时应符合以下要求：

（1）以建筑物设计的结构标高为准，皮数杆到建筑物的设计标高处必须是整层。例如：窗台处设计标高为 0.9m，每皮砖厚 54mm，加上 10mm 灰缝，合计为 64mm。砖的皮数 = 900 ÷ 64 = 14.06 层，不能是整层。这时可以取 14 层，但是 14 层处标高必须是 0.9m，将误差的尺寸平均分到各层灰缝处，画到门窗过梁处也应该照此种方法处理。有时为了达到建筑物设计标高的准确，窗台以下和窗台以上的灰缝厚度不同，只要这种偏差在允许范围内就可以处理完好。

（2）每皮砖的厚度是根据工地进场的砖，从各砖堆中抽取 10 块砖样，量其总厚度，取其平均值作为画砖厚度的依据。

（3）灰缝厚度 8～12mm，一般取 10mm。

（4）皮数杆立在墙的大角，内外墙交界处，楼梯间和施工缝甩槎处。

(5) 皮数杆的±0.000与抄平木桩的±0.000对准后固定。

(6) 二层以上的±0.000应由首层墙上标定的±0.000点用钢尺垂直量出层高产生。

(四) 灰斗和砖的堆放位置

灰斗的间距要适应砌筑者的身高和步距，一般为1.5m。第一个灰斗离墙角0.8m，灰斗前部及灰斗之间放置双排三层平砖，在门窗口对应的位置可不放砖，灰斗的位置相应退出门窗口边0.8m。灰斗和砖与墙的间距为0.5m，作为操作走廊，如图1-5所示。

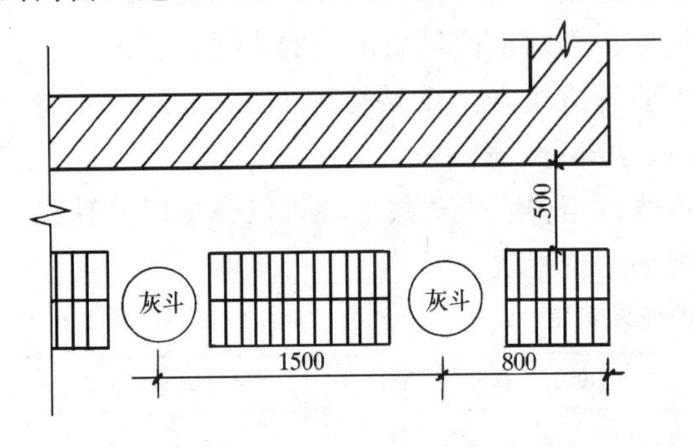

图1-5 灰槽和砖的堆放位置

(五) 其他材料的准备

(1) 墙体拉筋：用于接槎处、构造柱处，按结构构造要求进行制作和留设。

(2) 木砖：按施工图要求制作和砌入墙体内。

二、砌筑砂浆的配制和使用

砖砌体的强度是由砖的强度与砂浆的强度共同组成，在砖砌体施工中往往是由于砌筑砂浆的强度不合格造成墙体开裂等许多质量事故。砂浆强度等级不但要求其抗压强度达到设计要求，而且还应有良好的保水性及和易性，才能保证在使用“二三八一”砌筑法时铺灰一次成形。挤压使砂浆饱满度达到80%以上。砂浆的保水性及和易性达不到规定的标准就无法使用“二三八一”砌筑法。

(一) 原材料的要求

(1) 水泥：常用的五种水泥均可使用，但不同品种的水泥不得混合使用，选用水泥的级别一般为砂浆强度等级4～5倍为宜。

(2) 砂：使用中砂应过5mm孔径的筛。配置M5以下的砂浆，砂的含泥量不超过10%。M5及其以上的砂浆，砂的含泥量不超过5%。

(3) 石灰：生石灰熟化成石灰膏时，应用网过滤，并使其充分熟化，熟化时间不得少于7天。沉淀池中贮存的石灰膏应防止干燥、冻结和污染。严禁使用脱水硬化的石灰膏。

(4) 水：应使用不含有有害物质的洁净水。

(二) 砌筑砂浆的配制

(1) 严格按确定的施工配合比进行称重计量。

(2) 水泥计量允许偏差为±2%。砂、掺合料允许偏差为±5%。

(3) 为了增加砌筑砂浆的和易性，掺入水泥重量的0.007%～0.01%的微沫剂，掺量大于0.01%的砂浆强度就要下降。

(4) 微沫剂用不低于70℃热水溶解，稀释后存放时间不宜超过7天。

(5) 掺入微沫剂的砂浆必须利用机械搅拌，拌合时间为3～5min。

(三) 砌筑砂浆的使用

(1) 砂浆拌成后使用时装入灰斗，如砂浆出现泌水现象应在砌筑前再次拌合。

(2) 砂浆应随拌随用，水泥砂浆和水泥混合砂浆必须分别在拌成3h和4h内使用完毕。如施工期间最高气温超过30℃必须分别在拌成后2h和3h内使用完毕。

(3) 严格控制砂浆的拌合量应根据工程的进度和下班的时间提前停止搅拌，做到活完料净，过夜的水泥砂浆及混合砂浆决不能使用。

(4) 每一楼层或 250m^3 砌体中的各种强度等级砂浆，每台搅拌机应至少检查一次，每次至少应制作一组试块。如砂浆标号或配合比度变更时，还应制作试块。

三、技术交底和安全交底

(一) 技术交底

技术交底是项目长、工长或专业技术人员在施工前向班组的工人进行分项工程施工工艺的交底，交底时应根据施工工程的具体情况，提出达到施工规范、规程、工艺的要求及具体的措施，要达到的质量等级的标准等主要内容形式如下：

(1) 分项工程的设计图纸所示关键部位的情况。例如：门窗洞口的尺寸、标高，大梁、圈梁、过梁的尺寸、标高，留槎、设拉筋、木砖预埋件的要求等。

(2) 分项工程的施工工艺要求要针对工程的具体情况，提出施工程序、施工方法和操作要点。

(3) 提出要达到的质量标准及保证质量的具体措施。

(4) 施工组织、平面布置、文明施工、节约材料等方面的要求。

(5) 防止产生质量通病的方法及操作中应特别注意的关键部位。

技术交底的方式有许多种，以上的内容是以书面形式向施工工人进行技术交底，针对工程的具体情况也可以采用样板交底的形式，以某个工人砌成的质量较好的墙体为样板，提示其他工人照此样去做。对于工作内容比较简单、操作时间较短的项目也可以利用口头交底的形式。

(二) 安全交底

安全交底是在施工前必须要做的一项书面交底的工作。由工长向施工工人进行安全操作提出的要求，一般包括如下：

(1) 操作之前必须检查操作环境是否符合安全技术要求。

(2) 砌筑基础时，注意基坑土质变化，防止塌方伤人。

(3) 墙体砌筑高度超过 1.2m 时，应搭设脚手架，一层以上楼层当采用里脚手架时，应挂水平安全网。

(4) 脚手架上堆载不准超过 2.7kN/m^2，堆砖高度不准超过双排三层半。

(5) 楼层施工中，楼板上堆放机具，材料等不准超过使用荷载。

(6) 操作人员不准站在墙体上挂线、刮缝、清扫墙面及检查大角。

(7) 打砖时要面向内，朝墙体，不准向外打砖，以防止碎砖伤人。

(8) 垂直运输的井字架吊笼等不准超载，不准上下运人，在吊笼稳固后才能上人推车。

(9) 冬期施工要及时清扫脚手架上的冰霜、积雪，斜道要设防滑条。

(10) 雨期施工刚砌的墙体做好防雨措施。

(11) 进入施工现场人员必须戴安全帽。

第三节　砖砌体的组砌方法

一、砖砌体编排组砌方式的原则

砖砌体的组砌形式包括砖砌基础、砖墙、砖柱等不同砌体中砖的编排方式。砖的编排

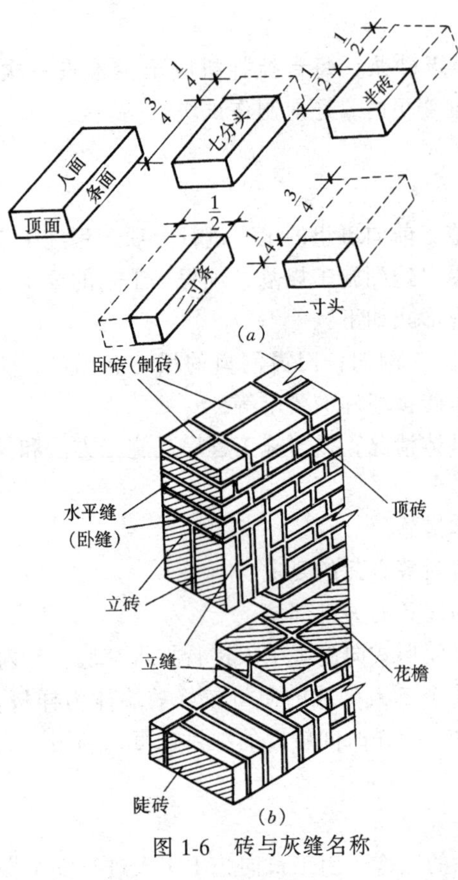

图 1-6　砖与灰缝名称

方式，不但影响到墙面的美观，而且影响到墙体的力学性能，墙体在受力超过其本身的强度，就会出现裂缝。这种裂缝从竖向和斜向贯通墙体形成通缝。如果在砌墙时，砖层之间本身就存在通缝，就会更容易使墙身破坏出现裂缝，所以在墙体编排组砌方法应考虑以下几点：

(1) 编排墙体的组砌形式，首先要从受力情况考虑，墙体的墙面不准出现通缝，上下层的竖缝错开不小于 1/4 砖长，墙体内部的通缝长不超过 1/4 砖长，砖柱不准采用包心的组砌形式。

(2) 编排墙体组砌形式时还要考虑墙面的美观和工人砌墙时采用的习惯组砌方法，例如当砖的条面和丁面比例不符合规定要求时采用梅花丁的组砌方法，砌出的墙面比较美观。

(3) 编排墙体组砌形式时不但一面墙体要错缝连接，而且纵横墙间也要错缝连接，尤其是纵横墙间接槎的连接牢固才能使纵横墙组成牢固的整体房屋。

(4) 墙体的错缝是利用砖的条面、丁面、斗面、七分头、半砖、二寸头等进行编排、组砌形式。七分头为 3/4 砖长，半砖为 1/2 砖长，二寸头为 1/4 砖长，如图 1-6 所示。

二、砖砌体的组砌方式

(一) 砖砌基础

(1) 砖基础一般砌成台阶形状，称为“大放脚”。“大放脚”通常砌成两皮砖一收，称为等高式。也可砌成两皮砖间隔收一皮砖称为间隔式。

两种形式退台均为 1/4 砖长，如图 1-7 所示。

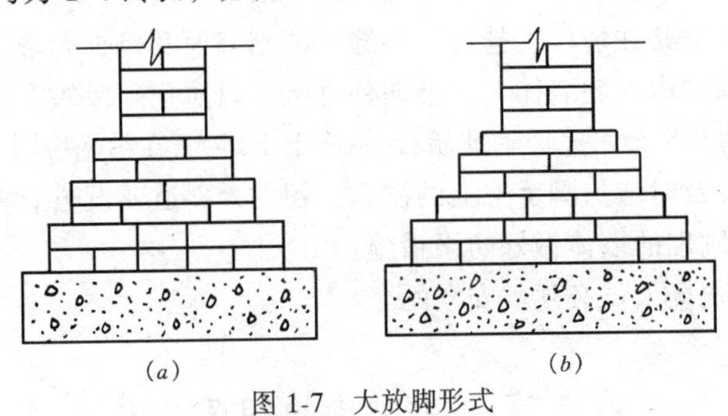

图 1-7　大放脚形式

(a) 等高式；(b) 间隔式

(2) 砖基础平面排列组砌形式如图 1-8 所示。

(3) 砖砌基础应注意事项。

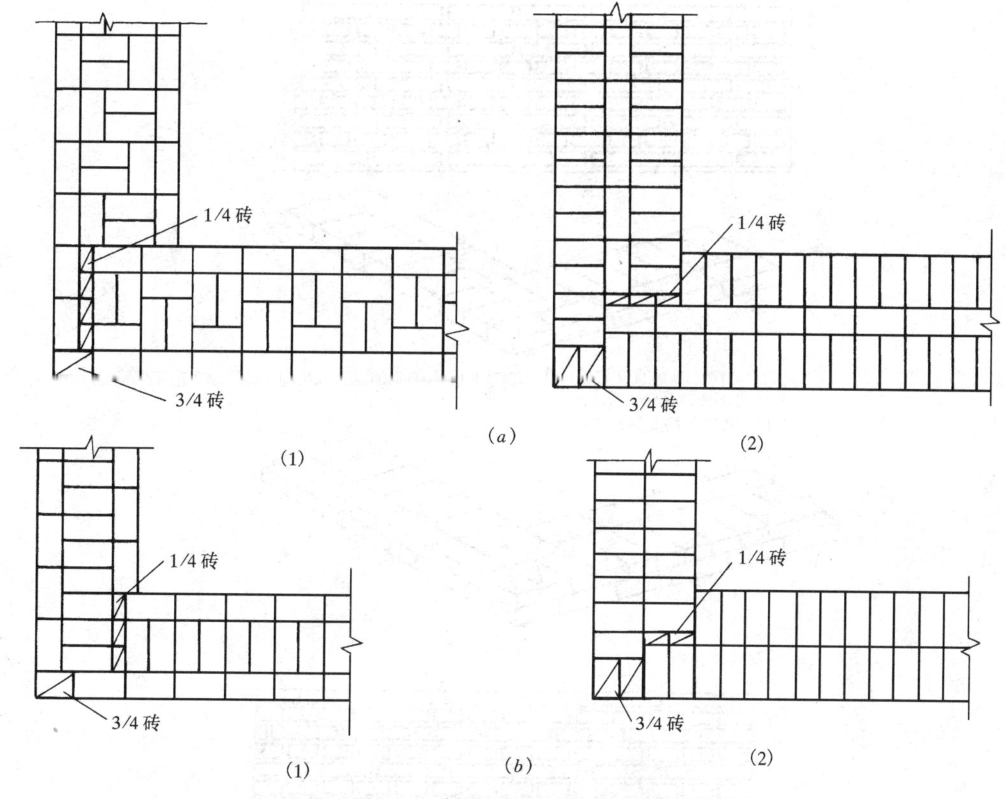

图 1-8 砖基础平面排列组砌形式

（a）两砖半排砌法；（b）两砖排砌法

1）变形缝两边的墙按要求分开砌筑，不能搭砌。缝中不要落入砌浆或碎砖。先砌的一边墙将灰缝挤出的砂浆刮净，后筑的一边墙的灰缝应采用缩口灰砌筑。避免砂浆堵住变形缝。

2）基础的埋置深度呈踏步时，应由低向高砌筑。在高低台阶接头处，下面台阶要砌长不小于 50cm 的实砌体，砌到上面后与上面的砖一起退台。

3）基础不能同时砌筑时，应留踏步槎。分段砌筑时，砌筑的高差不得超过 1.2m。

4）砌基础墙及大放脚都要错缝搭接，当利用碎砖填心时，要分散填放。

5）预留孔必须在砌筑时留出，位置要准确，不能事后打凿。与基础平行的暖气沟墙可以后砌，但基础墙上放暖气盖板的出檐砖要留出。

6）大放脚一般采用一顺一丁砌法，退台的每台阶上面一皮砖应为丁砖。

7）基础墙砌完进行回填土时，必须在墙的两侧同时进行。

（二）砖砌墙体

（1）一顺一丁砌法（满丁满条）由一皮顺砖与一皮丁砖相互交替砌筑而成，上下皮间的竖缝相互错开 1/4 砖长，这种砌法各皮间错缝搭接，墙体整体性最好，受力性能最好。操作中变化小，易于掌握。但是对砖的尺寸要求严格，如果砖的丁面与条面比例不相符时，砌丁面那皮的竖缝与砌条面那皮的竖缝不一样大小。使墙面砖缝不均匀，影响墙体的美观。所以这种组砌形式一般用于砌基础墙、承重内墙、混水外墙和砖的丁面与条面比例符合要求的清水外墙。组砌形式如图 1-9 所示。

（2）梅花丁砌法（又叫沙包式）：在同一皮砖层内一块顺砖一块丁砖间隔砌筑，上下

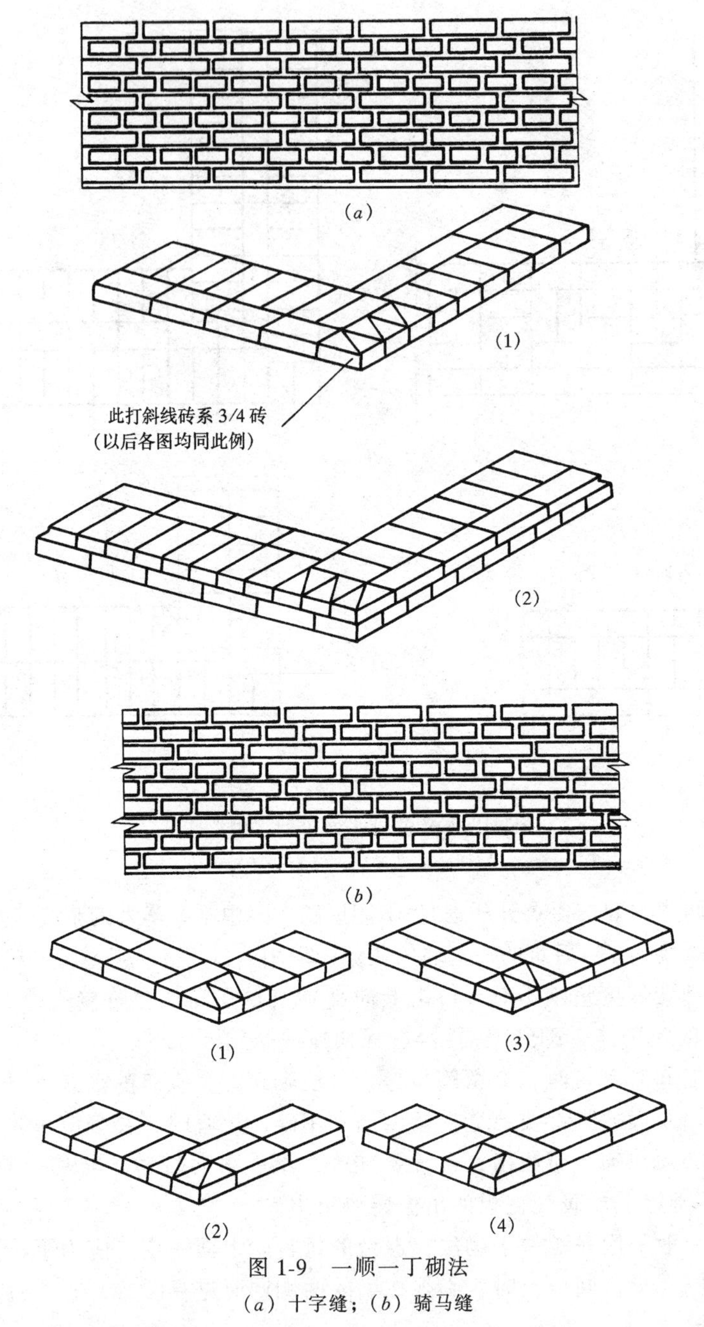

图 1-9 一顺一丁砌法

(a) 十字缝；(b) 骑马缝

两皮间竖缝错开 1/4 砖长，丁砖压在条砖的中间。当砌 37 墙时，如果墙体外面是清水墙里面是混水墙时，可以采用，清水墙一面是梅花丁，混水墙一面是双丁双条组成，这样可以避免打砖，这种砌法外竖缝每皮都能错开 1/4 砖长，但是墙体内部有 1/4 砖长的通缝，墙的整体性不如一顺一丁好。梅花丁一般用于清水外墙，对砖的比例要求尺寸不太严格，如图 1-10 所示。

(3) 条砌法：每皮砖全部用条砖砌筑两皮间竖缝搭接 1/2 砖长，此种砌法仅用于半砖隔断墙，如图 1-11 所示。

(4) 丁砌法：每皮全部用丁砖砌筑，两皮间竖缝搭接为 1/4 砖长，此种砌法一般多用于圆形建筑物或弧形建筑物，如图 1-12 所示。

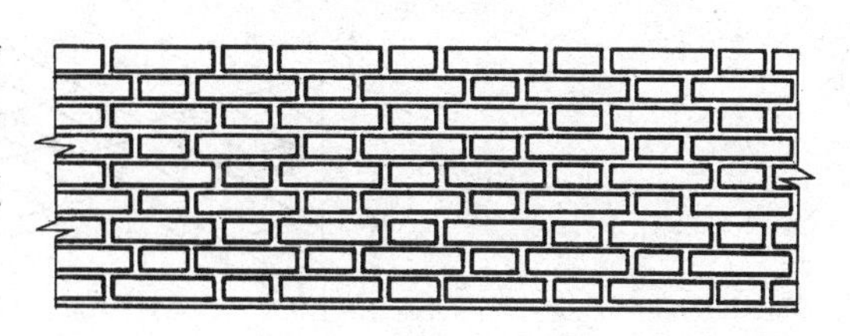

(5) 纵横墙体的交接：

纵横墙的交接处，将产生丁字墙交接和十字墙交接。墙体交接处，应分皮错缝砌筑，内角相交处竖缝应错开 1/4 砖长，当砌丁字墙时，并在横墙端头加砌七分头，如图 1-13 所示。

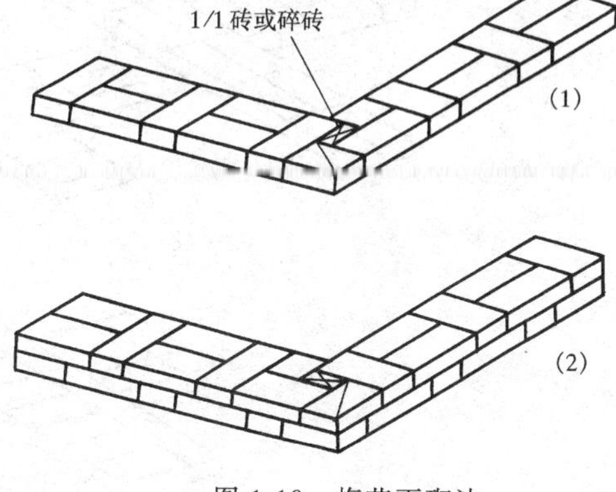

图 1-10 梅花丁砌法

(三) 砌砖独立柱和附墙砖柱

(1) 独立砖柱：是砖砌单独承力的柱，当多根柱子在同一轴线上时，要拉通线砌筑，对称的清水柱，在组砌时要注意两边对称，防止砌成阴阳柱。砌筑时要求灰缝密实，砂浆饱满，错缝搭接不能采用有竖向通缝的包心砌筑方法。

(2) 附墙砖柱：它与墙体连在一起，共同支承屋架或大梁并可增加墙体的强度和稳定性，附墙柱砌筑时，应使墙与垛逐皮搭接，搭接长度不少于 1/4 砖长，头角根据错缝需要应用七分头组砌。组砌时不准采用包心砌的作法。墙与垛必须同时砌筑，不准留槎，同轴线多砖垛砌筑时，应拉准线控制附墙柱内侧的尺寸，使其在同一直线上，如图 1-14 所示。

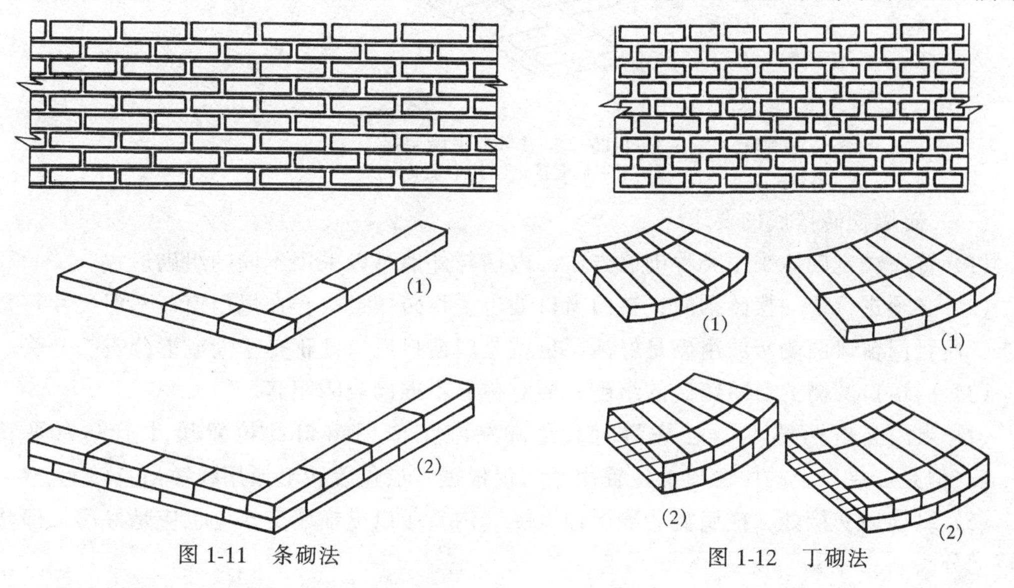

图 1-11 条砌法　　图 1-12 丁砌法

三、砖砌体摆砖撂底

无论是砖砌基础，墙体和砖柱在砌筑以前首先用干砖摆砖撂底后才能进行砌筑，完成一栋砖砌建筑物施工，墙体砌筑的是否美观牢固，要按预定的组砌方法进行摆砖撂底，是施工中的关键一个环节。

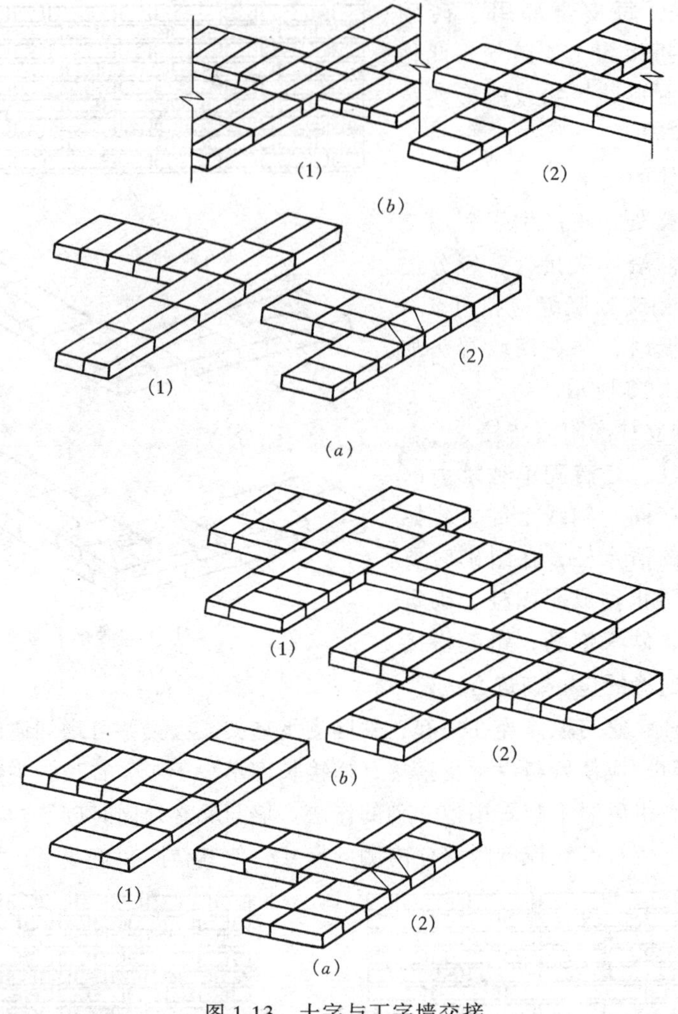

图 1-13　十字与丁字墙交接
(a) 丁字墙交接；(b) 十字墙交接

(一) 砖墙摆砖撂底的要求

(1) 首先决定砌体采用哪种砌墙方法，内墙与外墙可以采用不同的组砌形式。

(2) 必须进行统一摆砖撂底，在门窗口处也要将砖摆过去，在甩门窗口不但尺寸符合要求，而且门窗口两侧砖的组砌是好活，也就是门窗口甩口处正是丁面或七分头二分头。

(3) 门窗口两侧的窗间墙砖的组砌，要对称，不准砌成阴阳膀。

(4) 当门窗口两侧不能赶好活时，允许在施工图门窗口的位置尺寸上左右平移60mm，但是2层以上的门窗口的位置用经纬仪根据一层位置转上或用线锤吊直转上。

(5) 纵横墙交接处，横墙需要隔层伸入纵墙内，所以纵横墙交接处也应是好活，即整砖或七分头、二寸头。

(二) 砖墙摆砖撂底的操作

(1) 在弹好墙线的基础上先摆外墙，后摆内墙。

(2) 根据确定的组砌形式和皮数杆定出的竖缝宽度和水平缝厚度，使砖的竖缝与水平缝大小一致，墙面较美观。

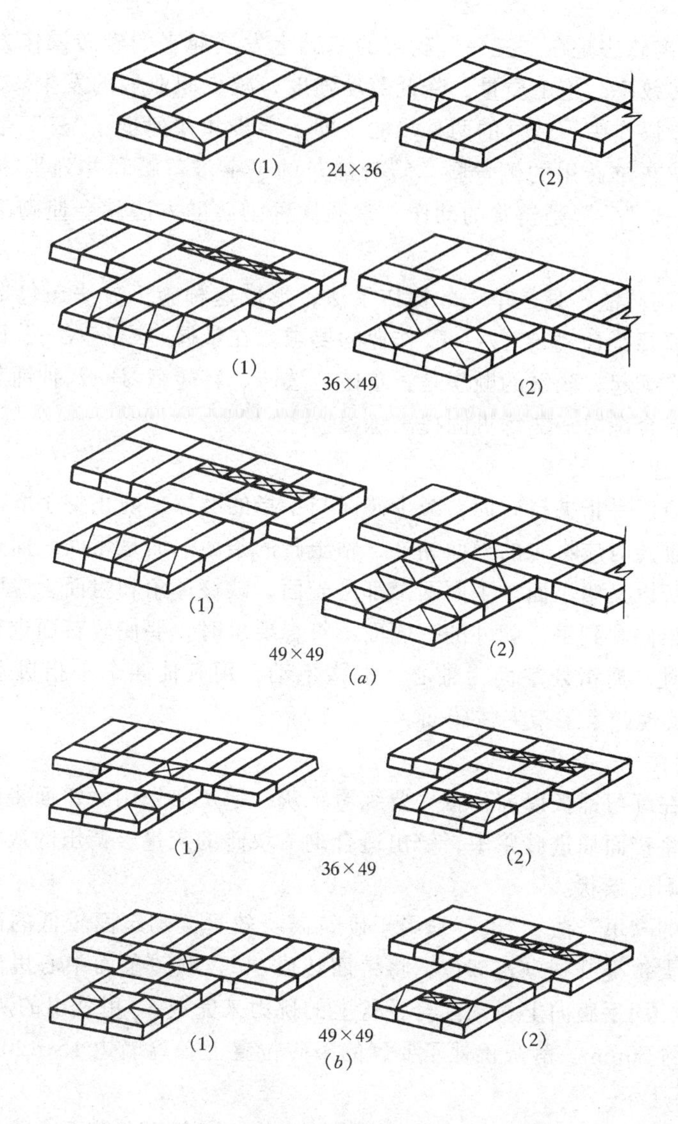

图 1-14　附墙砖柱排砌

(a) 理论排法；(b) 习惯排法

(3) 定出竖缝的宽度后用木板刮成要求的尺寸，用来控制摆砖的竖缝宽度。

(4) 当摆到门窗口处，纵、横墙交接处不能赶好活时，可以用微量尺寸改变竖缝宽度的大小，以达到摆成好活的目的，改变后的竖缝尺寸应均匀一致。

第四节　砌砖操作基本方法

一、“二三八一”砌砖法

砌砖这种操作工艺在我国流传了几千年，从使用瓦刀砌墙到使用大铲，从挤浆法、刮浆法、满口灰法等各种方法的操作到统一的“三一”砌砖法（“三一”砌砖法，即是一块砖、一铲灰、一揉压，并随手将挤出的砂浆刮去的砌筑方法），发展到现在的“二三八一”砌砖法，砌砖的施工工艺逐步走向完美。

“二三八一”砌砖法是在“三一”砌砖的基础上发展起来的砌砖操作方法，使用这种方法可以提高砌砖效率、施工质量，降低劳动强度，减少职业病的发生。“二三八一”砌砖法的“二”是指操作中人站立的两种步法，即丁字步和并列步。“三”是指砌砖弯腰的动作的身法，即铲灰拿砖用的侧弯腰，转身铺灰的丁字步弯腰和并列步的正弯腰。“八”是铺灰的八种手法。“一”是挤浆的动作。掌握这种砌砖的方法就会使砌砖施工达到标准化作业的程度。

“二三八一”砌砖法不只是单一的操作手法，形成这种施工方法还包括作业条件的准备和砂浆的配置都要符合“二三八一”作业的要求。在掌握“二三八一”砌砖法的练习中应首先从分解动作练起，联系的顺序是：拿砖、选砖、转砖练习→八种铺灰手法练习→步法、身法、铺灰综合练习→熟练巩固提高练习。

（一）拿砖、选砖、转砖

（1）拿砖时应以手指夹持砖面，减少砖面与手指的摩擦，防止将手磨破。

（2）选砖、砌砖时应将砖的光面朝外，粘土砖的条面一面是粗面一面是光面，光面的尺寸比粗面小，所以又叫小面。丁面两个都是光面，缺棱掉角和粗面，应朝里。

（3）转砖：当砖拿到手，朝外的一侧面不符合要求时，要使砖转面进行选择，所以要进行转砖。转砖时以拇指处掌面为轴心，拇指不动，用其他四个手指拨动砖，使砖转到180°，用拇指和其他四个手指夹住砖面。

（二）铺灰手法

（1）铲灰：在练习铺灰以前，首先要练习铲灰，铲灰前先用大铲面将砂浆表面摊平一下，然后轻轻的将铲面插进砂浆中，铲出适合砌一块砖的灰量。铲出的灰在大铲面上位置要准确，靠近里侧成条状。

（2）砌条砖的“甩”法：“甩”是用于砌筑离身较远，砌筑面较低的部位，铲取砂浆成均匀条状，当大铲提升到砌筑部位，将铲面转成90°，顺砖条面中心甩出，使砂浆被拉成条状均匀落下，用手腕向上抖动配合手臂上的挑力来完成。“甩”出的灰条与砖同样长，宽约90mm，厚约30mm。落灰正处于要砌的条砖位置上，离墙边15～20mm左右与墙面平行，如图1-15所示。

（3）砌条砖的“扣”法：“扣”法适用于砌近身、较高的砌筑面，或反手砌墙。铲取灰条成条状，当大铲提升到砌筑部位，将铲面转90°，反铲扣出，用手臂向前推出扣落砂浆。“扣”法铲面运动路线与“甩”正好相反，是手心向下折回动作。落灰点和铺灰成形尺寸与“甩”法相同，如图1-16所示。

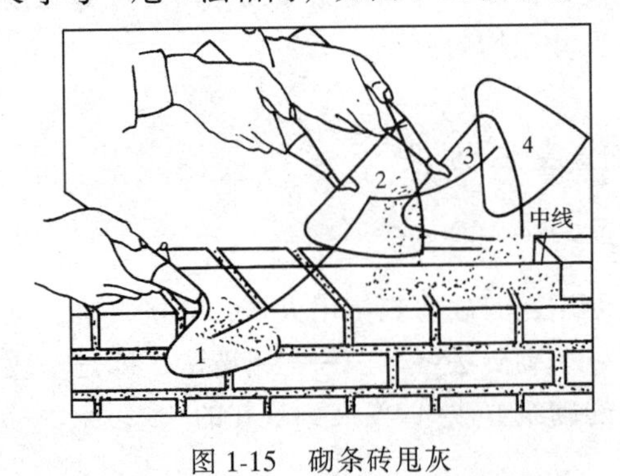

图1-15　砌条砖甩灰

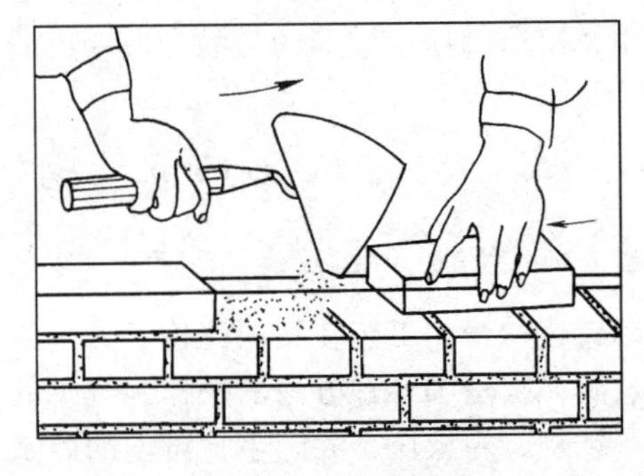

图1-16　砌条砖扣灰

（4）砌条砖的“泼”法：“泼”法适用于砌近身及身体后部的砌筑部位。铲取扁平状的灰条，提取到砌筑部位时将铲面竖向翻转，使得手柄在前，平形向前推进，泼出灰条成扁平状，灰条厚14～16mm，宽100mm左右，长度240mm。这种动作比“甩、扣”简便，熟练后可用手腕转动呈“半泼半甩”动作，这种动作比甩灰条省力，砌砖剂浆也省力。砌筑时可采用“远甩近泼”，特别在砌到墙体尽头，身体不能后退，将手臂伸向后部用“泼”的手法完成铺灰，动作轻松自如，如图1-17所示。

（5）砌条砖的“溜”法：“溜”法适合砌筑离身较远的部位的砖，是最简单、最省力的铺灰动作。铲取扁平灰条，将铲送到砌筑部位，铲面倾斜，抽铲落灰溜出灰的形状，尺寸与泼出的灰相同。如图1-18所示。

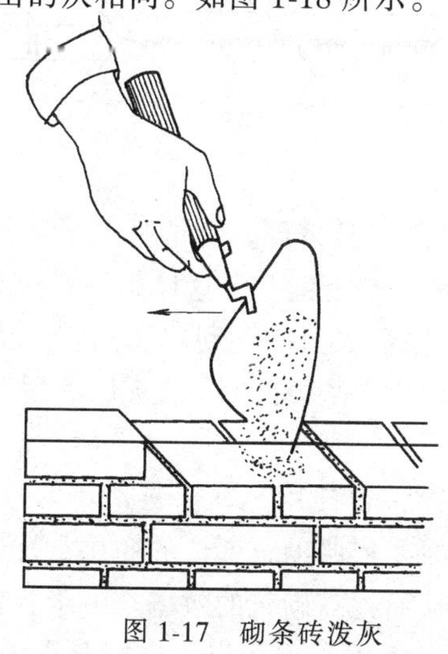

图1-17　砌条砖泼灰

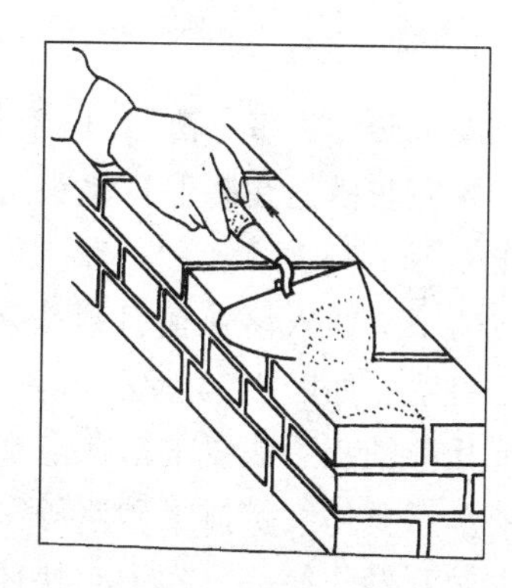

图1-18　砌条砖溜灰

（6）砌丁砖的“扣”法：是用于砌三七墙的里丁砖。铲取灰条，当大铲提升到砌筑部位，将铲面横向转90度，手心向下，用手臂向前推力，扣落砂浆，落灰点恰在要砌的丁砖位置上，铺灰的形状、尺寸与砌条砖甩出的相同，其位置不是处于条砖位置，而是处于丁砖的位置，然后用大铲刮灰条的夹背，使外口形成一个高棱灰条，在砌丁砖时能在竖缝挤上满口灰。如图1-19所示。

（7）砌丁砖“溜”法：“溜”法适用于砌丁砖。铲取扁平状的灰条，前部略高，将大铲提升到砌筑部位，铲边比齐墙边，铲面倾斜，抽铲落灰，形成灰条外高里低。如图1-20。

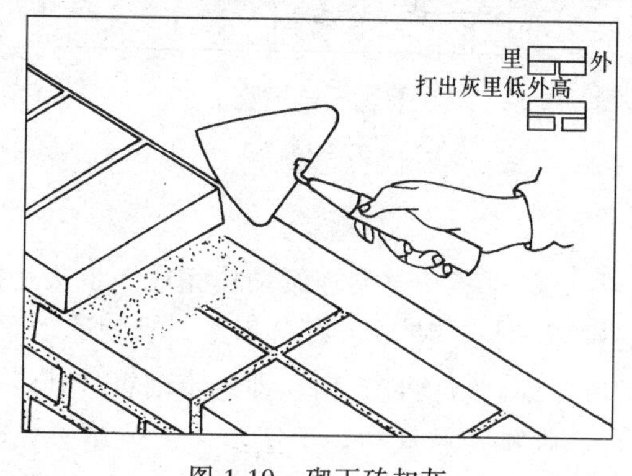

图1-19　砌丁砖扣灰

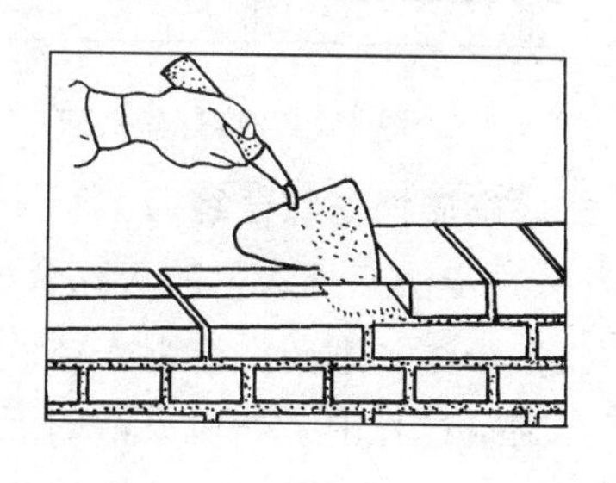

图1-20　砌丁砖溜灰

（8）砌丁砖“泼”法：“泼”法适用于里脚手砌外丁砖。泼灰分两种，反泼用于砌离身较远的部位，如图1-22所示。铲取扁平灰条，将大铲提升到砌筑部位，顺丁砖的方向，将铲面翻转，反腕横向平拉，将灰铺于丁砖处，形成外高里低的灰条。正泼用于砌近身正面对墙部位，用正腕往怀里带，形成灰条，如图1-21所示。

图1-21 砌丁砖正泼灰

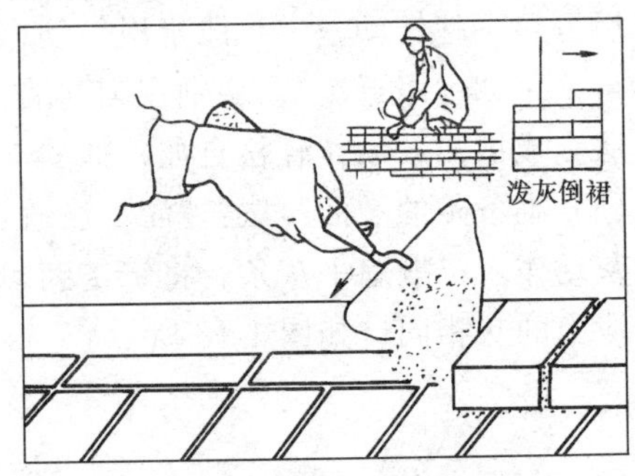

图1-22 砌丁砖平拉反泼灰

(9) 砌丁砖"一带二法"：由于砌丁砖时，外口灰不易挤严，有的瓦工采取打碰头灰的砌法，先在灰槽处在砖上打碰头灰，然后再铲取砂浆转身铺灰，这样砌一块砖要做两次铲灰动作如图1-23所示。"一带二"是把这两个动作合二为一，利用在砌筑面上铺灰之际，将砖的丁头伸入落灰接打碰头灰，故称"一带二"。"一带二"铺灰后需用铲摊平砂浆，然后挤浆，如图1-24所示。

以上几种铺灰手法要求落灰点准确，灰量适合砌一块砖用，铺出灰条均匀一次成形，以减少铺灰后再用大铲摊平砂浆等多余动作。砌筑时要依照砌筑部位的变化，有规律的变换手法，做到动作简练、省力、快速的进行砌砖，从而提高砌筑的效率。由于各种铺灰动作采取交替活动，使手臂、腕关节各部分肌肉在作业中能得到休息，也能获得消除疲劳，预防职业病的效果。

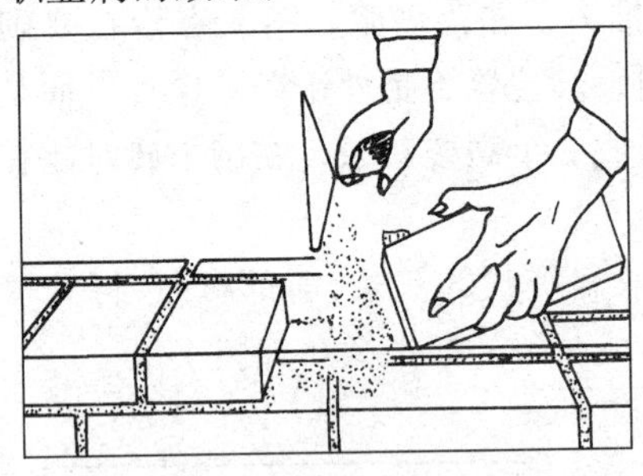

图1-23 接打碰头灰

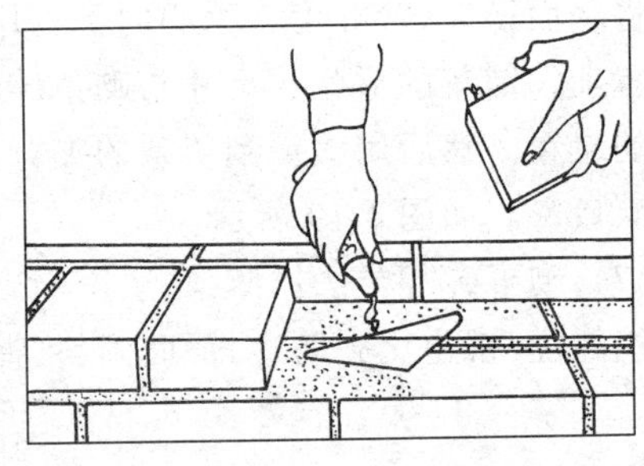

图1-24 摊平砂浆

二、砌砖操作综合练习

(一) 步法、身法、铺灰综合练习

(1) 步法：砌砖操作由人体的手、眼、身、法、步一整套连续动作完成。步法是指砌筑者在砌筑过程中，如何灵活的配合双手的砌筑动作，使步子有条不紊，有规律的移动，减少不必要的来回走动。正确的步法是砌筑者背向砌筑前进方向，即退步砌筑（其步法见图）。开始站成丁字步，步距约为0.8m左右，后腿紧靠灰槽。丁字步使人体站立比较稳定的姿势，可以随砌筑部位远近的变化。从铲灰拿砖到铺灰砌砖挤浆，步子不动仅以身体重心在前后腿之间变换即可完成砌筑任务。铲灰拿砖时身体重心在后腿，铺灰、砌砖、挤浆时重心又移向前腿。这样第一个丁字步不动，要砌完1m长墙体。当砌至近身处，将前腿后移半步成并列步，又可以继续砌完0.5m长的墙体。这是铲灰拿砖时以后腿为轴心，步法稍有移动。一个环节从丁字步到并列步共一步半可以完成1.5m长的砖墙的砌筑。当砌完1.5m长的墙后随前腿后撤，后腿移向另一灰槽处，复而又成丁字步，恢复前一个砌筑过程的步法。如此循序进行，使砌砖动作是有节奏的进行，消除了不必要的来回走动，相应能减轻劳动强度，提高砌筑效率，如图1-25所示。

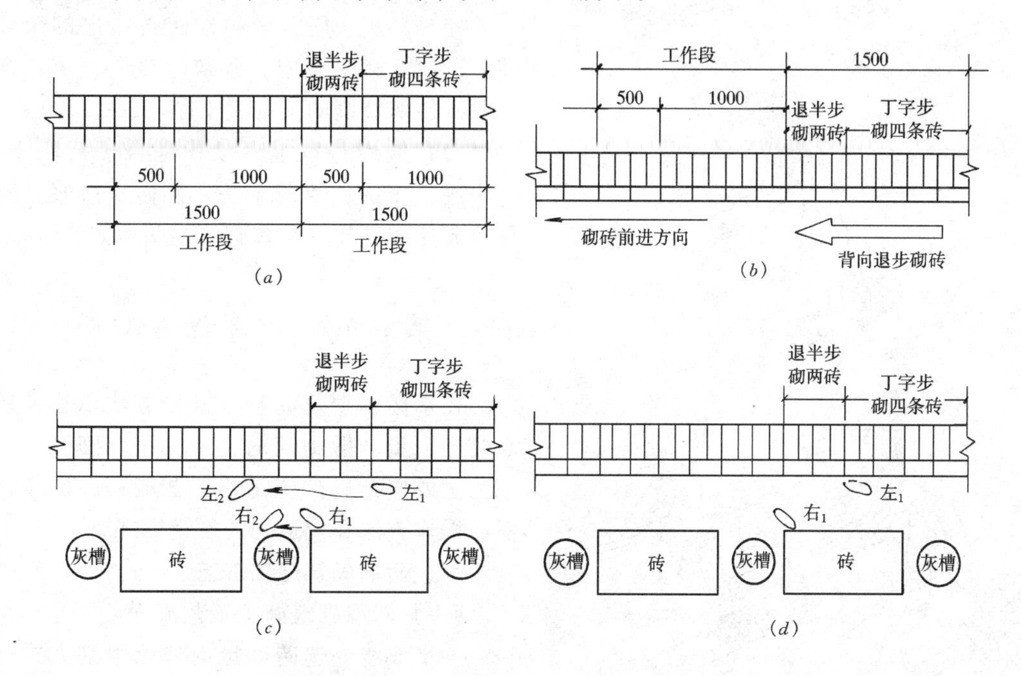

图1-25　步法练习

(*a*) 划分工作段；(*b*) 背后退步砌筑；(*c*) 并列步；(*d*) 丁字步

(2) 身法：身法是指弯腰动作。弯腰是砌砖操作劳动强度最大的动作。如果在弯腰过程中用力不当或者持续的用一种弯腰动作来完成砌砖任务，会导致局部肌肉过度疲劳。减轻腰部劳动强度的方法是根据砌砖部位的变化，变换弯腰动作。当丁字步站立、铲灰、拿砖时采用侧弯腰，利用后腿微弯、斜肩，可以减少弯腰角度，完成铲灰拿砖的动作为第一种身法。从铲灰、拿砖转身去铺灰挤浆时，利用后腿的伸直将身体重心移向前腿形成丁字步弯腰，为第二种身法。当步法处于并列步铲灰、拿砖、砌砖、挤浆时处于正弯腰为第三种身法。三种弯腰动作使砌筑者在砌筑过程中弯腰活动经常变换，而且是有规律的活动，可以避免腰部发生局部肌肉负荷过重现象。

(3) 在掌握了两种步法、三种身法、八种铺灰手法后，将三类动作结合起来进行练习。由各个单一的动作结合成连续的步法、身法、铺灰手法操作过程。练习时要在按“二三八一”砌砖法布置的操作台上进行。

(二) 步法、身法、铺灰手法、砌砖挤浆、刮灰的综合练习。

在掌握了步法、身法、铺灰手法综合练习的基础上再增加砌砖挤浆、刮灰的操作，就形成了砌筑的基本技能。动作分解，如图1-26所示。以下重点讲解砌砖、挤浆、刮灰的动作要求：

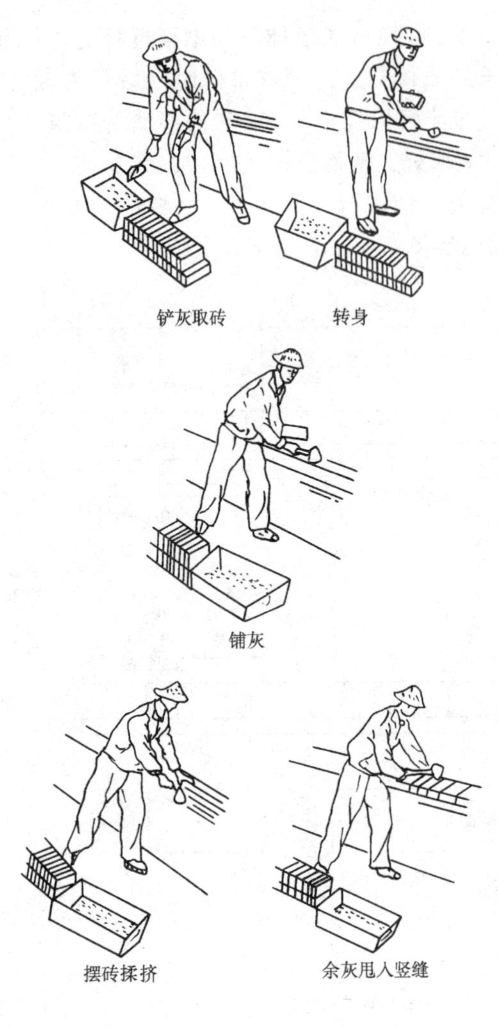

图1-26　动作分解

(1) 砌砖：在灰铺好后，用砖压带灰条平推、挤压，在这一瞬间使砖上跟线下跟棱，即砖的上棱与准线一平，距离1mm左右。砖的下棱要与已砌好的下皮砖的上棱对平，同时掌握好竖缝的宽度，隔皮与下层的竖缝对齐。

(2) 刮灰：用大铲将砌砖挤压出的余浆刮去，加在碰头缝中，刮灰时要使大铲斜向刮取，使灰缝刮的又齐又干净。

(3) 最后将以上各动作综合进行联系，将步法、身法、铺灰手法、砌砖、挤浆、刮灰形成连贯动作，掌握砌砖的基本方法。

第五节　砌筑施工工艺

在掌握了砌筑的基本操作方法以后，还需要进一步掌握砌筑的施工工艺。砌筑施工工艺主要包括砌砖施工的工艺流程，操作步骤，操作方法和应达到的质量标准。

一、砖墙砌筑施工工艺

(一) 砖墙砌筑施工工艺流程

抄平放线→选砖确定内外墙组砌方式→皮数杆制作和设立→摆砖撂底→浇砖、砂浆配置、上料→盘角挂线→砌砖→下木砖、拉筋预埋件→弹50m线→质量验收→现场清理。

(二) 施工要点

以上讲的工艺流程中有些施工环节在以前的章节内已经讲解清楚，将其带入其中直接使用。以下再讲解几个未说明的施工环节。

(1) 盘角　一栋砖砌建筑物是否垂直很大程度取决于其墙角是否垂直，因为砌墙的线挂在墙角上，墙根据准线进行砌筑，一般情况下，只要墙角垂直，墙面就垂直了，所以砌墙的最大难点是砌墙角。因此砌角必须由技术水平较高的人来操作，并且每个墙角要由专人负责砌筑到顶，一般中途不准换人。

砌角应选用棱角整齐，砖面方正的砖。所用的七分头必须按尺寸预先打好。砌角应与墙身的砌筑交错进行，先把角砌起3～5层砖后再砌墙。砌角砖时应做到“一眼看三处”。就是每砌一块角砖，视线必须移到墙角垂直线的上方，先穿看角砖的两个侧面是否与下层砖面顺直，然后再穿看大角与下面各皮砖形成的角线是否顺直。一个墙角盘的好，不但角砖的两侧是平而垂直，而且角砖的角盘成一条直线，盘角用眼穿看只能看出平和顺直，而垂直还要依靠线锤和托线板，盘角时要做到三层一吊、五层一靠，也就是砌三层角砖就要用线锤吊测一下垂直度，砌五层角砖就用托线板靠测一下垂直和平整度，发现偏差及时纠正。

角砖除了保持垂直以外，每层的厚度砌墙的皮数必须与皮数杆相同，每砌 3～5 层就要与皮数杆进行比较，发现偏差要逐步进行纠正。

（2）一般民用建筑的砌墙应先砌纵墙后砌横墙。在纵、横墙砌完第一步架，即 1.2m 高后，再接着砌筑第二步架。

（3）在第一步架砌完后用水平仪抄平，从每层的 ±0.000 标高提升 50cm。在纵横墙上弹出 50cm 线作为房屋其他部分施工标高控制的依据。

（4）砌筑 37 墙时，应先砌条砖，后砌丁砖。如果先砌丁砖后再砌条砖，砌砖时手指在纵缝处与已砌好的丁砖上棱容易相碰。先砌好条砖层的另一个作用，使丁砖层外侧跟线，里侧以条砖面为准跟丁砖的上棱一平，易于砌得与条砖面对接平整。

（5）不得在下列墙体或部位设置脚手眼：

1）120mm 厚墙、料石清水墙和独立柱；

2）过梁上与过梁成 60°角的三角形范围及过梁净跨度 1/2 的高度范围内；

3）宽度小于 1m 的窗间墙；

4）砌体门窗洞口两侧 200mm 和转角处 450mm 范围内；

5）梁或梁垫下及其左右 500mm 范围内；

6）设计不允许设置脚手眼的部位。

（三）墙体的连接

为了使建筑物的纵横墙相互支撑成为一个整体，不仅单体墙要错缝搭接砌筑牢固，而且墙体和墙体连接也要互相错缝搭接咬槎砌筑，以增强建筑物的刚度。因此，砖砌体的转角处和交接处应同时砌筑，严禁无可靠措施的内外墙分砌施工。对不能同时砌筑而又必须留置的临时间断处应砌成斜槎，斜槎水平投影长度不应小于高度的 2/3。纵横墙之间施工留槎和接茬的操作质量好坏是重要的因素之一，因此必须重视墙体留槎接槎的施工质量。

（1）踏步槎：踏步槎的砌筑地将留槎的接茬砌成台阶的形式如图 1-27 所示。其高度一般不大于 1.2m，其长度应不小于高度的 2/3。留槎的砖要平整，槎子侧面要垂直。踏步槎的优点是镶砌接头时灰缝容易饱满，接头质量容易得到保障。但踏步槎留置困难，水平缝不容易砌平。

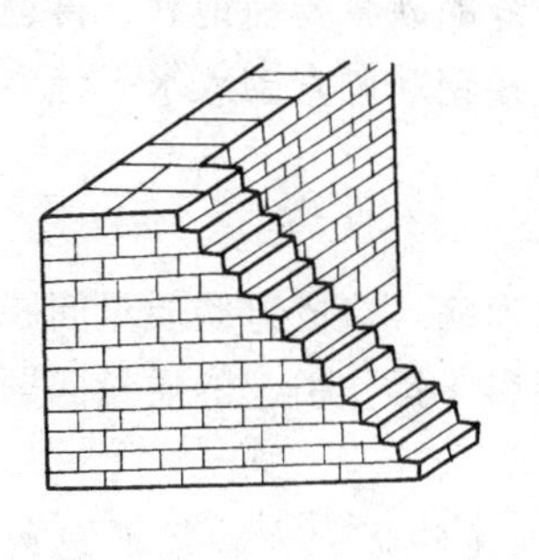

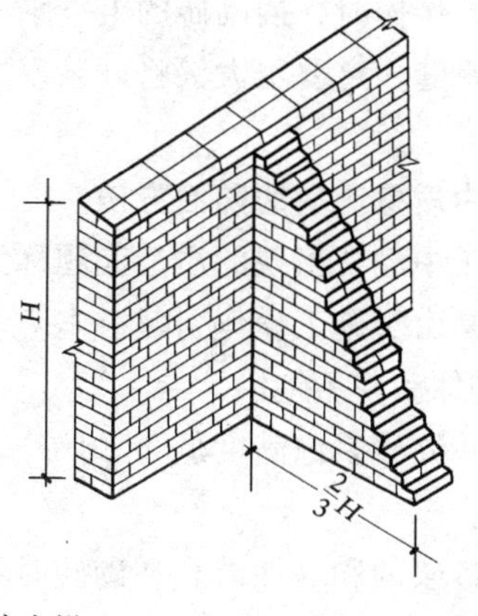

图 1-27　踏步槎

(2) 马牙槎：每隔一皮砖砌出墙外 1/4 砖长作为镶接槎之用，槎口形成整齐凹凸的马牙状，如图 1-28 所示。这种接槎留置和镶嵌都很方便，但灰缝不宜饱满，而且即使在镶砖时砂浆很密实，但由于两次不同时间砌筑的砂浆因收缩变形情况不同，接槎处的砂浆便不可能完全饱满。所以留马牙槎时，必须加拉接钢筋。非抗震设防及抗震设防烈度为 6 度、7 度地区的临时间断处，当不能留斜槎时，除转角处外，可留直槎，但直槎必须做成凸槎。留直槎处应加设拉结钢筋，拉结钢筋的数量为每 120mm 墙厚放置 1ϕ6 拉结钢筋（120mm 厚墙放置 2ϕ6 拉结钢筋），间距沿墙高不应超过 500mm；埋入长度从留槎处算起每边均不应小于 500mm，对抗震设防烈度 6 度、7 度的地区，不应小于 1000mm；末端应有 90°弯钩。

(3) 老虎槎：砌数皮砖形成踏步槎后再向外逐皮伸出，形成老虎口状，如图 1-29 所示。老虎槎留砌较难，但镶砌时灰缝容易饱满，咬砌面积较马牙槎大，质量较马牙槎好，拉接钢筋的要求与马牙槎要求相同。

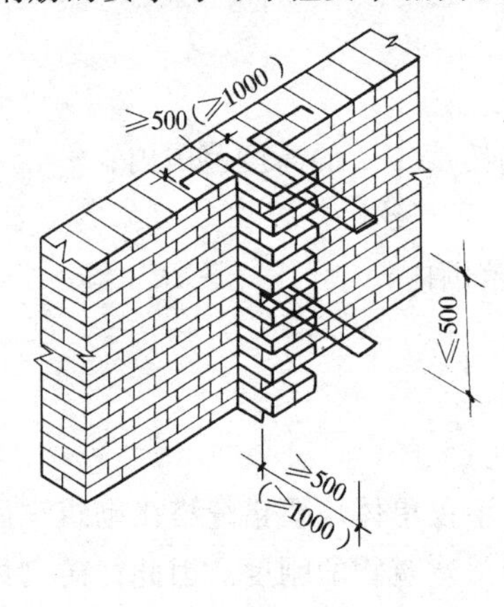

图 1-28　马牙槎

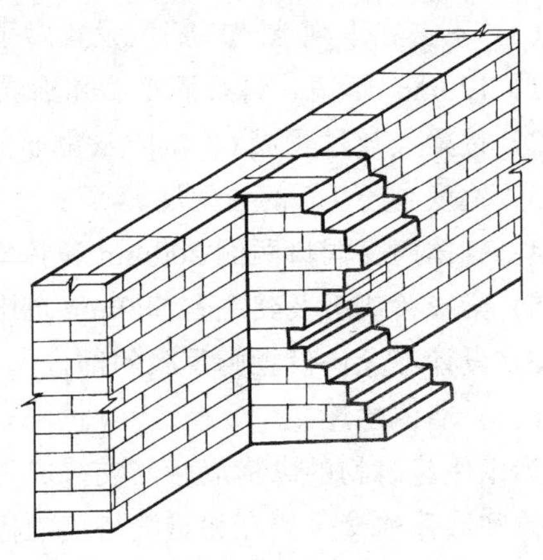
图 1-29　老虎槎

(4) 构造柱处留槎。墙内设构造柱时，砖墙与构造柱连接处应砌成大马槎。如图 1-30 所示。每一个大马槎沿高度尺寸不宜超过 30cm。按砖的皮数应从四退四出为好，砌筑大马牙槎时应先退后出，槽口两侧砌成 60mm 深的大马牙齿槽。并按规定压布钢筋，如图 1-31 所示。随砌要把砖缝挤出的舌头清理干净，落到槎子上的散灰，落入构造柱内砂浆杂物应全部清净，否则就会影响构造柱混凝土的质量。

(5) 接槎：接槎时，插砌砖的上下水平缝竖缝的砂浆要铺饱满，再进行挤压。尤其是插砖的上部水平缝一定要用大铲将砂浆塞实。拉接钢筋调直砌入水平缝内。接槎处的砖要连接平直。

二、砌墙中质量通病的防治方法

砖砌体施工中经常出现的质量问题称为质量通病。造成这些质量问题有的是由于原材料引起，有的是由于施工操作引起。本节只讲解由于操作引起的质量问题。

(一) 砖砌体砂浆不饱满

砖层水平灰缝砂浆饱满度低于 80%，竖缝内无砂浆称为砂浆不饱满。造成这种现象主要原因如下：

(1) 砌筑砂浆的和易性差，在砌砖时不能很好的将灰条挤压密实，造成砂浆不饱满。因此应改善砌筑砂浆的和易性。

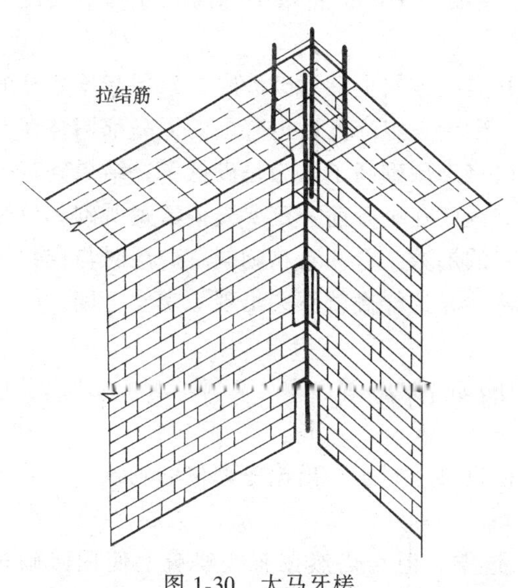

图 1-30　大马牙槎

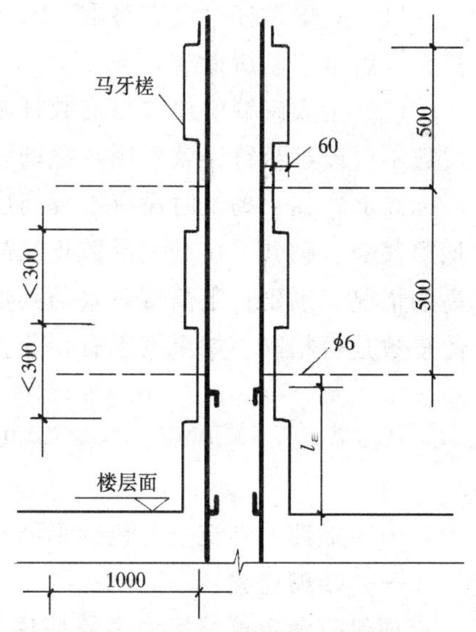

图 1-31　大马牙槎处钢筋布置

（2）操作手法不对。在用砖压带灰条时将灰条碰出小坑，挤压后小坑处不能使水平缝砂浆饱满。因此要改变砌砖手法，砖压带灰条要平推不能倾斜。

（二）清水墙面游丁走缝

清水墙上下竖缝发生错位、弯斜，这就叫做游丁走缝。游丁走缝影响清水墙的美观，也反映了发生游丁走缝墙的两个侧面垂直度发生变化，影响了墙面竖缝的宽度。在质量检验标准中规定的游丁走缝允许偏差，以一层标高为准时，不得超过 20mm，超过这个标准就是游丁走缝质量问题。产生游丁走缝的原因有以下几个方面：

（1）砖的规格尺寸误差较大，或者砌筑过程中发生供应砖的厂家变化，使砖的规格误差不一致，竖缝位置不好掌控，容易走缝。

（2）在砌墙前摆砖，未考虑到窗口位置，砌到窗台处分口时，口边的摆砖发生变化，使得窗间墙的竖缝与下面墙的竖缝发生错位。

（3）在砌墙时丁砖的位置隔层相对时不垂直，没有对齐。

防止墙面产生游丁走缝的方法，应从砌墙前的摆砖开始，先测定一下现场砖的规格，即使遇到砖的规格误差不统一，先将条砖缝子摆均，每次砌丁砖时要掌握丁压中，就是丁砖的中线与条砖的中线相重。砌筑时要采用“砌一看二”的方法，就是砌第一块丁砖的竖缝要使其摆均，砌第二块丁砖时穿看一下竖缝与下部隔层丁砖的竖缝垂直。砌筑面积较大的清水墙时，在已经砌完的几层砖中沿墙每米处设一条标准垂直竖缝准线，每当砌到标准线处用眼穿一次。标准垂直准线之间将竖缝分均了，就能减少游丁走缝的误差。

（三）“螺丝”墙

在一层楼房砌筑时，各道纵横墙不可能同时砌筑 ，而是分别砌筑。各道墙砌筑的依据是皮数杆，当皮数杆设立的标高出现问题或工人砌筑的皮数出现问题，在墙体连接时，同一标高的砖层数不同，不能交圈，这就叫做螺丝墙。出现螺丝墙后就很难处理。如果内外墙都是混水墙只能采取打薄砖或用砂浆找平，这样既影响美观又降低质量，如果外墙是清水墙就会使整层的墙推倒重砌。出现螺丝墙的主要原因如下：

(1) 立皮数杆时没有对准±0.000的位置，主要抄平时，将水平标高尺寸读错或皮数杆设立后被移动所造成。

(2) 工人砌墙的皮数与皮数杆不相符，尤其是在楼层上继续砌墙时，砖层与皮数杆的层数不可能都相符，就要用灰缝的厚度来调整。砌到一定高度后把砖层的标高都调整在同一标高上。如果砌筑时没有把标高层数搞清，误将砌层砌高了认为是砌低了，结果砌筑时加厚灰缝，砌到平口赶上层数正好高出一层砖。因此在砌砖前一定要先搞清楚所砌部位标高的情况，砌到一定高度时要与其他部位核对砖的层数，看一看在砌同一砖层时与皮数杆的皮数是否相同，如果发现有误差，及时进行调整，这样做就不会出现“螺丝”墙。

第六节　墙体细部的砌筑

墙体细部的砌筑主要包括钢筋砖过梁、砖拱过梁、封山、出檐等部位的砌筑。

一、砖砌过梁

现代砖砌建筑虽然大多数使用钢筋混凝土过梁，但是仍然在有些建筑上使用砖砌过梁。因为砖砌过梁能形成与砖墙一体的建筑效果，同时节省了材料，减少了施工工序。

(一) 钢筋砖过梁

钢筋砖过梁属于压弯构件的一种，一般情况上部受压，下部受拉，由于砖砌体的抗拉强度低，所以在砖砌体中配入纵向钢筋以提高它的抗拉强度。

钢筋砖过梁的砌筑方法如下：

(1) 当砖砌到窗口上平时，支过梁底模板，模板中间应起拱，拱度是过梁宽度的1‰。

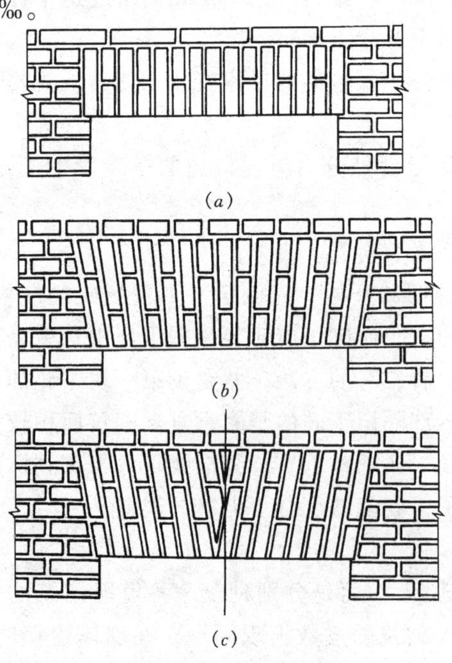

图1-32　平拱形式

(*a*) 立砖碳；(*b*) 斜形碳（扇子碳）；(*c*) 插子碳（镐楔碳）

(2) 将模板面浇水润湿，铺上20mm厚的M10水泥砂浆，再放置钢筋。

(3) 钢筋直径不应小于5mm，也不大于8mm。间距不应大于120mm，但不能少于两根。钢筋两端加弯钩并深入支座内不小于240mm。

(4) 在钢筋长度内用比墙体砂浆标号高一个等级的砂浆（并不低于M5）砌五皮砖，每皮砖砌完后用配制的稀砂浆将砖缝灌密实。

(二) 砖平拱

砖平拱可分为立砖拱、斜形拱、插子拱等，如图1-32所示。其砌筑方法只是砌砖拱的砖坡度不同。砌筑方法基本相同。

(1) 当砖墙砌到门窗上口平时，开始在洞口两边墙上留出2～3cm错台作为拱脚支点，如图1-33所示。

(2) 砌筑拱两端砖墙时，如果砌斜形拱、插子拱时，要砌成坡度，坡度大小一般倾斜

4～6cm。

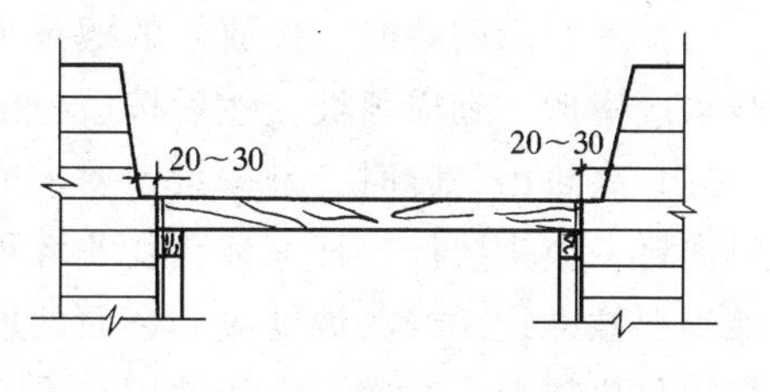

图 1-33　拱座砌筑

(3) 拱坐砌到与拱同高时，就可以在门窗上口处按照过梁的跨度支好平拱底模板。

(4) 在底模板的侧面划出砖的块数及砖缝的宽度，砖的块数要求成单数，两边要互相对称，这样不但美观，而且受力也较为合理。

(5) 砌拱时，应选用 M10 砂浆，将砖托在手中，用大铲将砂浆铺在砖面上，再画出砖的位置，贴砌。

(6) 用立砖与侧砖交替由两侧砖向中间，在中间合拢，居中一块砖要从上向下塞砌并用砂浆填嵌密实。

(7) 灰缝应砌成楔形，上大下小，下部不应小于 5mm，当拱高为 24cm 时，上部灰缝不应大于 15mm。

(8) 砌筑完毕后用拌合较稀不低于 M5 的砂浆，进行灌缝使其密实。

二、山尖、封山及拔檐

(一) 山尖的砌筑

(1) 当山墙砌到檐口标高时即可往上收砌山尖，山尖上搁置檩条或其他构件。

(2) 在山墙上的中心钉上一根皮数杆，在皮数杆上按山尖的标高钉上一根钉子，作为拉斜向准线的依据，然后以前后檐口与皮数杆的钉子为准拉好斜向准线。

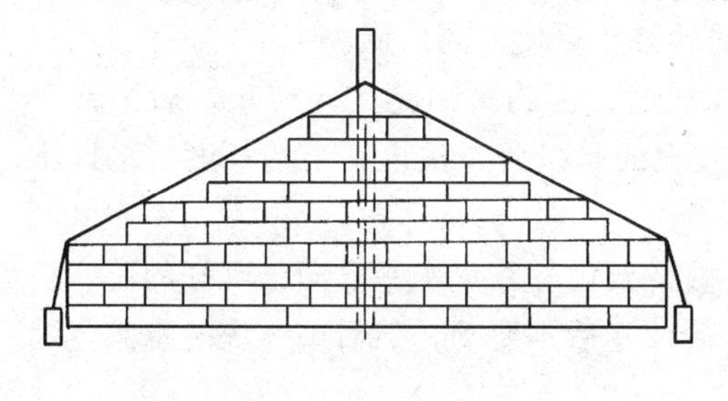
图 1-34　砌山尖

(3) 斜向准线只控制每皮砖的两头砖按斜向准线砌成台阶状，中间各皮砖仍然由水平准线控制砌筑。

(4) 在砌到檩条底标高时，将檩条位置留出，当有垫块或垫木时应预先将其按标高放置，待安放好檩条后，就可以进行封山，如图 1-34 所示。

(二) 封山的砌筑

封山分为平封山和高封山，平封山时将檩条间的山尖按准线砌平；高封山要砌出屋面，高出屋面部分的墙习惯上称为女儿墙，如图 1-35 所示。

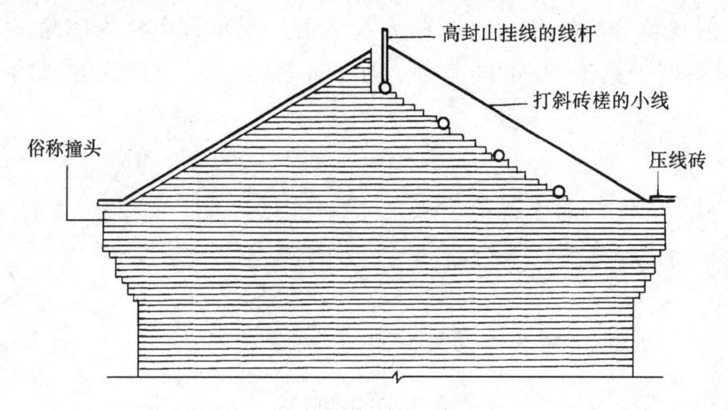

图 1-35　砌高封山

(1) 平封山砌砖时，按放好的檩条平面拉线或按屋面钉好的望板找平，封山顶的砖按斜线坎成楔形，砌成斜坡，然后按望板铺灰找平再砌压顶砖。

(2) 高封山砌砖时，是按设计要求的标高将山尖砌高出屋面。砌前先在靠山墙脊檩一端竖向钉一根皮数杆，杆上标明女儿墙顶的标高，然后从山尖女儿墙顶部，往前后檐口女人墙顶部拉准线。线的坡度应和屋面的坡度一致作为高封山砌筑的标准。按斜向准线控制高封山每皮砖两头的砖，中间使用水平准线控制砌砖。当砌到封山顶时按斜向准线打楔形砖。铺砂浆找平后，再砌出压顶砖。最后在压顶砖上抹 1:2.5 水泥砂浆。

(三) 拔檐

拔檐是在山墙前后檐口处，向外挑出的砖砌体。使山墙高出檐口有一个很好的收头，同时遮住纵墙檐口和落水管，增加建筑物的美观，如图 1-36 所示。

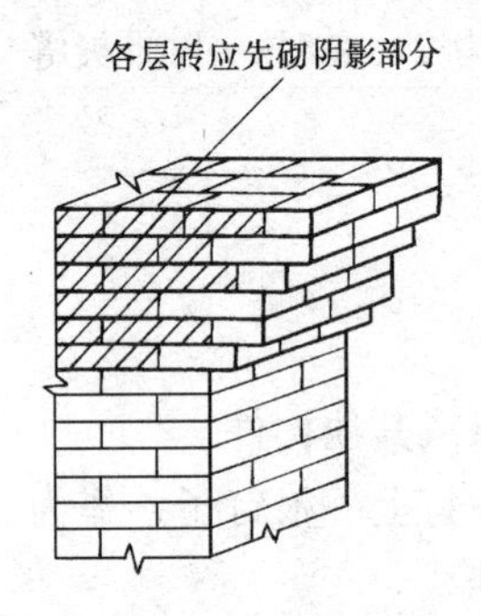

图 1-36 拔檐的砌法

拔檐的出檐砖的砌法，有两皮砖挑出 1/4 砖长和一皮挑出 1/4 砖长两种砌法。用哪一种挑法恰当要根据拔檐长度与高度确定，砌筑方法如下：

(1) 选砖：所挑出的砖要求比例协调，砖的棱角顺直，不缺棱掉角，砌筑时使砖的好面朝下。

(2) 砖浇水湿润不宜过湿，应比砌墙的砖含水量低。砂浆要稠，和易性要好，应比原标号提高一级。

(3) 要先将墙身部分的砖砌好后再砌挑檐砖，砌砖时立缝要铺满砂浆，水平缝的砂浆要略使外高内低。

(4) 当挑砖砌成丁砖时，因为挑出是 1/4 砖长，后半部有 3/4 砖长的余量，所以比较容易砌筑。砌筑难度较大的是条砖，挑出一半的长度，掌握不好就容易掉下来。

(5) 砌砖时，铺上砂浆，不得用大铲摊平。放砖要由外往里水平靠向已砌好的砖，挤压挤出的砂浆暂时不要刮去，放砖的动作要快，砖放平后不要动，然后砌一块砖将其竖缝压住，再刮掉挤出的砂浆。

(6) 当拔檐较大时，不宜一次完成，以免重量过大，造成水平缝变形而使其倒塌，一般一次砌筑高度不宜大于 8 皮砖。

三、异形角墙

异性角墙按形状可分为钝角，也可称为八字角；锐角，也称为凶角。八字角用于大于 90°的转角墙，凶角用于小于 90°的转角墙，如图 1-37 所示。砌筑过程如下：

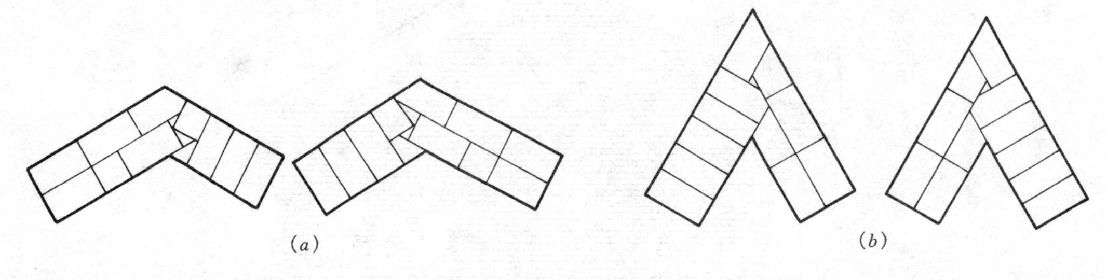

图 1-37 异形墙

(a) 八字角排砌；(b) 凶角排砌

（1）砌筑前先按角度的大小放出墙身线，按线的角头处将砖进行试摆，要达到错缝合理，坎砖少，收头好，角部搭接美观。

（2）八字角和凶字角的角部也要用七分头进行错缝搭接。八字角一般采用外七分头使七分头为八字形，长边为3/4砖长，短边不小于1/2砖长。凶字角一般采用内七分头，一块角转的长边也为一砖长，短边应大于1/2砖长，另一块角砖长边为3/4砖长，短边不小于1/2砖长，将角加工成凶角。

（3）经过试摆，确定叠砌的方法后，做出角部异形砖加工样板，按加工样板加工异形砖。经加工后的砖角要平直，不应有凹凸及斜面现象。

（4）为了保证异形角墙体有足够的搭接长度，其搭接长度不小于1/4砖长。八字角及凶字角都要求砌成上下垂直，经常挂线检查角部两侧墙的垂直及平整。

第七节　砖砌烟囱、检查井、化粪池的砌筑

一、砖砌烟囱

烟囱是用于锅炉燃烧时排出烟气的构筑物。在非地震设防区和较低的烟囱仍然采用砖砌的方法。砖砌烟囱的外形分为方形和圆形两种。圆形烟囱的筒身呈圆锥形，方形烟囱则为角锥形，它的构造分为基础、筒身、内衬、隔热层及其附属设施，如铁爬梯、护身环、避雷针等。囱身的底部留有烟道口，以便与烟道连接，如图1-38所示。基础通常采用现浇钢筋混凝土，筒身按高度分为若干段，由下而上逐步减薄。筒身内气温高于500℃时，内衬采用粘土耐火砖砌筑。隔热层分空气隔热层与填充隔热材料隔热两种方法。以空气隔热的烟囱可在筒身上开设通气孔，并应上下交错布置，以避免在筒身的同一水平截面上。附属设施均为金属构配件，按设计标高埋设，安装前在地上按规定遍数先刷好防锈漆。

（一）专用工具的准备

砌烟囱所用的工具除与一般砌墙所用工具相同外，尚有如下几种（图1-39）：

（1）大线锤：线锤一般在10kg左右，砌筑烟囱过程中，线锤的锤尖对准基础上的中心，另一端悬挂在引尺架下面的吊钩上，左右前后移动引尺架对中用。

（2）引尺架：采用断面为50mm×100mm的方木，长度与筒身最大外径相同，方木的中心点下面有一个小吊钩，以便悬挂线锤找中用。

（3）引尺：又称轮圆杆，尺上刻有烟囱筒身最大及最小外径，以及每砌0.5m高烟囱外壁收分后的直径尺寸，尺的一端套在引尺架中心上，并以此为圆心，当烟囱每砌0.5m高，引尺及绕圆心回转筒身一圈测量一次，如发现有误差，必须逐步调整、纠正。检查一次，涂去一格。测量时须知道已砌筒身标高及半径，以便心中有数。

（4）坡度靠尺板：按筒身每米坡度的要求制造托线板。托线板一侧与中心弹的墨线平行，与普通托线板相同，另一侧根据设计坡度，刮出与中间墨线成坡度，中间挂上线锤，用带有坡度的一侧靠筒身，如果线锤与弹线重合，筒身墙体的坡度符合设计，如果线锤向外，墙面“张”了，如果线锤向里，墙面“背”了。

（5）铁水平尺：由于砌烟囱没有水平准线作为依据，同一皮砖是否水平只能用铁水平尺随时进行检查。

（二）砌筑圆烟囱要掌握的几个环节

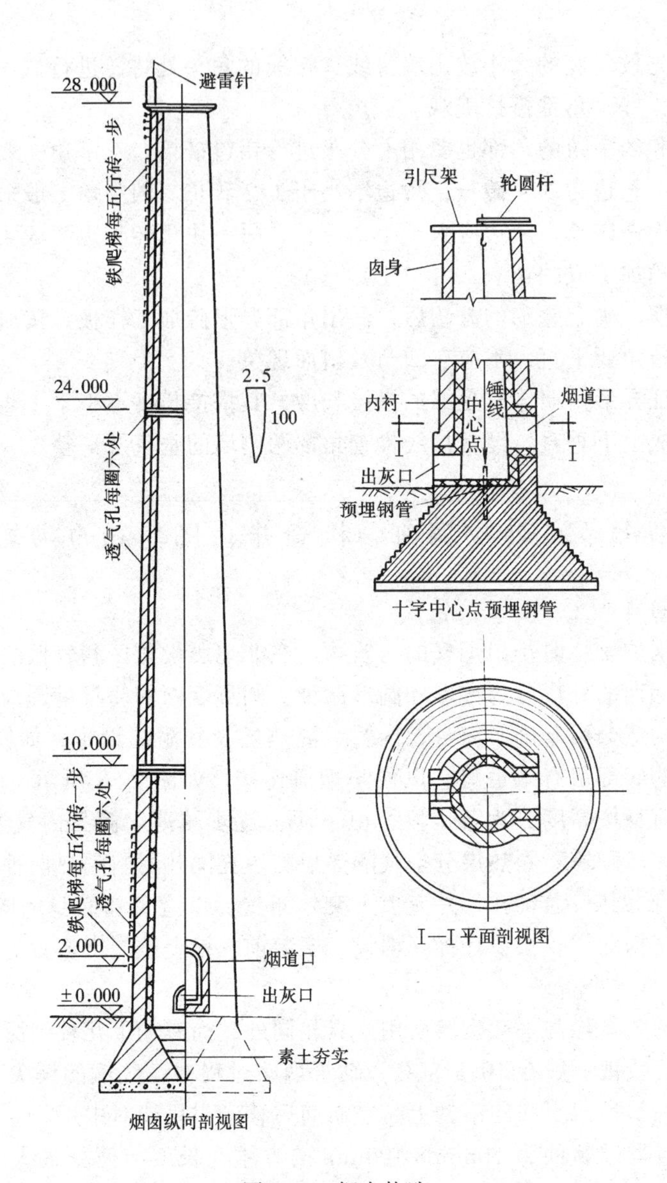

图 1-38　烟囱构造

(1) 定位和中心轴线的控制：钢筋混凝土基础底板浇捣好后，将烟囱前后左右的龙门板用经纬仪校核一次，无误后拉紧两对龙门板的中线所形成的交叉点就是烟囱的中心点。将此点用线锤引到基础面，把预埋铁件对准此点埋入基础内，在混凝土凝固以前防止移动与倾斜。混凝土凝固后校复一次并用红漆标出中心位置，烟囱每砌高 0.5m 要校核中心轴线一次。

(2) 烟囱标高的控制：由于砖砌烟囱没有皮数杆的控制，其标高只能用钢尺测量。在烟囱基础砌出地面后，用水平仪在砌体外壁定出 ±0.0000 标高，并用红漆做出标记。以后每砌 5m 高或筒壁厚度变更时，均用钢尺仍从 ±0.000 起垂直往上量出各点标高，并用红漆标明烟囱附属设施的埋设，腰线、挑沿和通气孔的设置均以此点为标准。

(3) 烟囱垂直度的控制：烟囱的筒壁在构造上都有收分，一般收分的坡度为 1.5%～2.5%因此要保证烟囱垂直度的正确，要用坡度托线板来检查，一般砌墙用的托线板宽

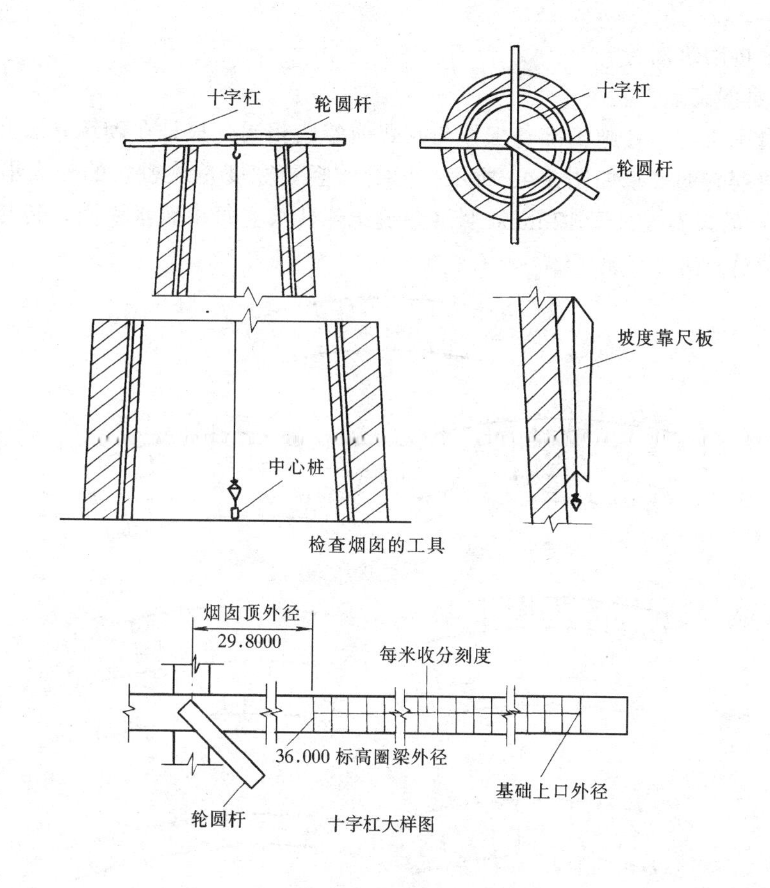

图 1-39 检查烟囱的工具与方法

10cm，长为 150cm。墨线弹在托线板的中心。现以烟囱坡度 2.5％为例。托线板下口距离中心墨，应为（5－150×2.5％）＝1.25cm。当坡度托线板带坡度的一面贴在烟囱筒壁上，线锤能对准线板上垂直墨线，说明烟囱的垂直度是正确的。

（三）烟囱基础的砌筑

钢筋混凝土基础浇筑完后，养护到一定强度就可以进行烟囱砖基础的砌筑。

（1）抄平测出钢筋混凝土基础表面标高，以钢筋混凝土基础中心为圆心弹出砖基础内外径的围线，设立皮数杆。

（2）烟囱砖基础的砌筑与砖墙的基础一样采用大放角向中心收退。

（3）开始砌筑时，先要摆砖撂底。砖层的排列一般采用丁砖砌，以保证外形的规整。只有外径在 7m 以上时，才用一顺一丁砌法。但筒身的内侧可以用条砖砌，以减少半砖的数量。

（4）砌体上下两层砖的放射状砖缝，应错开 1/4 砖长，环状砖缝应错开 1/2 砖长。为达到错缝要求，可用半砖进行调整。

（5）通常水平缝厚度为 8～12mm，竖缝宽度内圈不小于 5mm，外圈不大于 12mm。

（6）基础的内衬要与外壁同时砌筑，如需要填充隔热材料的，每砌高 4～5 皮砖即填塞一次。

（7）基础砌完后，要进行一次中心轴线、标高、垂直度、圆周尺寸、上口水平等全面检查，合格后再砌筑囱身。

（四）囱身的砌筑

烟囱筒身砌筑时，在施工准备工作与砌普通砖墙相同，只是在砌筑方法上有所不同。

(1) 筒身摆砖的要求如图1-40所示，筒身的竖缝宽度是放射状的外大里小，最小不能小于5mm，最大不能大于12mm。竖缝错缝1/4砖长。每皮砖水平面，砖与砖之间缝为环形缝，环形缝错开1/2砖长。

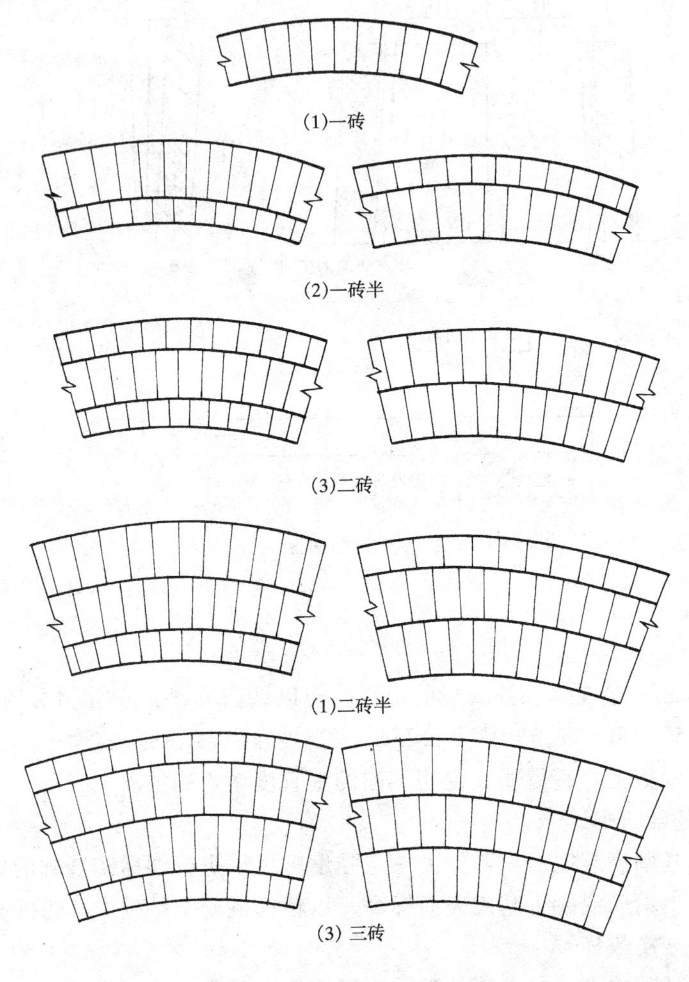

图1-40　筒壁砌体砖缝交错

(2) 在砌砖时，砖在墙上不是水平状态，而是靠筒壁外高，靠筒壁里低，即所说的前手高，后手低。因为砖烟囱的囱身一般要有1.5%～2.5%的收分，就是说每砌筑1m高要收进15～25mm。每米要砌15层，收分是2.5%时，那么每砌一皮砖要收进1.7mm，就要依靠砖的前手高，后手低的砌法造成丁砖面向里倾斜，收进1.7mm。用这种方法砌成的烟囱墙身用眼穿是平面，但是，是在坡度托线板控制下的斜平面。

(3) 砌筑时，筒身分成3～4个工位，每个工位设一个人砌筑。由于墙身是斜面，半径不断减小，每个人所砌的墙体不断变短，由于砖的竖缝宽度不能变小，只能是所砌的砖块数发生变化，打砖变小的位置是在每个工位的交接处。

(4) 砌砖时由于没有水平准线，全靠目测控制。目测所砌的丁砖斜面要与下面的圆形斜面是通顺一平。每砌 0.5m 高用引尺检查一次圆形状况。每砌 3～5 皮砖用斜向托线板检查一次垂直度状况。用铁水平尺检查每个工位之间的同一皮砖是否一样高，发现问题要逐步纠正。

(5) 筒身砌柱，一般先砌外皮，再砌里皮，为了防止操作人因手法不同造成偏差，可以采用轮换工位，每升高一步架互换操作位置。

(6) 当筒身砌筑至直径较小时要将丁砖加成楔形砖，使放射形竖缝宽度符合要求。

(五) 内衬的砌筑

(1) 砖烟囱的砌筑一般是随着筒壁同时砌筑，衬壁厚度为半砖时，可用条砖砌筑，错缝搭接 1/2 砖长，厚度为一砖时，用丁砖和条砖交替砌筑，错缝搭接 1/4 砖长。

(2) 用普通砖砌内衬时，水平灰缝厚度不得大于 8mm。用耐火砖砌内衬时，水平灰缝厚度不得大于 4mm。耐火砖上批满耐火泥，用小木榧敲打砖块，使垂直与水平灰缝达到饱满密实。

(3) 囱身与内衬的空气隔热层不允许落入砂浆和碎砖，如设计要求填充隔热材料，则每砌 4～5 皮砖填充一次。

(4) 为了保证内衬的稳定和牢固，水平方向沿囱身每隔 1m，垂直每隔 0.5m，上下交错挑出一块砖与囱壁顶住。

二、检查井、化粪池的砌筑

检查井、化粪池一般是建筑物的附属设施，一般是由土建施工完成。检查井、化粪池多是砖砌体。

(一) 砌筑要求

(1) 砌筑检查井一般采用丁砌法。砌筑时要根据井口及井底直径的大小与井的深度计算收坡尺寸，定出收坡的标高一皮砖或几皮砖收分多少，随砌随收。按设计标高将管道提前放置好后再砌井。井砌好后，上口安好井圈座并在四周抹 1:3 水泥砂浆。

(2) 化粪池的深度一般为 3m 左右，底板与顶板多采用钢筋混凝土。池壁有方形和圆形两种。砌筑时外墙与中间隔墙要同时砌筑，不要留槎后砌。池内的附件如隔板、管道必须按图纸要求牢固的砌入墙内，并用砂浆塞住封好，不得松动、渗水。砌到池顶时最后一皮砖要砌丁砖。

(二) 砌筑检查井、化粪池注意事项

(1) 检查井底的标高应该与管道的标高相同，并且将井底抹成半圈管道形状。冲入检查井的污物能及时排出，不能有沉淀物。

(2) 化粪池的排入管与排出管的位置不得错位。流入化粪池的污物经过两次到三次沉淀后污水才能排入市政排水管道。

第八节　铺墁地面砖及屋面挂瓦

一、砖墁地面

砖墁地面一般用于是外走道、散水等处，所使用的砖有各种形状、不同颜色的水泥砖或普通的粘土砖。铺墁地面砖也是砌筑工应掌握的基本操作技能之一。

（一）铺地面前的准备工作

（1）除常用工具外，还需要橡皮锤一把，铁水平尺及方尺各一把。

（2）铺砖前将垫层夯实、铲平，按实际要求设水平桩抄平或在四周墙上弹水平线。

（3）使用的砖应进行挑选，标号品种不同的砖不得混用，将带有裂缝、掉角、扭曲的砖应剔除。

（二）砖铺地面的操作

（1）铺置时预先排砖，按设计标高铺好四边的砖，然后以铺好的砖为准，拉准线，再逐块铺置。

（2）坐浆可用1:3水泥砂浆或混合砂浆。砂浆的稠度以手捏成团不散为宜。砂浆铺的长度以能砌3～4砖为宜，厚约20mm，要铺的平整均匀。

（3）当铺上一块砖后用橡皮锤敲击，使砖与准线一平，并且与砂浆严密的结合，再用水平尺找平使其与相邻砖平齐。

（4）砖与砖之间留2～3mm缝隙，待全部砖铺好后用1:1的水泥干拌细砂嵌缝密实后，将表面多余砂灰清扫干净，最后铺盖草席浇水养护。

二、屋面挂瓦

挂瓦屋面一般多用于坡屋顶的防水。瓦有许多种类，按其形状分类有平瓦、小青瓦、筒瓦、玻璃瓦；按其制造材料分有粘土瓦、水泥瓦、石棉瓦、带釉粘土瓦等。由于瓦的种类不同，所以在施工中应采用不同的施工方法。平瓦的形状，如图1-41所示。

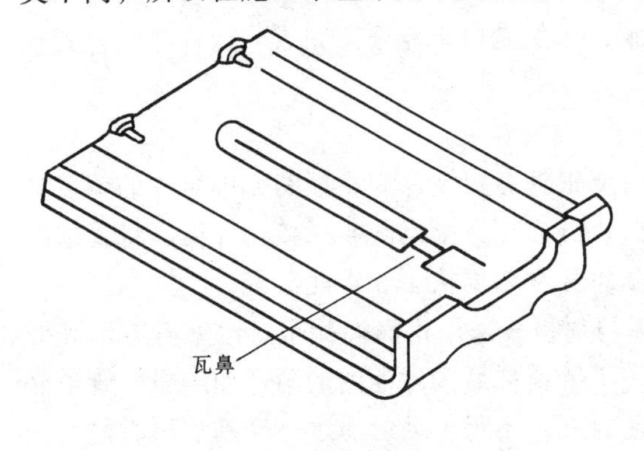

图1-41　平瓦

（一）挂平瓦

（1）选瓦：先进行选瓦，对掉角、缺楞、裂缝、翘曲不平及缺少瓦爪的瓦不能使用。上瓦前还要对屋面基层进行检查，发现油毡破损，瓦条间距不均匀及上口不平直，檐口瓦条不符合使檐瓦出檐5～7cm时，应修理好后再开始上瓦。上瓦时两坡屋面应同时堆瓦，以免屋架受力不均引起变形。将瓦运到屋面进行摆瓦，一般有条摆和堆摆两种。条摆是要求隔三根挂瓦条摆一条瓦，将瓦侧立摆放每米约22块。堆摆要求瓦平放一堆9块，间距为左右隔两块瓦宽，上下隔两根挂瓦条，均匀错开，摆放稳妥，如图1-42所示。

（2）铺瓦：铺瓦时，人蹲在瓦条上，左脚在上，右脚在下，面对山墙，但稍向檐口，按每人铺四块砖的间距，由檐口排向屋脊，铺瓦的顺序由下到上，先拉线铺檐口瓦，瓦头要平直整齐。靠近檐口的人先铺出一段距离后，接着后面就可向上向右铺开。上下两楞瓦应错开半张，使上行瓦的沟槽在下行瓦当中，以防漏水，铺完一段，检查看每行的瓦口是否整齐平直，瓦楞是否紧密吻合，否则应立即纠正。悬山屋面应以封檀板为准，拉好准线，砍半张瓦不要超出

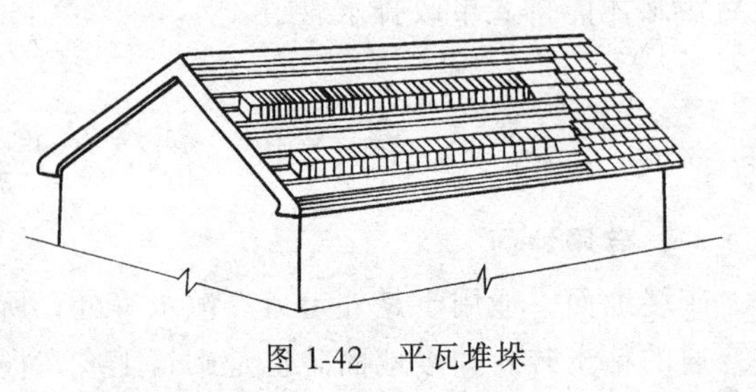
图1-42　平瓦堆垛

封檀板，以免给粉瓦楞出线带来困难。坡度大于30°的坡屋面，每块瓦用20号镀锌铁丝穿过瓦鼻牢固于瓦条上。小于30°的坡屋面只是檐口两行用铁丝扎牢。在斜沟、线角处应先将瓦试铺，然后弹上墨线编好号，用无齿锯锯齐，再按编号铺上，斜沟处应与白铁天沟搭接15cm，如图1-43所示。

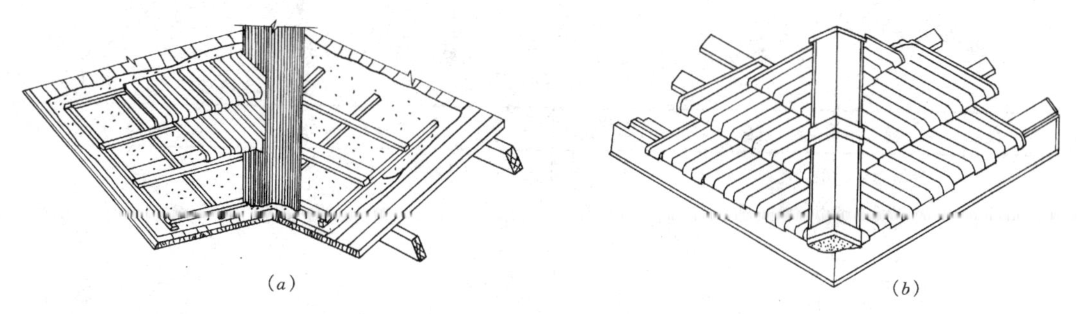

图1-43　屋面斜沟及戗角
(a) 斜沟；(b) 戗角

(3) 做脊瓦：先将脊瓦分布在屋脊第二楞瓦片上，窝好一端脊瓦，另一端干叠二张脊瓦，拉好准线，然后在两坡屋脊第一楞瓦上口铺，上水泥混合砂浆，宽约5～8cm。把脊瓦放上与准线对中，用手挤压窝牢。操作时一人铺灰，一人盖瓦。铺好后用水泥麻刀灰将脊瓦之间的缝隙几脊瓦与平瓦搭接缝隙嵌严。

(4) 平瓦屋面瓦的搭盖长度要求：脊瓦搭盖长度不小于40mm。天沟、斜沟、铁皮深入瓦片的长度不小于150mm，瓦头挑出檐口的长度50～70mm，平瓦的瓦头与瓦尾搭盖长度50～70mm。

(5) 突出屋面的墙或通风道的侧面瓦探入泛水长度不小于50mm，如图1-44所示。

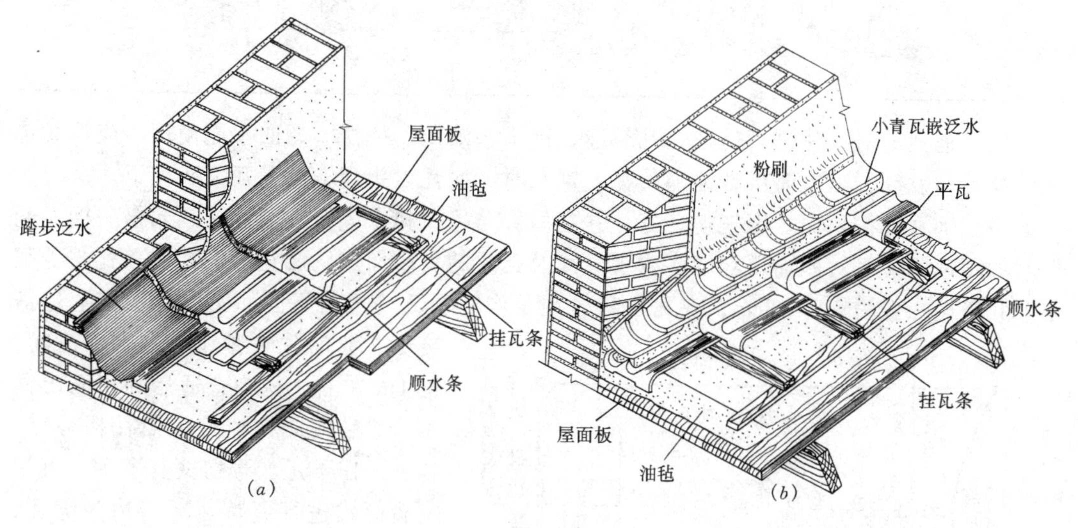

图1-44　屋面泛水
(a) 镀锌铁皮踏步泛水；(b) 小青瓦泛水

(6) 平瓦屋面几个节点泛水的施工要求：山檐口的泛水做法是在檐口砌一皮砖，再用水泥麻刀混合砂浆抹出檐头。山墙边泛水的做法是由山墙挑出1/4砖长的砖檐，再用水泥麻刀砂浆做出泛水。

（二）琉璃瓦屋面的铺法

琉璃瓦是筒瓦基础上发展起来的一种涂有彩釉的瓦片。它的色彩绚丽，光耀夺目，富有我国传统的民族特色，用它铺盖屋面，使建筑物犹如全部托起，富丽堂皇。琉璃瓦的品种繁多，常用的有底瓦、盖瓦、滴水、勾头、顶帽等，见表 1-2。

玻　璃　瓦　　　　**表 1-2**

名　称	规　　格	附　　图	名　称	规　　格	附　　图
板　瓦 （又称：底瓦、琉璃瓦片）	345×250 324×245 300×225 285×208	(*a*)	滴　水 （又称琉璃檐口花瓦）	345×250 325×233 300×225 285×208	(*c*)
	350×280×240 350×225×190 300×200×170 280×175×145			320×280 170×280	
	230×230×10			220×178×10	
筒　瓦 （又称：筒瓦盖、琉璃光筒）	320×160×80 305×145×72.5 285×132×66 270×112×112	(*b*)	勾　头 （又称花边）	320×160×80 305×145×72.5 285×132×66 270×112×56 240×96×48	(*d*)
	300×175 300×150 250×125 350×100 220×115×11			310×180	
			顶帽	60×60 60×50 45×45 35×35 55×65	(*e*)
脊瓦	455×165×15		脊瓦	250×250×150	

（1）铺瓦前对瓦片进行挑选，凡裂缝、砂眼、缺角、掉楞、翘曲不能使用。应注意选用色泽均匀发亮，敲击时声音清脆的瓦，铺瓦时，底瓦大头朝上，盖瓦大头朝下。

（2）铺瓦前按屋面宽度把楞分好，并在屋脊与檐口弹出墨线，盖瓦一列叫做一楞。两楞间的距离叫做豁。屋面楞豁的多少视开间及瓦片的大小而定。底瓦与底瓦，盖瓦与盖瓦之上其搭接一般为 2.5～3cm，底瓦之间净距及沟宽视瓦的规格不同而不同。根据上述搭接要求铺前先在地上试铺 1～2 楞，长 1m 左右，认为合适后即可画出样棒，然后按此样棒将屋面瓦楞分好。若分一楞不足，半楞又有多余，可视山墙形式进行调整。硬山边为盖瓦，女儿墙边楞为底瓦，底盖瓦均要一半嵌入墙中，如图 1-45 所示。

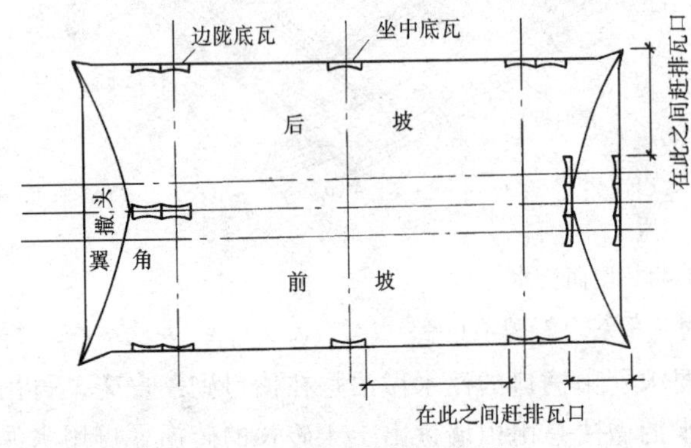

图 1-45　铺瓦平面布置

（3）铺瓦前先将瓦片浇水润湿，以便砂浆与瓦片有较好的粘结力。

（4）铺瓦时按弹好的分楞线先用

砂浆将檐口底瓦窝牢，檐口、滴水瓦离分檐板为3cm，并拉线找齐。铺时从下面上，从左到右，按分楞弹线进行，底瓦大头朝上，盖瓦大头朝下，用粘土砂浆窝牢。

(5) 铺一段距离后，用靠尺检查看是否平直、整齐、通顺。第二列底瓦按同法铺出一端长度后即可铺挂盖瓦。此时盖瓦下要铺满同样的砂浆，但不要超出搭界范围，使盖瓦能做灰覆上，用手推移找准看搭在两列底瓦上是否对称，如合适即可将盖瓦压实。其余部分均按此法继续铺挂，瓦缝应随铺随勾。

(6) 在铺瓦时还要注意确保每列瓦与屋脊沿口垂直，不得倾斜。底盖瓦与垂脊交接处应先试铺，按垂脊位置弹线，将瓦编好号取下加工。加工好后再按编号铺上。

(7) 在屋面瓦铺好后，应在瓦片上按需要做脊瓦地方铺上麻袋或钉有防滑条的脚手板，以防滑倒。

(8) 铺脊瓦时，在屋面一端的两坡，满铺砂浆宽约10cm，先窝好一张琉璃脊瓦，在另一端干叠两张瓦，接好麻线，并检查是否平直，然后从已铺的一端铺到另一端。铺好后，将琉璃脊瓦的瓦缝以及脊瓦与盖瓦的瓦缝用1:2.5水泥麻刀混合砂浆嵌密勾好。操作人员可以从山墙退到脚手架上，随退随将操作地方搞收头，并将脊瓦两端露头用水泥砂浆和碎瓦嵌密抹好。

(9) 琉璃瓦在铺挂过程中，如发现盖瓦损坏，应将损坏的盖瓦敲碎，清出碎瓦片灰浆，再行补挂。如底瓦损坏，应将底盖瓦同时敲碎取出进行修补。

(10) 檐口勾头要使用带有钉孔的盖瓦，钉子从钉孔钉入瓦檐后，并用石灰砂浆填满钉帽，盖上压实左右楞顶，要对齐并形成一行。使用顶帽的目的是主要盖住钉子防止腐蚀，并起装饰作用。用钉子以防止檐口盖瓦下滑，起固定作用。

第九节　特殊季节的施工

建筑工程露天作业较多，直接受到气候的影响。施工中如不根据天气变化情况，采取相应措施，不仅工程质量不能保证，就连正常施工也无法进行。所以在进行砖砌体砌筑时，要根据气候对工程质量的影响采取一些技术措施，砌体工程的季节施工问题是可以解决的。常用各种季节施工技术措施分述于下。

一、夏季施工

(一) 夏季施工对砖砌体砌筑的影响

在炎热的夏季，高温干燥多风的气候条件下砌筑，常会遇到铺置在墙上的砂浆不一会儿就已经成疆硬状态，或刚砌筑的砖墙灰缝中会发现砂浆松散，毫无粘结力，一碰即掉的酥松现象，这就是砂浆脱水。造成脱水的主要原因是砖块与砂浆中的水分在干热的气温下急剧被蒸发，砂浆中水泥还没有很好的水化就失水，无法产生强度，这将严重影响砌体质量。

(二) 夏季施工采取的措施

(1) 砌筑用的砖要充分浇水、湿润，除了提前浇水外，在砖运到砌筑脚手架上后，也要根据气候高温干燥的情况再浇一次水。

(2) 适当的增大砂浆的稠度，提高砂浆的保水性、和易性，同时砂浆应随拌随用，拌制的砂浆应在2h内使用完毕。

(3) 每天完成可砌高度待砂浆初凝后应在墙面上进行喷水、养护，补充被蒸发掉的水分，使砂浆中的水泥得到充分的水化反应以确保其强度。

(4) 在砌墙时注意检查墙角、墙面的垂直、平整度，发现偏差时及时纠正，禁止敲墙纠偏。

(5) 在有台风的地区，遇到台风季节时，完成每天可砌高度后，将墙体四角、独立砖柱、窗间墙、山墙等部位进行支撑、加固，以免被台风吹倒。

二、雨期施工

(一) 雨期施工时对砖砌体工程砌筑的影响

浇水润湿适当的砖砌在配合比适宜的砂浆上，砖只吸收砂浆中的部分水分，且在砂浆中胶结材料例如水泥、石灰等作用下，使砖表面的砂浆凝结产生粘结力，砖就能稳固地砌在墙上。只要墙的每天砌筑高度不超过1.8m，墙体在自重的作用下不会发生倾斜，但是到了雨期时正在砌墙的砂浆和砖淋雨后，砂浆变稀，砖由于吸水过多，表面形成水膜。在这种情况下砌墙时，出现砂浆被挤出砖缝，产生坠灰现象，砖浮滑放不稳。当砌上皮砖时，由于上皮灰缝中的砂浆挤入下皮砖靠里边的竖缝内。竖缝内的砂浆在压力作用下，产生向外的推力，下皮砖就产生了向外移动凸出墙面的现象，使砌墙工作无法顺利进行。另外竖缝的砂浆也易被雨淋掉，水平灰缝的压缩变形增大，砌墙越高累计的变形越大。在这种情况下轻则产生凹凸不平，重则将造成墙体倾斜、倒塌的质量事故。

(二) 雨期施工采取的措施

(1) 搅拌砂浆用的砂，宜用粗砂拌制的砂浆，因粗砂拌制的砂浆收缩变形小。砂浆配料时，要调整用水量，防止砂浆使用时过稀。

(2) 在雨期施工时皮数杆的灰缝厚度应控制在8～10mm之间，适当的缩小砖砌体的水平灰缝，减小砌体的沉降变形。

(3) 将刚砌完的墙体在墙上盖一层砖或用防水材料覆盖，必要时采用墙两面用夹板支撑加固。

(4) 为了防止砖淋雨过湿，在下雨时，应用防水材料将砖垛加以覆盖。

(5) 在雨停后，重新砌墙时应首先检查墙的垂直度，发现问题及时纠正。在过湿的砖中适当加些干砖交错砌筑。每天的砌筑高度限制在1.2m以内。

三、冬期施工

(一) 冬期施工对砖砌体砌筑的影响

当室外日平均气温连续5d稳定低于5℃时，砌体工程应采取冬期施工措施。

冬期施工砌墙突出的一个问题是砂浆遭受冰冻。砂浆中的水在0℃以下结成冰，这种现象对砖砌体的砌筑产生一定的影响。一方面，由于砂浆冻结，砂浆中的水泥不能得到很好的水化，砂浆的实际强度增长受到影响，虽然砂浆复冻后能获得冻结强度，但是在气候转暖、砂浆解冻后，砂浆的冰结强度完全丧失而本身的强度又很低，在砌体的压力下会发生变形，尤其是在砂浆受到太阳光照射的一面，砂浆解冻快而变软，没有解冻一面砂浆硬，在砌体压力作用下墙体容易倾斜，甚至倾倒造成质量事故。另一方面，砂浆受冻使其流动性降低，影响砌筑的操作。在砖砌到墙上后很快就冻结了，发现墙体垂直度有问题再进行修整时就很困难。

(二) 冬期施工采取的措施

在冬期施工时，砌筑工程一般采用掺外加剂法、氯盐砂浆法、暖棚法和冻结法等多种方法。施工时，可根据要求进行选取。在砌墙的操作中，一方面要注意成品的质量的形成要求。另一方面还要注意操作过程的要求。工人在砌墙时要求砂浆要好用，所谓好用就是砂浆的和易性好，只有砂浆的和易性达到一定的标准才能应用“二三八一”砌砖法，否则就不能使用这种施工方法。因此在进入冬期施工后，砖砌体施工无论是采用掺盐砂浆法还是采用冻结法等都有一个施工条件准备要求和完整的冬期施工方案。

1. 施工条件准备

(1) 水泥宜采用普通硅酸盐水泥，使用时应未遭冻结，不可使用无熟料水泥。

(2) 石灰膏和电石膏应防止冻结，冻结的石灰膏或电石膏应经融化并重新拌合后方可使用。受冻而脱水风化的石灰膏不可使用。

(3) 拌置砂浆所用的砂中不得含有冰块和直径大于1cm的冻结块。

(4) 砌体用砖或其他块材不得遭水浸冻。

(5) 砂浆的搅拌应在采暖的房间或保温棚内进行，环境温度不可低于+5℃。砂浆要随拌随运，不可储存和二次倒运。

(6) 在冬期施工时，气温高于0℃条件下砌筑时，应浇水湿润。在气温低于、等于0℃条件下砌筑时，砖不能再浇水。砂浆的流动性宜比常温施工时适当增大，砂浆稠度在8～13cm。

(7) 采用热水搅拌砂浆，水的温度不得超过80℃。如果水的温度超过80℃应先将水与砂搅拌，后加入水泥。因为超过80℃的水浇在水泥上会造成水泥假凝现象。

(8) 运输砂浆的手推车和灰槽应采取保温措施，砂浆应随运随用。砂浆使用温度，采用掺外加剂法、氯盐砂浆法和暖棚法时，不应低于+5℃；采用冻结法当室外空气温度分别为0～-10℃、-11～-25℃、-25℃以下时，砂浆使用最低温度分别为10℃、15℃、20℃。

(9) 严禁使用已遭冻结的砂浆，不准单一热水掺入冻结砂浆内重新搅拌使用。

(10) 在迎风的操作部分加设挡风墙，降低砂浆的冻结速度，便于工人操作。

(11) 墙角、墙面随砌随吊，防止出现偏差。当墙体偏差超过允许值时，应拆除重砌。

(12) 当采用掺盐砂浆法施工时，宜将砂浆强度等级按常温施工的强度等级提高一级。配筋砌体不得采用掺盐砂浆法施工。

2. 掺盐砂浆法

掺盐砂浆法就是在砌筑砂浆内掺入一定数量的抗冻化学剂，来降低水泥砂浆的冰点，以保证砂浆中的液体水存在，使水化反应在一定负温下不间断进行，使砂浆在负温下强度能够继续缓慢增长。同时，由于降低了砂浆中水的冰点，砌体的表面不会立即结冰而形成冰膜，故砂浆和砌体能较好的粘结，气温转暖解冻后砌体的变形小，但是墙面会泛出白碱，影响墙体美观。

掺盐砂浆法用于砖砌体施工，在砌墙操作上没有大的变化，只要注意以上讲解的施工条件的准备工作达到要求就可以正常的进行施工，在施工操作中关键注意砂浆配置时抗冻化学剂的掺入量和掺入方法。目前在掺盐砂浆法中用的抗冻化学剂主要是氯化钠和氯化钙，其他还有亚硝酸钠、碳酸钾和硝酸钙等，在砂浆中，应按不同负温界限控制掺盐量，当砂浆中氯盐掺量过少，砂浆内会出现大量冰结晶体，水化反应极其缓慢，会降低砂浆的早期强度。如果氯盐掺量大于10%，掺量过大，使砂浆的后期强度会显著降低，同时导致砖砌体析出盐量过大墙面泛出白碱。同时使墙体增大吸湿性，降低墙体保温性能。因此采用掺盐砂浆法应该准确的控制掺盐量的大小。

3. 冻结法

冻结法是采用不掺化学附加剂的普通砂浆进行砌筑的一种施工方法。这种砌体在负温度条件下很快遭受冻结，融化时砂浆强度很低，转入常温时强度在逐渐增长。冻结法施工的砂浆要经历冻结、融化、硬化三个阶段，因此其强度会有不同程度的降低，同时也减弱了砂浆与砖砌体之间的粘结力，并且增加砌体融化阶段的变形。所以采用冻结砌筑时，先要考虑其对砌体强度的影响，也要考虑对砌体稳定性影响。

在墙体砌筑时采用冻结法，砂浆中不加入化学外加剂，墙体就不会受到化学外加剂的影响，但是在开冻前需要对采用冻结法砌筑的墙体进行检查，组织观测，必要时还需进行加固处理。

(1) 当春季开冻期来临前，减少楼板上的负荷。

(2) 为了防止墙体解冻迅速或解冻不均而可能引起的倾斜，可在向阳一面设法遮盖，不可使阳光直接照射。

(3) 在一般情况下，砌体开冻时期宜暂停施工。

(4) 当解冻来临要进行墙体垂直度和沉降的观测，应特别观测多层房屋的下层的柱和窗间墙、梁端支撑处、纵横墙交接处和过梁模板支撑处等地方。此外还必须注意砌体内灰缝砂浆的损坏情况，观测应在整个开冻期内进行，一般约需15天左右完成观测工作。

(5) 当发现砌体变形，应首先减少砌体上的荷载，墙和柱如有倾斜，应用斜撑、拉索进行矫正。倾斜墙体的矫正应在砂浆硬化前进行，当用水泥砂浆或用混合砂浆砌筑的砌体，分别不得超过解冻后的5～7天。

(6) 当发现砌体表面的个别砖块出现裂缝时，必须立即停止砌筑，在裂缝附近做出标志，并尽可能减少砌体的荷载，如裂缝继续增长扩展，就应在出现裂缝的墙和柱处加设临时支柱，支撑墙体和柱上承受的梁、板传来的荷载，进行砌体加固时应特别注意安全。在墙体或柱变形迅速发展时，抢修工作带有一定程度的危险性。

第十节　砌筑工程质量检测及安全技术

一、砌筑工程质量检测

砌筑工程质量检测按施工阶段可以分为施工前的质量监测、施工中的质量检测和砌筑成品质量检测。墙体的砌筑施工质量检测重点应放在施工过程中的质量监测，以预防和提前发现砌筑过程中的质量问题为主，防止返工。

(一) 砌筑工程施工前的质量检测

1. 地基质量检测

在砌砖基础施工前应先进行地基的质量检测，合格后才能进行下道工序。地基验槽主要包括：

(1) 土质情况：地基验槽按槽壁土层分布情况及走向观察土质是否符合地质勘查报告设计的地基持力层的要求，侧重在柱基、墙角、承重墙下或其他受力较大的部位。对整个槽底进行全面观察土的颜色是否均匀，土的坚硬程度是否一样，是否有局部过松或坚硬的地方，有没有局部含水量异常现象等，是否须继续下挖或进行处理。

（2）槽基开挖几何尺寸：槽基开挖的长度、宽度时根据基础的尺寸确定。当基础底板为钢筋混凝土时，在基础每边加宽30cm作为工作面，当基础完全是砖筑基础时每边加宽15cm作为工作面，还有排水沟尺寸等。槽基开挖后的长度、宽度只能比确定的尺寸大，不能比确定的尺寸小。槽基的边坡按土质情况开挖深度和地下水位高度情况进行放坡。

（3）槽底标高：检查槽底标高是否符合设计图纸要求。槽标高达到的质量标准是用水准仪抄平与设计标高相比较，允许偏差是－50～＋0mm。

（4）基底钎探：基坑开挖好后是否需要钎探，一般是按设计要求来定。钎探是把钢钎打入槽底的基土内，按钎探深度根据每打入一定深度的锤击次数，来判断地基土质情况。钢钎是由直径ϕ22～ϕ25mm的光圆钢筋制成，钎尖呈60°锥状，钢钎长度1.8～2m，大锤一般用8磅或10磅，落距50～70cm，将钢钎垂直打入土中，并记录打入土层的锤击数，并按其要求绘制基础钎探平面图，将钎探点编号记录上每个钎探点的锤击数，以便验槽时重点检查。

（5）填写隐蔽工程检查验收记录单：地基施工属于隐蔽工程施工。在施工完毕进行以上内容的检查后填写隐蔽工程检查验收单。要由现场的质量监理等单位的负责人共同检查，重要部位由质量监督部门校监合格后签证验收。

2. 轴线、墙边线、门窗口位置线的验收

在砌墙以前，先要对放好的轴线、墙边线和门窗口位置线进行验收，发现问题及时纠正。轴线位置允许偏移10mm，门窗洞口的宽度允许偏差±5mm。

3. 皮数杆的检查

检查皮数杆的位置、间距是否符合施工的要求。皮数杆的零位是否与房屋±0.000的位置对准，皮数杆立的是否垂直、牢固，发现问题要及时纠正。

（二）砌筑工程施工中与砌筑成品的质量检验

1. 砌筑砂浆

砂浆使用水泥使用前，应分批进行强度、安定性复验。不同品种的水泥，不得混合使用。怀疑质量或过期水泥，应复查试验按结果使用。

使用中砂为宜，含泥量不宜大于5%。掺用石灰时，质量应符合有关规定。

砌筑砂浆应通过试配确定配合比。凡在砂浆中掺入有机塑化剂、早强剂、缓凝剂、防冻剂等，应经检验和试配符合要求后，方可使用。有机塑化剂应有砌体强度的型式检验报告。

砌筑砂浆比例准确，搅拌时间符合规定，随拌随用，短时间内用完。

砌筑砂浆按要求留置强度试块，同一验收批砂浆试块抗压强度平均值必须大于或等于设计强度等级所对应的立方体抗压强度；同一验收批砂浆试块抗压强度的最小一组平均值必须大于或等于设计强度等级所对应的立方体抗压强度的0.75倍。

2. 砖砌体质量的一般规定

砌筑砖砌体时，砖应提前1～2天浇水湿润。

240mm厚承重墙的每层墙的最上皮砖，砖砌体的阶台水平面上及挑出层，应整砖丁砌。

竖向灰缝不得出现透明缝、瞎缝和假缝。

砖砌体施工临时间断处补砌时，必须将接槎处表面清理干净，浇水湿润，并填实砂浆，保持灰缝平直。

3. 砖砌体质量的主要控制项目

砖和砂浆强度等级必须符合设计要求。

砖砌体的转角处和交接处应同时砌筑，严禁无可靠措施的内外墙分砌施工。对不能同时砌筑而又必须留置的临时间断处应砌成斜槎，斜槎水平投影长度不应小于高度的2/3。

砌体水平灰缝的砂浆饱满度不得小于80%。砌体压筋符合抗震设防要求。

砖砌体的位置及垂直度允许偏差应符合表1-3的规定。

砖砌体的位置及垂直度允许偏差 **表1-3**

项次	项目			允许偏差(mm)	检验方法
1	轴线位置偏移			10	用经纬仪和尺检查或用其他测量仪器检查
2	垂直度	每层		5	用2m托线板检查
		全高	≤10m	10	用经纬仪、吊线和尺检查，或用其他测量仪器检查
			>10m	20	

4. 砖砌体质量的一般控制项目

砖砌体组砌方法应正确，上、下错缝，内外搭砌，砖柱不得采用包心砌法，灰缝横平竖直，厚薄均匀，水平缝厚度为8～12mm。

砖砌体的一般尺寸允许偏差见表1-4。

二、砌筑工程质量通病与防止措施

在砖砌筑过程中经常出现的质量问题称为质量通病。在施工中要特别注意防止其发生。

1. 砂浆的强度不稳定

砖砌体无论是承重墙或非承重墙都要承受一定的荷载。尤其是承重墙，不但承受自重荷载还要承受楼板传来的荷载。砖墙按设计要求，由砖和砂浆组成了墙体的强度，当砂浆的强度达不到要求时，直接影响到墙体的强度，因此，砂浆的强度低于设计要求时就会影响建筑物的安全，造成砂浆强度不稳定的原因是所使用的砂子、水泥不合格，计量不准确、搅拌不均匀、使用过夜砂浆等，所以在配置砂浆时应特别注意。

砖砌体一般尺寸允许偏差 **表1-4**

项次	项目		允许偏差mm	检验方法	抽检数量
1	基础顶面和楼面标高		±15	用水平仪和尺检查	不应少于5处
2	表面平整度	清水墙、柱	5	用2m靠尺和楔形塞尺检查	有代表性自然间10%但不应少于3间，每间不应少于2处
		混水墙、柱	8		
3	门窗洞口高、宽(后塞口)		±5	用尺检查	检验批洞口的10%且不应少于5处
4	外墙上下窗口偏移		20	以底层窗口为准，用经纬仪或吊线检查	检验批的10%，且不应少于5处
5	水平灰缝平直度	清水墙	7	拉10m线和尺检查	有代表性自然间10%，但不应少于3间，每间不应少于2处
		混水墙	10		
6	清水墙游丁走缝		20	吊线和尺检查，以每层第一皮砖为准	有代表性自然间10%，但不应少于3间，每间不应少于2处

2. 砖缝砂浆不饱满，未达到砂浆饱满度的80％

砖缝砂浆不饱满，尤其是水平缝砂浆饱满度达不到80％，直接影响墙体的强度，造成墙体开裂，产生砖缝砂浆不饱满的原因是砌筑砂浆的和易性差，在挤浆时不能使砂浆均匀与砖粘结；砌筑的操作手法不对，将砂浆铺在墙上而砌砖速度跟不上，砂浆中的水分被底层砖吸收失去了塑性，不能与上层砖均匀粘结；使用干砖砌筑使砂浆急速脱水变硬，不能与砖均匀粘结，针对以上问题应采取的措施是增加砂浆的和易性；采用“二三八一”砌砖法；除冬期施工外不准使用干砖砌墙。

3. “螺丝墙”

螺丝墙是当砌完一个层高的墙体时，统一砖层的标高差一皮砖的厚度不能交圈，尤其是外墙是清水墙时当出现螺丝墙后会造成一个楼层拆除重砌，造成螺丝墙的主要原因是当基层标高偏差较大时，砌墙没有按皮数杆控制砖的层数，误将墙“冒”当成“跨”，或将“跨”当成“冒”，其结果差了一层砖，所以在砌墙时墙体的高度不但是与皮数杆高度相同，而且要随时检查墙的层数与皮数杆的层数是否一致，另外一个原因是立皮数杆时没有对准零位或皮数杆立好后被人移动的原因造成螺丝墙的质量问题。

三、砌筑工程安全操作要求

(1) 砌基础前必须检查槽边，防止塌方槽边不得堆放过多材料，槽宽小于1m时应在砌筑站人一侧留有40cm的操作宽度。在深基槽砌筑时，上下基槽必须设工作梯或坡道。

(2) 墙身砌体高度超过地面1.2m以上时，应搭脚手架，在一层以上或高度超过3.6m时，应由架子工搭设脚手架。采用里脚手架，必须支搭安全网，采用外脚手架应设立式安全网，将架子封闭。

(3) 不准站在墙顶上，刮缝清扫墙面或检查大角垂直等工作，捞层砌砖不得超过两皮砖。

(4) 在架子上不能向外打砖，打砖要向墙面一侧打，挂线用的垂砖必须用小线绑牢，防止下落砸人。

(5) 雨雪天过后施工时，首先要检查脚手架是否下沉并采取防滑措施。

(6) 脚手架上承受的负荷不得超过$2.7kN/m^2$。

(7) 堆砖不得超过三层，要顶头朝外码砖。

(8) 山墙砖到顶以后悬臂高度较高，应及时安装楼板，如不能安装遇到大风应采取临时支撑的措施。

(9) 使用卷扬机井架吊物时，应由专人负责开机，每次带物不得超载，并应安放平稳后再上盘推车，严禁施工人员乘坐吊篮上下。

第十一节　砌筑工程综合练习

在砌筑施工工艺的学习过程中，讲解理论知识后就要按着讲解的理论进行操作练习，使理论与实践操作相结合，形成操作技能，在选择练习课题时应结合理论的讲授内容有针对性的进行。

一、定位、抄平练习

建筑物的定位是根据设计条件，使用经纬仪、钢尺等仪器将建筑物外廓的各轴线交点测设在地面上，作为基础放线和细部放线的依据。

建筑物的抄平时根据给定的已知水准点，将其转测施工现场，再根据设计标准定出拟建建筑物的±0.000点。

1. 准备工作

(1) 选用某砖混结构施工图为例。

(2) 熟悉图纸，了解施工的建筑物与相邻建筑物的相互关系，对各设计图纸的有关尺寸及测设数据仔细核对，将主要尺寸摘抄于施测记录本上，以便随时查找使用。

(3) 现场踏勘，全面了解现场情况，监测所给原有测量控制点，平整和清理施工现场以便进行测设工作。

(4) 制定测设计划，包括测设方法、测设数据计算和绘制测设草图。

(5) 准备测量仪器、工具。

2. 根据与原有建筑物的关系定位

(1) 如图1-46所示，图中绘有斜线的是原有建筑物，先沿原有建筑物 PM 与 QN 墙面向外量出1.5m为 M' 与 N' 点。

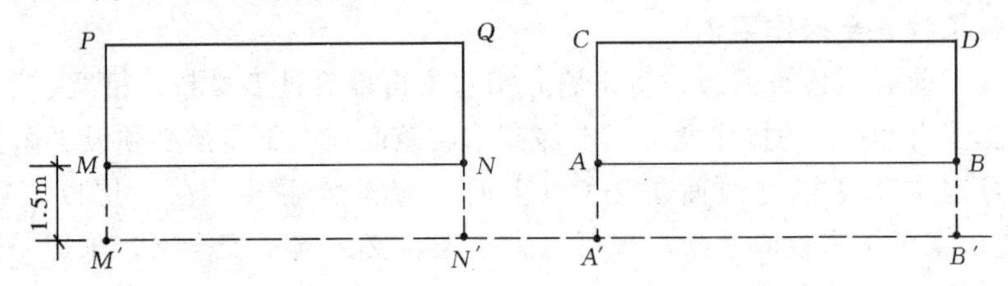

图 1-46

(2) 安置经纬仪与 M' 点，照准 N' 点，然后沿视线方向，根据图纸上所给的 NA 和 AB 尺寸，从 N' 点用钢尺量距依次定出 A'、B' 两点。

(3) 安置经纬仪与 A' 和 B' 对准 M' 先后转90°，用钢尺量出1.5m加轴线到建筑物外皮尺寸分别定出 A 点和 B 点。

(4) 安置经纬仪与 A 点对准点 B 沿长线外钉上轴线控制桩，即为 AB 轴。

(5) 经纬仪沿 AB 线转90°对准 C 点，根据 AC 的图纸尺寸用钢尺量处，定出 C 点。

(6) 将经纬仪安置在 C 点对准 A 点，AC 沿长线钉上 AC 轴控制桩，再转90°对准 D 点，CD 的沿长线上钉上 CD 轴的控制桩。

(7) 将经纬仪安置在 D 点对准 C 点转90°应与 B 点闭合，BD 沿长线钉上 BD 轴的控制桩，如果闭合角度和 BD 长度尺寸的偏差在允许范围内，此放位轴线测设完毕，如果不符合要求应重新测设。

控制桩一般钉在槽边外2～4m不受施工干扰并便于引测和保存桩位的地方。

3. 绝对标高的引测

(1) 在新区建新房而周围地段无标高依据可找时，应从远处水准基点引测新建房屋±0.00的绝对标高值。

(2) 采用支线水准路线进行往返测其闭合，n 个测站数的允许误差 $f_{h容} = \pm 12\sqrt{n}$ (mm)。

二、放线、皮数杆制作设置练习

（一）建筑物放线

建筑物的放线是根据施工图和定位轴线放出基础的开挖边线、砌筑墙、柱的轴线，外边线和门口预留洞口位置线的墨线。

1. 准备工作

（1）熟悉施工图，复核需要进行放线的建筑物平面的尺寸。

（2）复核定位轴线位置桩位置是否正确。

（3）基础放开挖线根据开挖深度、地质条件、放坡要求等计算开挖宽度。

（4）确定放线的顺序。

（5）检查校核测量仪器。

2. 放线练习

（1）根据施工图的尺寸要求放出定位轴线的位置，拉全尺画出其他轴线。

（2）当控制轴线的长度与测量尺寸有误差时，应将误差均分在各个分轴线内，使轴线的偏差在允许范围内。

（3）当基层墙体宽度与要砌筑的墙体宽度一样，无法弹上墙体外边线时就要根据分出的各轴线位置线弹出墙体的轴线。

（4）当弹线基层可以弹上墙体外边线时，应根据分出的轴线位置线和墙体与轴线的关系，用钢板尺画出墙体的外边线，在弹出墙体外边线的墨线。

（5）根据施工图和各轴线的位置线定出门和预留洞口的位置线，再弹出其位置横线和斜向交叉对角线。

（6）将需要弹线的地方打扫干净后再弹线。

（7）弹墨线时墨斗的线先要润湿，放墨要足，拉线要紧，提线放线要垂直，过长的墙线弹线人要位于中间压中两边弹线。

（二）皮数杆制作设置

1. 准备工作

（1）熟悉施工图，掌握窗台、门窗过梁、楼板等标高。

（2）根据建筑物的层高制做一根 50mm×25mm 的木杆。

（3）分别量取现场砖垛，每 10 块砖堆在一起的高度记取每块砖的厚度，最少记取 3 处。

2. 皮数杆制作

（1）根据标高尺寸、砖的厚度和灰缝的厚度计算出到各个标高位置的层数。

（2）当层数不能整除时，可以用分规进行等分，使砖的层数到要求标高处一定是整层。

（3）根据的确定层数和每皮砖加灰缝的厚度，划在皮数杆上。

（4）1～10 层用数字标出以后每 5 层用数字标出表示出窗台、过梁、楼板、层顶等处的标记。

3. 皮数杆设置

（1）在需要立皮数杆处设置位置桩，也可以利用已设立好的构造柱的钢筋作为位置桩。

（2）用水准仪将本层的±0.000水平点抄在位置桩上。

（3）将皮数杆的零位点对准位置桩上的±0.000点，并将其固定垂直。

三、摆砖练习

在弹好墙体线的基层上，用干砖进行摆砖练习，将已经掌握的墙体组砌理论知识用于实际操作中。

1.准备工作

（1）将砖运至弹好墙体线的墙边。

（2）准备一块10mm厚的小木板以控制砖的竖缝的宽度。

2.操作内容

（1）24墙的一顺一丁，梅花丁的摆法练习。

（2）365墙的一顺一丁，梅花丁的摆法练习。

（3）墙的丁字交接，十字交接的摆法练习。

（4）365mm×365mm砖柱，490mm×490mm砖柱，365mm×240mm附墙柱，365mm×120mm附墙柱的摆法练习。

（5）踏步槎、马牙槎、大马牙槎的摆法练习。

四、砌条砖铺灰练习

砌条砖铺灰有甩、扣、泼、溜四种手法。以甩为主，结合理论课讲解的内容、方法进行反复练习。

1.准备工作

（1）配制砂浆：最好用石灰与砂子拌制成和易性较好的砂浆。也可以用粘土与砂子进行配制。

（2）准备灰桶和操作平台：每个练习工位要准备2个灰桶，每个操作台0.5m宽，3m长，0.4m高。

2.操作要求

（1）先按理论讲解的操作方法进行甩、扣、泼、溜的铺灰练习。其中甩灰的手法练习不能少于5000次。达到铺的灰定型，落灰点准确，灰量准确为止。

（2）结合步法进行铺灰练习。每1.5m为一个练习段，一共6个条砖长。在条砖上做铺灰练习。其中做一个溜，三个甩，一个泼，一个扣。不断变换手法。

五、砌丁砖的铺灰练习

砌定砖铺灰有扣、溜、泼、一带二四种手法，以扣为主，结合理论课讲解的操作要领进行反复练习。

1.准备工作：

与砌条砖铺灰练习的要求相同

2.操作要求：

在掌握了砌条砖的铺灰手法后，在进行砌丁砖的铺灰练习就比较容易了，其基本要求如下：

（1）首先是各种铺灰手法的定位练习，每种手法练习不能少于3000次，达到铺的灰定形，落灰点准确、灰量准确。

（2）结合步法进行练习，每1.5m为一个练习段，一共有12个丁砖长，2个溜，6个扣，2个泼，2个一带二。

六、砌墙练习

砌墙练习时将以上各个课题练习的内容综合在一起进行练习，便于学生形成砌墙的操作技能。

1. 准备工作

（1）按施工图要求放线、抄平、立皮杆。

（2）配置砂浆。

（3）按“二三八一”砌筑条件准备灰槽和砖。

2. 操作要求

（1）先进行转砖、选砖、拿砖的练习。

（2）进行365mm×350mm砖柱砌筑的练习，使学生掌握盘角和砖筑的垂直度。

（3）进行摆砖、盘角、拉线、砌筑的练习。

思　考　题

1-1　怎样使用线锤和托线板测量墙角、墙面的垂直度和平整度？

1-2　皮数杆的作用是什么？

1-3　怎样进行拉线？

1-4　什么叫“三线归一”？

1-5　怎样进行抄平放线？

1-6　怎样进行皮数杆制作和设立？

1-7　砌筑砂浆的配置和使用有什么要求？

1-8　粘土砖砌体常用哪几种组砌形成？它们各自有什么特点？

1-9　什么叫通缝？通缝的危害是什么？

1-10　砖砌基础砌筑注意事项是什么？

1-11　纵横墙体的交接处有什么要求？

1-12　什么叫包心砌？包心砌的危害是什么？

1-13　拿砖、选砖、转砖的操作要领是什么？

1-14　砌条砖铺灰的甩、扣、泼、溜的操作要领是什么？

1-15　砌丁砖铺灰的扣、溜、泼、一带二的操作要领是什么？

1-16　“二三八一”砌砖法的步法、身法的操作要领是什么？

1-17　砌砖时怎样进行挤压和刮灰？

1-18　在砌角砖时怎样做到“一眼看三处”？

1-19　什么是三层一吊、五层一靠？

1-20　怎样留置踏步槎、马牙槎、老虎槎？

1-21　怎样进行接槎？

1-22　砖砌体有哪些质量通病？怎样进行防治？

1-23　砖砌平拱的操作要求是什么？

1-24　怎样进行山尖的砌筑？

1-25　封山的操作要领是什么？

1-26　拔檐的操作要领是什么?

1-27　砌筑圆烟囱怎样进行定位和中心轴线的控制?

1-28　怎样控制砖砌烟囱的标高?

1-29　砖砌烟囱垂直度怎样进行控制?

1-30　圆形烟囱身的砌筑要领是什么?

1-31　屋面挂平瓦的操作要领是什么?

1-32　夏季施工对砖砌体的砌筑有什么影响?应采取什么措施?

1-33　雨期施工时对砖砌体的砌筑有什么影响?应采取什么措施?

1-34　冬期施工时对砖砌体的砌筑有什么影响?应采取什么措施?

1-35　砖砌体一般尺寸允许偏差的检查项目、允许偏差要求、抽检数量和方法如何规定?

1-36　砌筑工程安全操作有什么要求?

第二章　抹　灰　工

抹灰是建筑施工装饰装修工程分部中的一个重要的子分部工程。由于抹灰常和饰面板（砖）工程一起由一个工种完成，因此在讨论抹灰施工工艺的同时应了解饰面板（砖）的施工工艺。

抹灰施工基本工艺流程　　表2-1

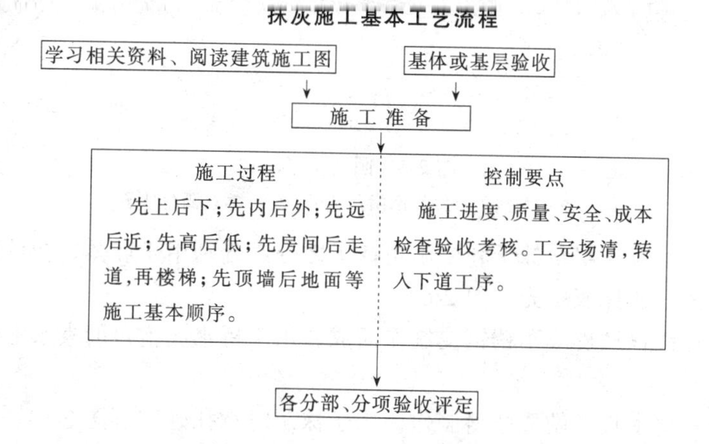

第一节　抹灰使用的工具和机械

抹灰使用的工具随地域和习惯不同有所差异。抹灰机械也是各种各样。

一、抹灰常用工具

（一）抹灰工具

（1）铁抹子：有铁皮抹子和钢皮抹子之分。前者用于抹底子灰等，后者用于抹水泥砂浆面层及各种抹灰的压光等（图2-1）。

（2）压子：形状与抹子相似，弹性比钢抹子好，主要用于抹水泥砂浆面层（图2-2）。

图2-1　铁抹子

图2-2　压子

（3）铁皮：用弹性较好的钢皮制作，用于铁抹子伸不到或操作有困难处抹灰(图2-3)。

（4）木抹子：用木料制作，用于砂浆表面搓平、压实（图2-4）。

（5）塑料抹子：外形与铁抹子相似，板面用聚乙烯硬质塑料制成，用于压光纤维灰浆罩面层。

（6）阴角抹子，有铁阴角抹子、圆阴角抹子、木质或塑料阴角抹子之分。可用于墙体、构件阴角；池、沟阴角；纤维灰浆罩面层阴角的抹灰压光（图2-5）。

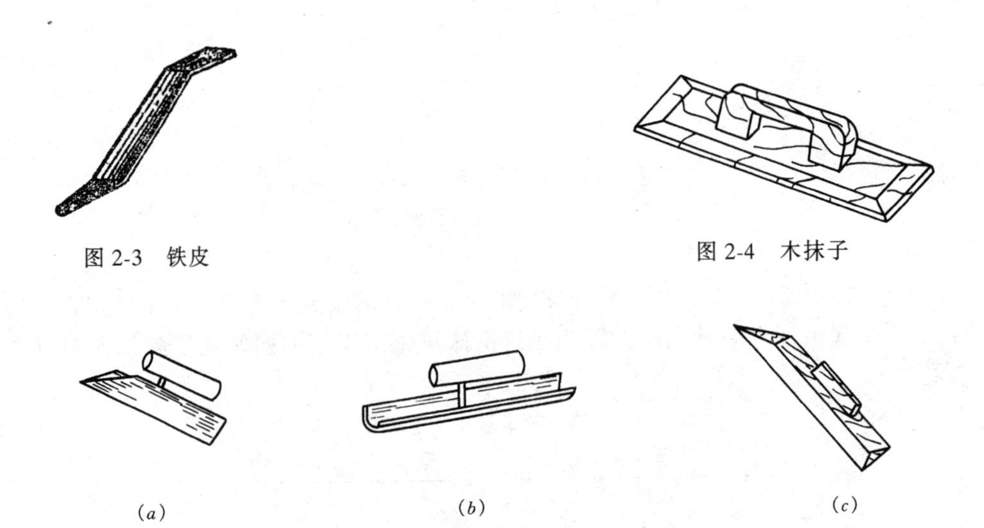

图 2-3　铁皮

图 2-4　木抹子

(*a*)　(*b*)　(*c*)

图 2-5　阴角抹子

（*a*）铁阴角抹子；（*b*）圆阴角抹子；（*c*）塑料阴角抹子

（7）阳角抹子：有铁阳角抹子和圆阳角抹子之分。分别用于墙体、构件阳角、楼梯踏步或室外台阶防滑条的抹灰压光（图 2-6）。

（8）捋角器：镀锌铁皮或不锈钢皮制作而成，用于捋水泥抱角的素水泥浆，做明护角用（图 2-7）。

（9）托灰板：用木板或硬质塑料制作，用于抹灰时承托砂浆（图 2-8）。

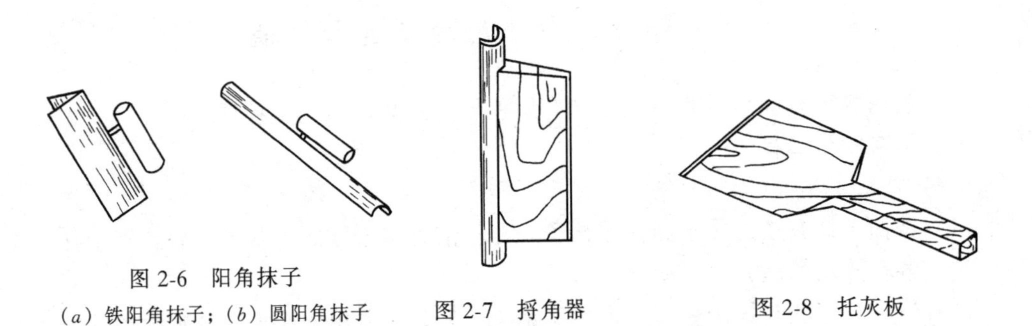

图 2-6　阳角抹子

（*a*）铁阳角抹子；（*b*）圆阳角抹子

图 2-7　捋角器

图 2-8　托灰板

（10）刮尺：用不易变形的木材制作，或定型铝管代替；有长（2.5～3.5m）、中（2.0～2.5m）、短（1.5m）三种规格，分别用于冲筋、各种抹灰层刮平（图 2-9）。

（11）软刮尺：用优质木板制作，用于顶棚抹灰层找平（图 2-10）。

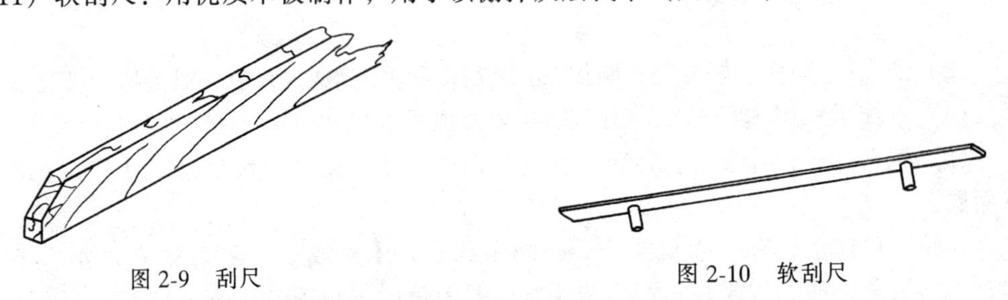

图 2-9　刮尺

图 2-10　软刮尺

(12) 裁刀：用硬质合金刀头与刀柄铜焊而成，用于釉面筑砖的裁割（图 2-11)。

(13) 灰铲：用钢质锯片制作，用于釉面瓷砖等块料镶贴时铺打粘结灰（图 2-12)。

(14) 粉线袋：由线绳和线包组成，用于分格弹线（图 2-13)。

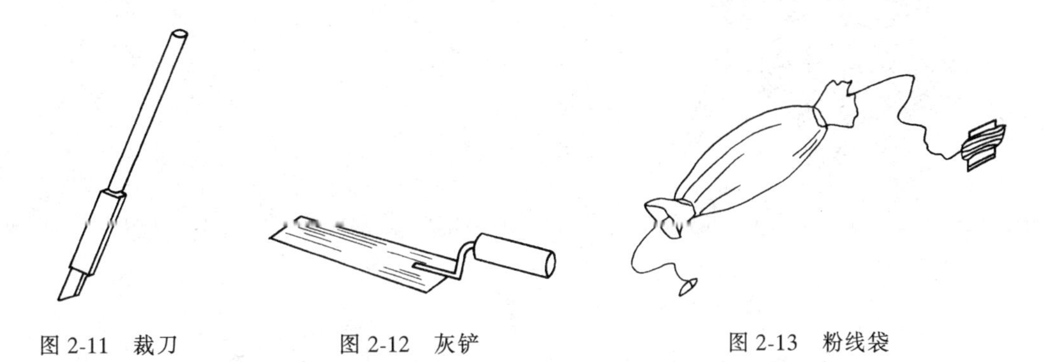

图 2-11　裁刀　　图 2-12　灰铲　　图 2-13　粉线袋

(15) 锄头、錾子：两者配合用于剔凿基体凸出部分（图 2-14)。

(16) 钢丝刷、小扫帚：用于清扫基体表面。木抹子打磨时小扫帚可用于洒水（图 2-15)。

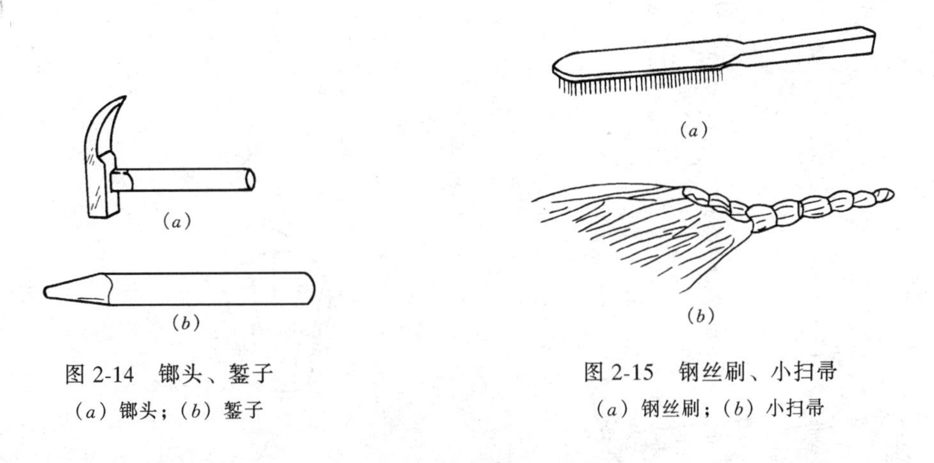

图 2-14　锄头、錾子
(*a*) 锄头；(*b*) 錾子

图 2-15　钢丝刷、小扫帚
(*a*) 钢丝刷；(*b*) 小扫帚

(二) 共用工具

(1) 筛子：用于筛分砂子。常用筛孔尺寸有 4、6、8mm 等几种（图 2-16*a*)。

(2) 铁锹：分尖头和方头两种。用于铲土、砂等工作（图 2-16*b*)。

(3) 灰浆车。两轮间距小于 800mm，可出入室内门洞，容量约 0.12m^3。用于装运砂浆和其他材料（图 2-16*c*)。

(4) 料斗：形式多种，配合塔式起重机吊运砂浆等材料（图 2-16)。

(5) 灰斗：用于存放砂浆，形式多种，常用 0.75～1mm 厚铁皮制成（图 2-16*e*)

(6) 灰桶：又称泥桶，分木制、铁制、橡胶制等多种。常用于短距离传递砂浆及存放砂浆（2-16*f*)。

(7) 灰镐、灰耙：土木五金工具，用于人工搅拌各种砂浆（图 2-16*g*)。

(8) 胶皮管：临时取水使用，可随处移动，常采用内径 2.5cm 的夹布胶管（图 2-16*h*)。

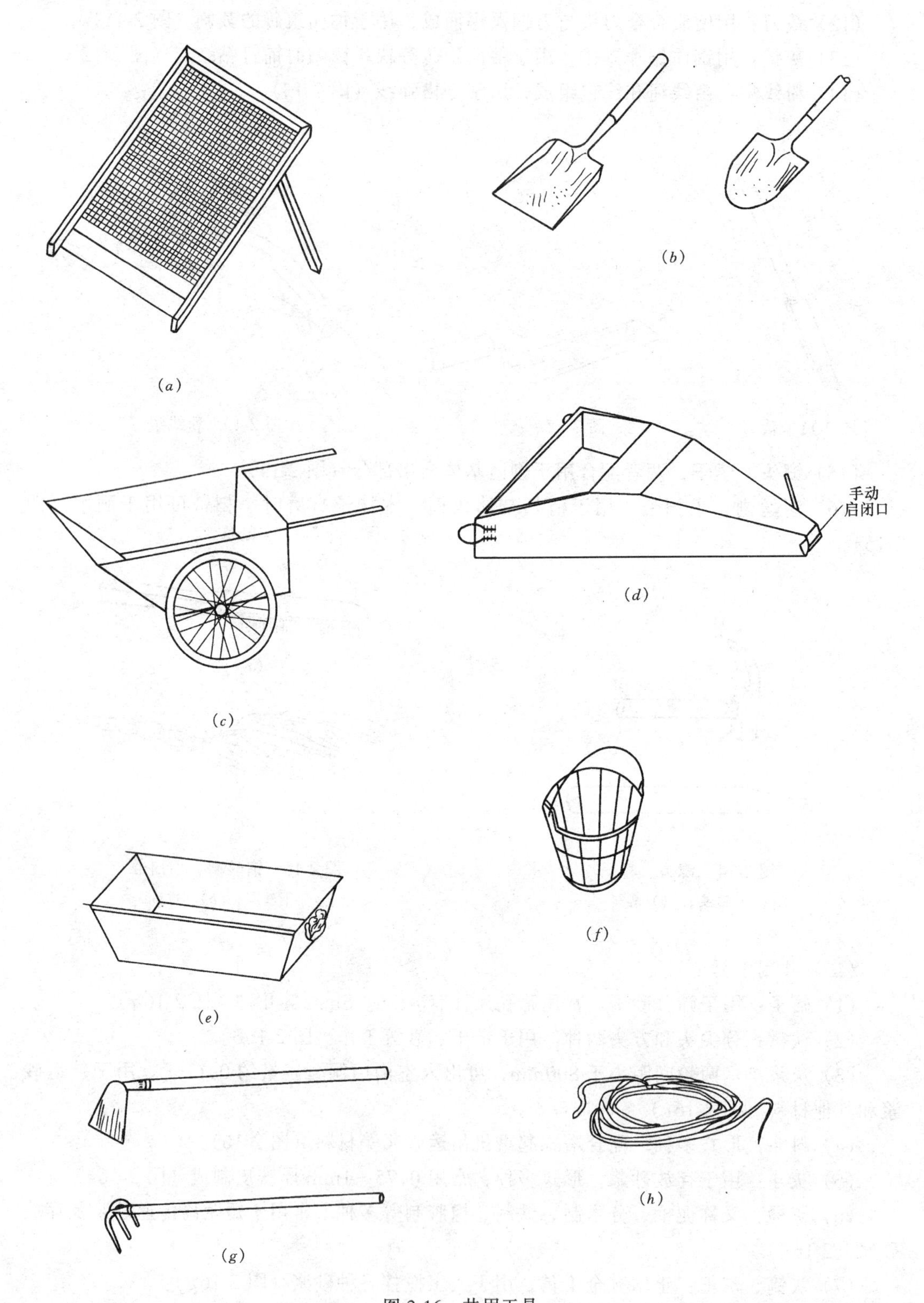

图 2-16　共用工具

(a) 立筛；(b) 铁锹；(c) 灰浆车；(d) 料斗；(e) 灰斗；(f) 灰桶；(g) 灰镐、灰耙；(h) 胶皮管

（三）检测工具（用于施工操作和质量检测）

（1）钢卷尺：有2、3、3.5、5、7.5、30、50m等几种规格。用于施工测量放线和质量检查（图2-17a）。

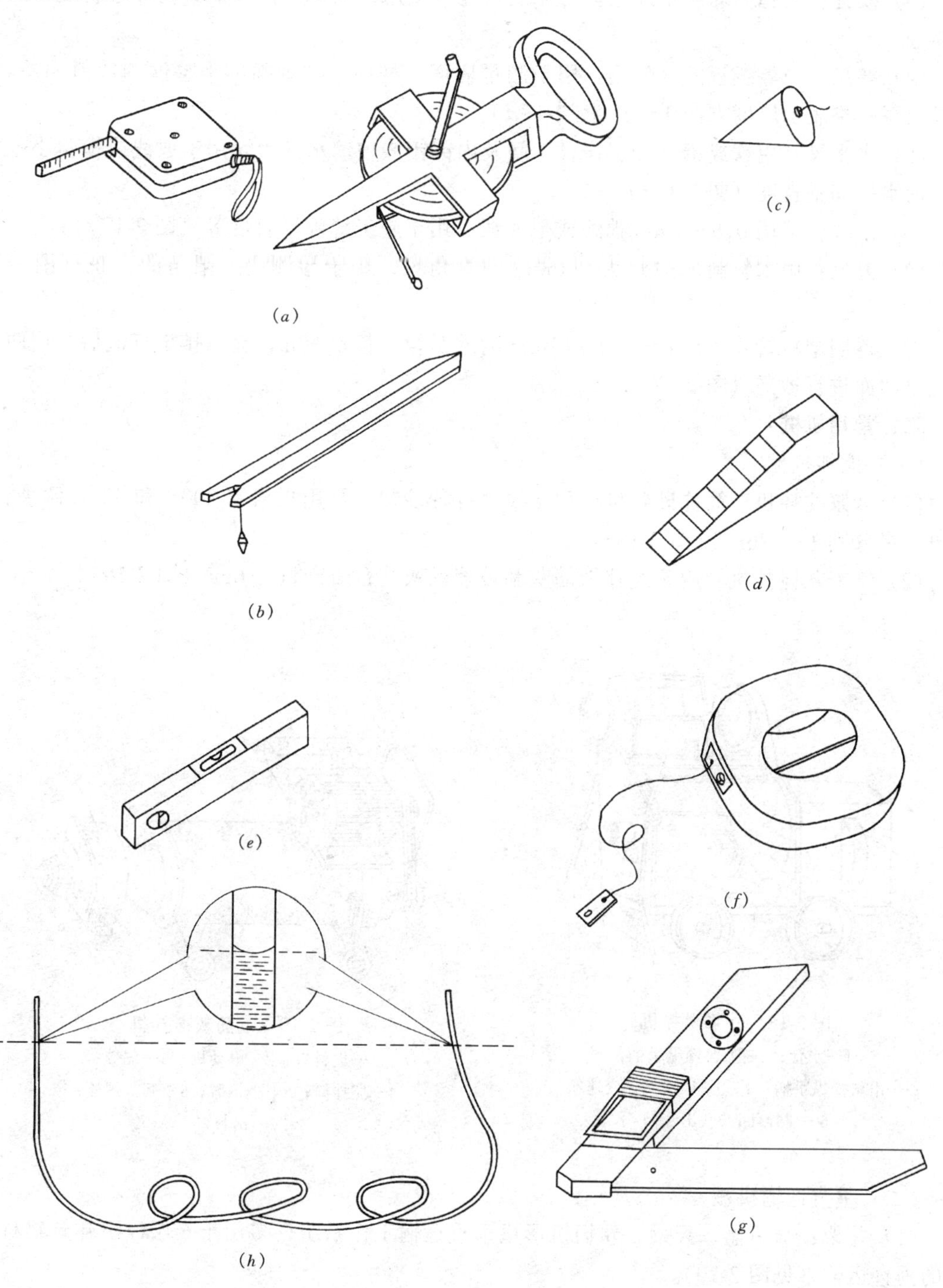

图2-17　检测工具

（a）钢卷尺；（b）靠线板；（c）线锤；（d）塞尺；（e）水平尺；（f）准线；（g）方尺；（h）透明塑料管

(2) 靠线板：长度为2m，由非常直及平的轻金属或相应的木板制成。用于做饼和检查墙面、抹灰面垂直平整度（图2-17*b*）。

(3) 线锤：又称垂球或吊线陀。与靠线板配合使用，用于吊挂墙面、构件垂直度（图2-17*c*）

(4) 塞尺：与靠线板配合使用。用于测量墙面、柱面、楼地面的平整度的数值偏差。塞尺上每一格表示厚度方向1mm（图2-17*d*）。

(5) 水平尺：用铁或铝合金制作，中间及内部镶嵌玻璃水准管。用于放线或检验小范围内的水平和垂直度（图2-17*e*）。

(6) 准线：采用0.5～1mm棉线或尼龙线。用于施工缝隙平直度等（图2-17*f*）。

(7) 方尺：用木料制成边长为200mm的直角尺，用于检测阴、阳角的方正（图2-17*g*）。

(8) 透明塑料管：采用直径10～12mm的透明管，长6～8m，充水排出气泡后，用两管端水凹面进行抄平（图2-17*h*）。

二、常用机械

(一) 搅拌机械

(1) 砂浆搅拌机：简称砂浆机，用于搅拌各种砂浆。常用规格有200L和325L两种，台班产量分别18、26m^3（图2-18）。

(2) 纸筋灰搅拌机：用于搅拌纸筋灰和玻璃丝灰，台班产量为6m^3（图2-19）。

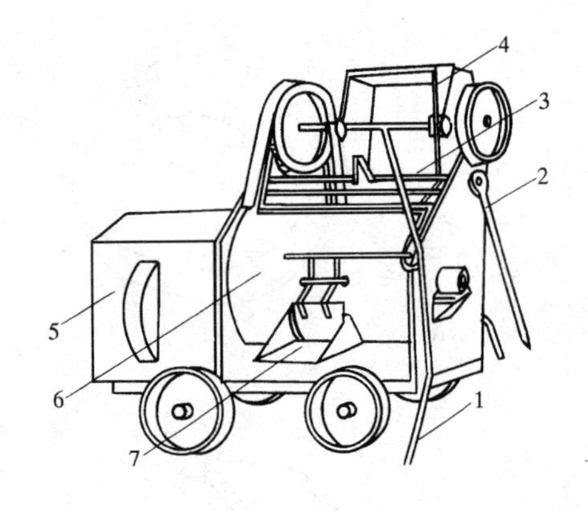

图2-18 砂浆搅拌机

1—水管；2—上料操纵手柄；
3—出料操纵手柄；4—上料斗；5—变速箱；
6—搅拌斗；7—出灰门

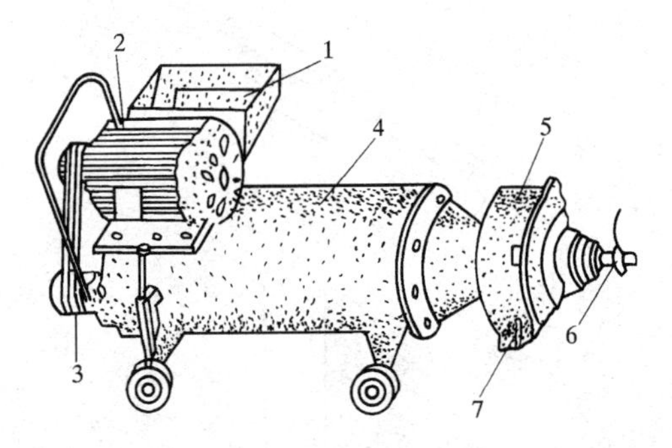

图2-19 纸筋灰搅拌机

1—进料口；2—电动机；3—皮带；
4—搅拌筒；5—小钢磨；6—调节螺栓；
7—出料口

(二) 垂直运输机械

(1) 井架：与吊篮、天梁、卷扬机形成垂直运输工作系统，多用于6层以下建筑物材料的垂直运输（见图2-20）。

(2) 龙门架：由两根立杆或桁架构成门式架。与吊篮、卷扬机共同工作，用于材料垂直运输（图2-21）。

(3) 卷扬机：是井架和龙门架上吊篮升降的动力装置（图2-22）。

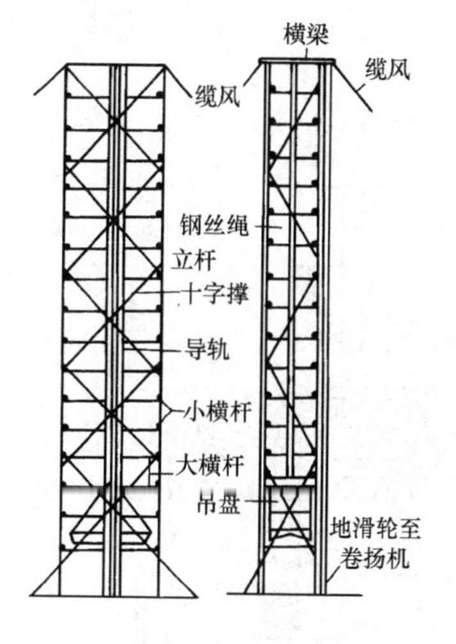

图 2-20　井架

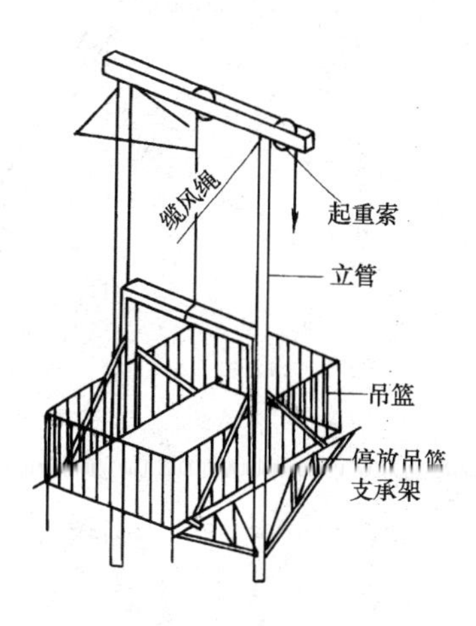

图 2-21　龙门架

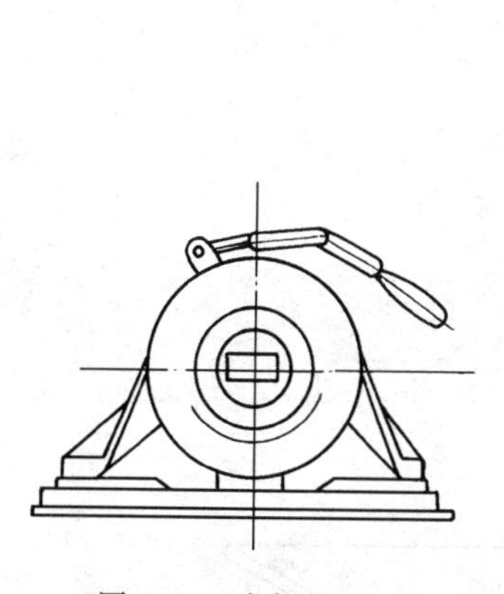

图 2-22　卷扬机

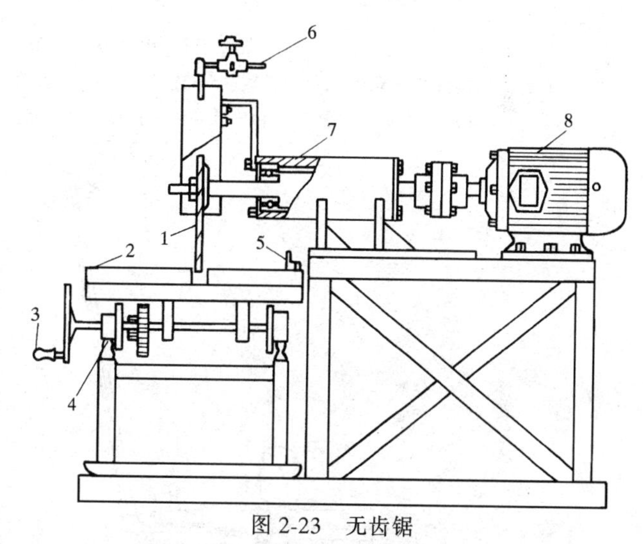

图 2-23　无齿锯

1—锯片；2—可移动合板；3—摇手柄；4—导轨；5—靠尺；6—进水阀；7—轴承；8—电动机

（三）切割机械

（1）台式切割锯：切割片的规格多为 180mm，用于切割饰面块材、板材（图 2-23）。

（2）手提切割机：切割片分干切片和湿切片两种，其规格为 110mm。用于现场切割饰面块材、板材（图 2-24）。

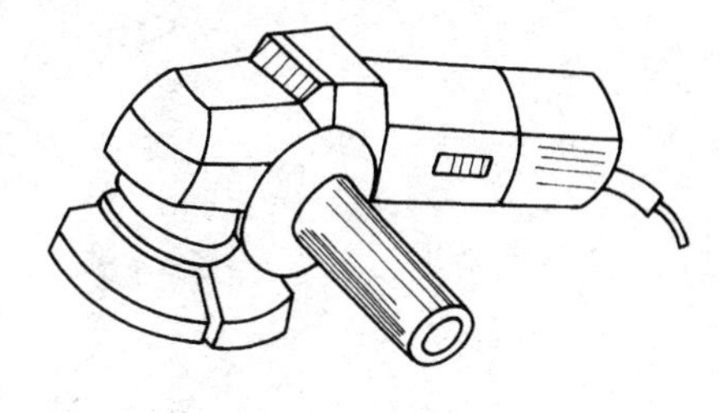

图 2-24　手提切割机

（四）其他机械

（1）磨石机：分普通和金钢石两种，用于磨光水磨石楼地面（图 2-25）。

（2）喷浆机：分手压及电动两种，用于喷水及水刷石使用（图 2-26）。

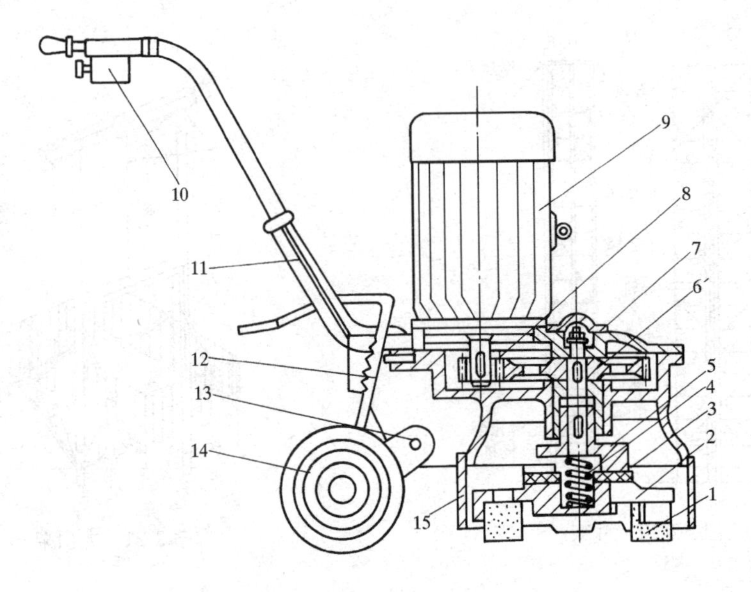

图 2-25　单盘水磨石机

1—磨石；2—磨盘；3—橡胶垫；4—弹簧；5—连接盘；6—大齿轮；7—传动轴；8—小齿轮；9—电动机；10—开关；11—扶手；12—升降齿条；13—调节架；14—行走轮；15—护圈

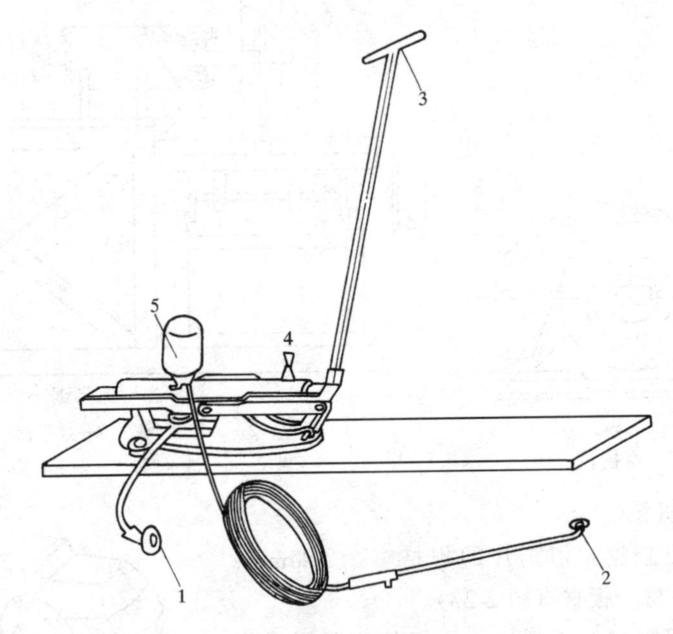

图 2-26　手摇喷浆机

1—吸浆管；2—喷枪头；3—摇把；4—活塞；5—稳压室

第二节　抹灰基本知识和技能

一、抹灰作用及分类

(一) 抹灰

抹灰是指用水泥、石灰、石粒等材料制成砂浆后，涂抹在建筑物的墙、顶棚、地面等表面的一种装饰技术。它是装饰装修工程中的一种基础装饰工艺，可独自满足使用功能，也可做为其他装饰装修分项的基层。

（二）抹灰的作用

(1) 保护主体结构，阻挡雨、雪、风、霜、日晒对主体结构的直接侵蚀，增强防风化的能力，提高主体结构的耐久性，延长房屋使用寿命；

(2) 起到保温、隔热、防潮、隔声等作用；

(3) 点缀街道，增强建筑物的艺术感，美化城市；

(4) 使房屋内部平整明亮，清洁美观，改善采光条件，增强保温、隔热、抗渗、隔声等能力，改善使用条件；

(5) 给人以舒适、愉快之感，成为装饰装修艺术的一个重要部分；

(6) 有些抹灰还有特殊作用，如防水、防潮、防射线、耐酸碱等。

（三）抹灰的分类

1. 按质量验收标准分

(1) 一般抹灰

1) 一般抹灰按面层材料有石灰砂浆、水泥砂浆、水泥混合砂浆、麻刀灰、纸筋灰、聚合物水泥砂浆、石膏灰等。

2) 一般抹灰按建筑物的标准可分为普通抹灰和高级抹灰，当设计无要求时，按普通抹灰施工验收。

(2) 装饰抹灰

装饰抹灰指的是抹灰面层为水刷石、斩假石、干粘石、假面砖等的施工面层。

(3) 清水砌体勾缝

清水砌体勾缝分为清水砌体砂浆勾缝和原浆勾缝。另外，地面中的整体面层和屋面中的一些找平层也属于一般抹灰工程的施工范畴。

二、抹灰的分层构成及作用

（一）分层构成

为使抹灰层与基层（体）粘结牢固，防止抹灰层起鼓、开裂，并使抹灰表面平整，保证工程质量，一般抹灰由底层、中层和面层分层涂抹构成，抹灰分层示意如图 2-27 所示。

（二）抹灰各层的作用

(1) 底层起粘结和初步找平作用。

(2) 中层起找平作用。

(3) 面层主要起装饰作用。

（三）抹灰层的厚度

1. 平均总厚度

(1) 顶棚：板条、空心砖、现浇混凝土不大于 15mm；预制混凝土不大于 18mm；金属网不大于 20mm。

(2) 内墙：普通抹灰不大于 20mm；高级抹灰不大于 25mm。

(3) 外墙，不大于 20mm；勒脚及突出墙面部分不大于 25mm。

2. 每遍涂抹厚度

(1) 涂抹水泥砂浆每遍厚度为 5～7mm。

(2) 涂抹石灰砂浆和水泥混合砂浆每遍厚度宜为7～9mm。

(3) 面层抹灰的厚度、麻刀石灰不得大于3mm；纸筋石灰不得大于2mm。

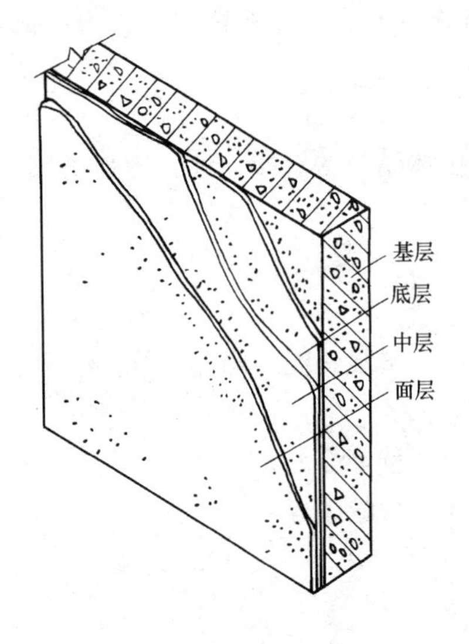

图 2-27　抹灰分层

三、抹灰砂浆的选用

一般按设计要求选用砂浆种类，如设计无要求，应根据基体（层）及使用环境按下列原则选用：

(1) 湿度较大的房间和车间的抹灰——水泥砂浆或水泥混合砂浆；

(2) 混凝土梁、板和墙、柱的底层抹灰——水泥混合砂浆、水泥砂浆或聚合物水泥砂浆；

(3) 硅酸盐砌块、加气混凝土和板的底层抹灰——水泥混合砂浆或聚合物水泥砂浆；

(4) 板条、金属网顶棚和墙的底层和中层抹灰——麻刀石灰砂浆或纸筋石灰砂浆。

四、抹灰基体（层）表面处理

处理的目的在于抹灰砂浆与基体（层）表面能牢固粘结，防止抹灰层空鼓、裂缝、脱落现象的产生。是抹灰前施工准备的一项基本内容。

(一) 两种不同材料接缝

木结构与砖石结构、混凝土结构等两种不同材料相接处基体（层）表面的抹灰，铺钉金属网并绷紧牢固。金属网与各基体的搭接宽度不应小于100mm。(图2-28)。

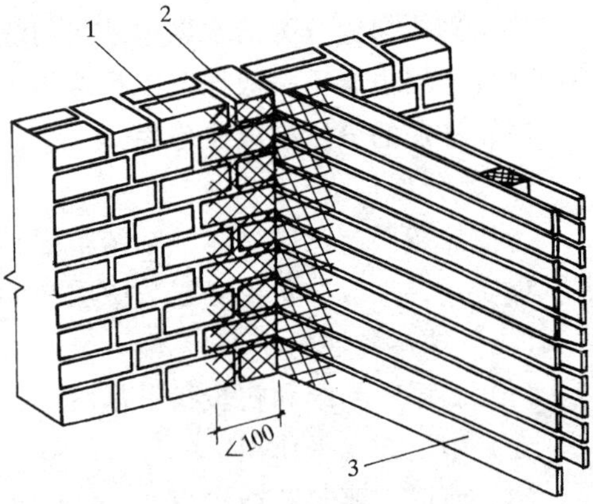

图 2-28　砖木交接处基层的处理
1—砖墙；2—钢丝网；3—板条墙

(二) 光滑混凝土

平整光滑的混凝土表面进行錾毛、刮涂聚合水泥砂浆、喷涂聚合水泥浆，刷胶粘剂等毛化处理。凹凸不平处提前用1:3水泥砂浆补抹平整或錾子剔平。

(三) 砖墙

脚手架眼过墙洞填嵌密实。表面的灰尘、污垢和油渍等，应清除干净，并浇、洒水湿润。

(四) 石墙

架眼、砌缝提前处理，表面进行清理，光滑面进行毛化处理。

(五) 砌块轻质墙体

砌块通常吸水量大而缓慢，应多遍洒水湿润。再进行基体（层）粘结处理，如喷浆、刷涂胶粘剂等。

以上各种基体（层）当抹灰厚大于35mm时要进行专门方案处理。底层抹灰与基层的关系如图2-29所示。

五、抹灰基本操作方法及训练

（一）抹灰工具的操作使用方法

1. 抹子

铁抹子使用时，右手食指和中指夹住抹子桩，并用四指和大拇指紧握抹子把，但不能握的太死，使用时转腕改变角度，自然灵活。具体握法如图 2-30 所示。

另外，由于抹子把安装位置不同有食指顶在抹子桩上的握抹子方法。

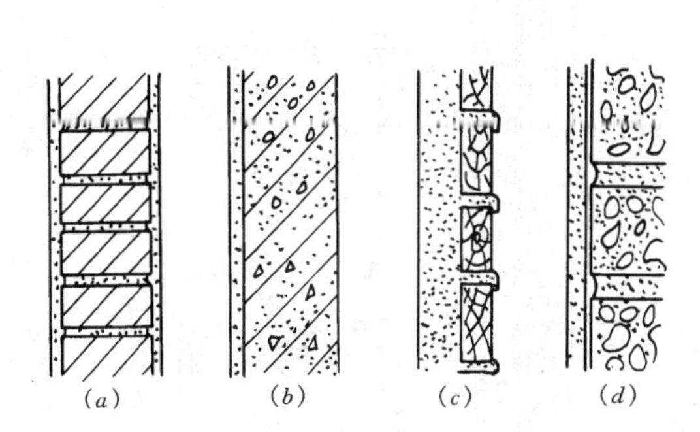

图 2-29　底层抹灰与基层关系

(a) 砖基层；(b) 混凝土基层；(c) 板条基层；(d) 加气块基层

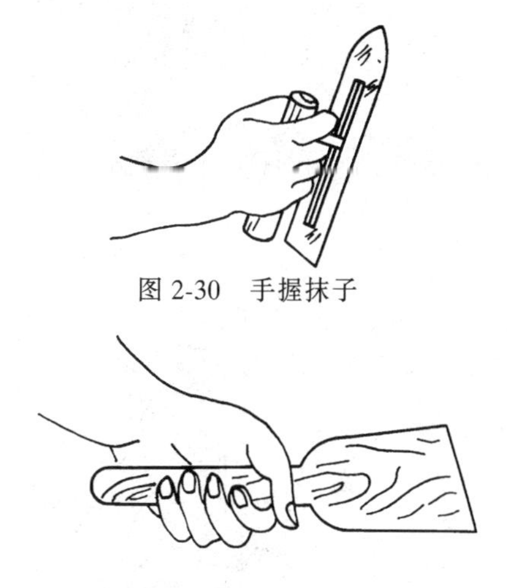

图 2-30　手握抹子

图 2-31　手握灰板

2. 托灰板

左手大拇指和四指握把，手腕转动配合右手抹子，使用方便给人一种灵活感，托砂浆时灰板自然放平。具体握法如图 2-31 所示。

当托灰板上砂浆没有被抹子取完时，灰板把可顶撑在左腹部做瞬间休息。

3. 靠尺板

用于做灰饼或检测灰饼和墙面的垂直度。

将线锤上的细线挂在靠尺板顶端的锯口缝里并使其夹紧，线锤一端正好对准靠尺板下端开口处。使用时将靠尺板轻贴在灰饼上，注意不要使线锤的线贴靠在靠尺板上，要让线锤自由摆动。这时检查摆动的线锤最后停摆的位置是否与靠尺板上的竖直墨线重合，重合表示墙上灰饼垂直；当线锤向外离开灰饼偏离墨线，表示墙上边灰饼厚或下边的灰饼薄；相反，当线锤向里接近灰饼偏离墨线，表示墙上边灰饼薄或下边的灰饼厚（图 2-32）。

4. 刮尺

主要是冲筋找平用，使用时，两腿马步分开，两手分开平衡正握或反握刮尺，刮尺与砂浆面稍有角度，用力均匀，转腕灵活（图 2-33）。

5. 木抹子

四指和大拇指握紧木抹子把，将抹层刮平后的砂眼，柔挤搓平压实。用力均匀，手腕转动灵活，动作轻熟（图 2-34）。

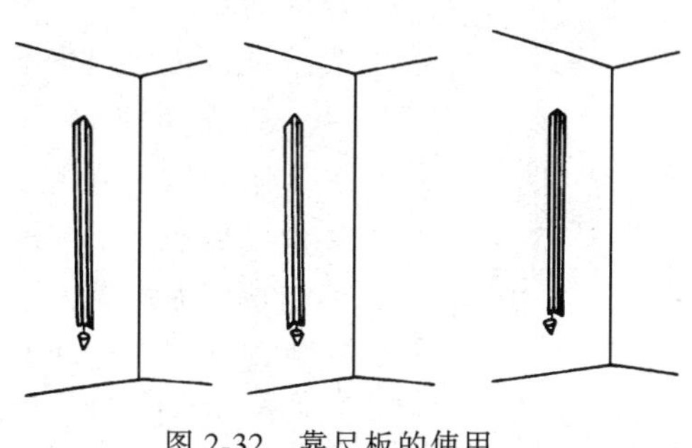

图 2-32　靠尺板的使用

图 2-33　刮尺使用

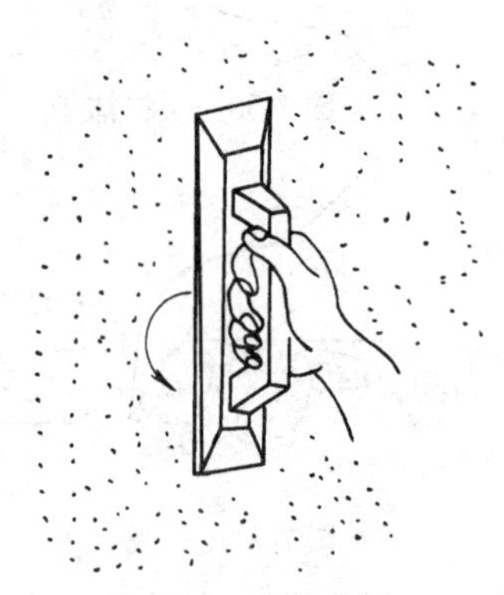

图 2-34　木抹使用

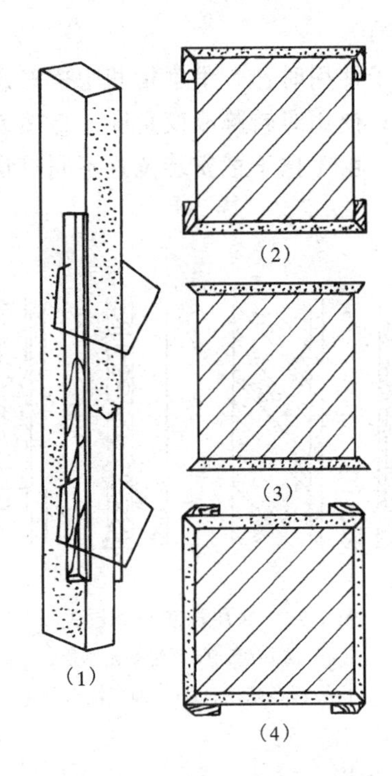

图 2-35　尺杆的使用

6. 斜口尺杆

一般用来抹灰时成活棱角。根据抹灰棱角的长度尺寸截配合适长度的尺杆。先抹灰的一面根据抹层厚度反向固定尺杆，抹灰完成后退下尺杆。另一个面抹灰根据抹层厚度正向固定尺杆，完成全部棱角抹灰（图 2-35）。

尺杆使用时必须先清口，刷水湿润。在抹完一边取下时先用抹子轻叩尺杆口认定已与抹灰层脱离后才能取下尺杆。尺杆棱角处抹灰时分二次抹成，不可一次抹成。

尺杆在长、顶、压等固定过程中，必须注意安全，防止弹、滑、翻等不安全事故的发生。

7. 阴角抹子

阴角抹子的使用方法是右手握紧抹子把，抹子角对准抹灰阴角，大拇指扶在抹把上，灵活的在阴角处上下（或左右）平稳溜滑，用力要均匀，不得用前尖挖进，免得阴角不滑直、不平整、不清晰（图 2-36）。

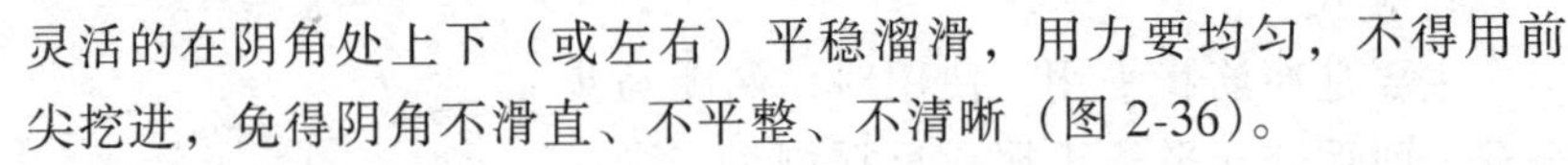

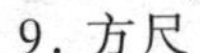

图 2-36　阴角抹子

8. 阳角抹子

阳角抹子使用方法是用大拇指与食指握住阳角把，中指和其他手指在后扶助，溜滑阳角时，要用阳角抹子的两臂紧靠抹成的阳角两侧，用力均匀，上下（左右）溜滑，不能用阳角抹子的前头或后头立起溜滑。成活的阳角要对称均匀，棱角顺直、清晰（图2-37）。

9. 方尺

方尺是测量检验抹灰阴阳角方正的工具。使用时将方尺置于测量位置，并水平或竖直放置，不能倾斜，此时距方尺角20cm处的误差数据为方正的测量检验数据（图2-38）。

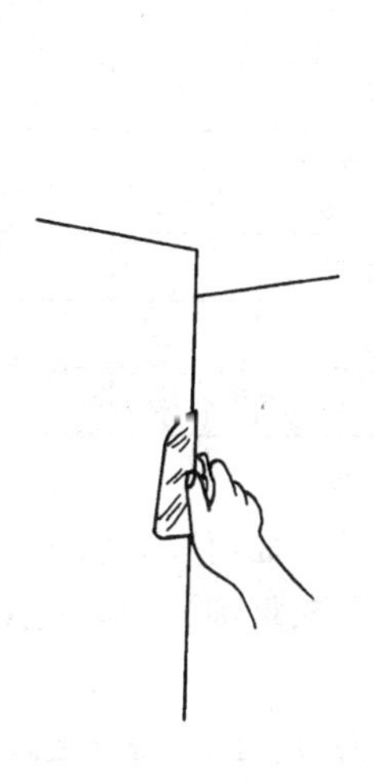

图2-37 阳角的使用

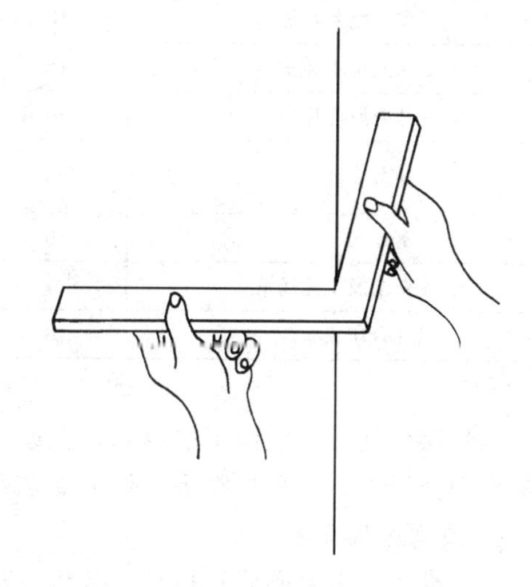

图2-38 方尺的使用

（二）各工具的组合练习

1.用抹子、托灰板翻灰练习

（1）准备 1∶3石灰砂浆；抹子、托灰板；练习场地。

（2）操作要领及要求 右手握抹子，左手握灰板。将灰板头插置于砂浆里，用抹子将砂浆耙上灰板，水平托起灰板。翻灰时灰板稍向上翘起，抹子贴灰板向上前推，随即翻腕，动作连贯自然，将砂浆打在抹子上。再将抹子上砂浆堆放在托灰板上，反复练习，达到熟练。最终达到需要多少砂浆抹子就能在灰板上取多少砂浆。

（3）考核评分（表2-2）

抹子、托灰板翻灰考核评分表 **表2-2**

序	考核项目	单项配分	要　求	考核记录	得分
1	用灰板、抹子在灰斗中取灰	25	观察		
2	把灰板上灰打到抹子上	25	观察		
3	把灰板上一部分灰打到抹子上	30	观察		
4	动作连贯、综合印象	20	观察		

班组：　　　　姓名：　　　　考评员：

2.墙面抹灰基本练习

（1）准备 1∶3石灰砂浆；灰板、抹子、水壶、灰斗；砖砌墙面0.8～1.2m^2。

（2）操作要领及要求 操作人正对墙面，将墙面浇水湿润。用抹子和灰板在灰斗里取砂浆，涂抹砂浆上墙。抹时，两脚叉开正对墙面，从下向上，抹子与墙面成一合适角度，提抹翻腕，用力均匀，把抹子上的砂浆全部抹到墙上。反复练习，达到出手利索，抹纹能拉长，抹面薄厚均匀。

（3）考核评分（表2-3）

墙面抹灰基本练习考核评分表 **表 2-3**

序	考核项目	单项配分	要　　求	考核记录	得分
1	取灰翻灰熟练	10	观察		
2	抹灰出手利索	15	观察		
3	抹灰厚度均匀	20	观察		
4	抹灰长度	30	长 30cm 以内得 10 分；30～50cm 得 20 分；50cm 以上得满分		
5	落地灰	10	超过取灰 1/2 不得分		
6	安全及工完场清	5			
7	综合印象	10			

班组：　　　　　　　　姓名：　　　　　　　　考评员：

(4) 操作注意　墙面不能浇水过湿或过干，即浇水适量，提前一天浇水为佳；取灰上到灰板和抹子上后，稍加整理，便上墙抹灰，但不要反复翻灰整理，影响速度。

3. 顶棚抹灰练习

(1) 准备　混合砂浆；抹子、灰板、灰斗；脚手架已搭设就绪，基层已处理并洒水湿润。

(2) 操作要领及要求

使每个练习者能把砂浆正确且较熟练的抹在顶棚上，抹灰多，掉灰少。

操作时在脚手架上站稳，两脚自然叉开，一前一后，身体重心略为偏侧，灰板取灰不能太满，抹灰时两膝稍弯，身体后仰，抹子带灰贴紧顶棚，成一定角度，慢慢地向后拉，直至抹子上的灰出吐完。

抹灰一般是由前往后退，抹纹方向与楼板缝垂直。砂浆比例与干湿，基层的条件对抹灰影响较大，必须引起重视。

(3) 考核评分（表 2-4）

顶棚抹灰基本练习考核评分表 **表 2-4**

序	考核项目	单项配分	要　　求	考核记录	得分
1	取灰翻灰熟练	10	观察		
2	抹灰出手利索	10	观察		
3	抹灰厚度均匀	20	观察、目测		
4	抹灰长度	30	长度 10cm 以内得 10 分；10～25cm 得 20 分；25cm 以上得满分		
5	落地灰	10	超过取灰 1/2 不得分		
6	安全及工完场清	10			
7	综合印象	10			

班组：　　　　　　　　姓名：　　　　　　　　考评员：

4. 靠尺板作饼练习

(1) 准备　砂浆少许；靠尺板、线锤、尺子、抹子、灰板；墙面。

(2) 操作要领及要求

1) 目的　通过练习能掌握靠尺板的使用方法，正确判断灰饼的薄厚误差。

2）要求　在墙面离楼地面+200mm和+2200mm的地方分别做四组灰饼，其中第一组灰饼厚度平均为2cm；第二组灰饼上下垂直；第三组上高下低误差为4mm；第四组上低下高误差为4mm。

3）操作要领　作饼的地方浇水湿润，分两遍抹成，表面平整，大小5cm见方为宜，上下两饼对直，便于靠尺板检测。也可以用碎瓷砖块粘贴饼面。

（3）考核评分　见表2-5。

靠尺板作饼测量技巧练习考核评分表　　**表2-5**

序	考核项目		单项配分	要　　求	考核记录	得分
1	作饼位置		20	正　确		
2	灰饼垂直度	第一组 第二组 第三组 第四组	4×10	厚度平均2cm 上、下饼垂直 上、下误差+4mm 上、下误差-4mm		
3	工效		20	1小时内完成得满分；超过1.5小时完成不得分		
4	安全、工完场清		10			
5	综合印象		10			

班组：　　　　　　　　　　姓名：　　　　　　　　　　考评员：

5．刮尺使用练习

（1）准备　石灰砂浆；刮尺、抹子、灰板；墙面。

（2）操作要领及要求　使用刮尺可以把点（灰饼）变成线（冲筋）把线变成面（刮墙面）。有平刮和竖刮两种主要方式。刮时两手均匀用力，刮尺与墙面角度合适（以不刮伤灰饼和灰筋为宜）。

在1m左右见方的墙面上先做饼，练习用刮尺冲筋和装档后用刮尺刮平，反复练习，掌握刮尺使用技巧。

（3）考核评分　见表2-6。

刮尺使用基本练习考核评分表　　**表2-6**

序	考核项目	单项配分	要　　求	考核记录	得分
1	刮尺冲筋	20			
2	刮尺刮墙	30			
3	综合印象	30			
4	安全生产、文明施工	20			

班组：　　　　　　　　　　姓名：　　　　　　　　　　考评员：

6．打木抹子练习

（1）准备　抹好刮平的抹灰墙面1m^{2}左右；木抹子、扫帚、小水桶。

（2）操作要领及要求　在干湿适宜时把已刮平的墙面用木抹子搓实，表面无明显抹纹。在基层稍干时能左手用扫帚洒水，右手紧跟着搓平搓实，动作连贯同时进行。

（3）考核评分　见表2-7。

木抹子使用基本练习考核评分表 **表 2-7**

序	考核项目	单项配分	要　求	考核记录	得分
1	打木抹子	40			
2	也洒水并同时能打木抹	30			
3	文明施工	10	工完场清		
4	综合印象	20			

班组：　　　　　　　　　　　　　　姓名：　　　　　　　　　　　　　考评员：

7. 斜口尺杆的使用练习

(1) 准备　斜口尺杆、抹子、灰板、钢卡、灰斗；带垛砖墙如图 2-39*a* 所示；1∶3 石灰砂浆。

(2) 操作要领及要求　先作两墙面的抹灰，放线使两墙面垂直。反口固定尺杆，如图 2-39*b* 所示，抹一个柱垛。退下尺杆正口固定如图 2-39*c* 所示。抹完另一个柱垛。固定尺杆时必须吊直、找方，才能符合质量要求。

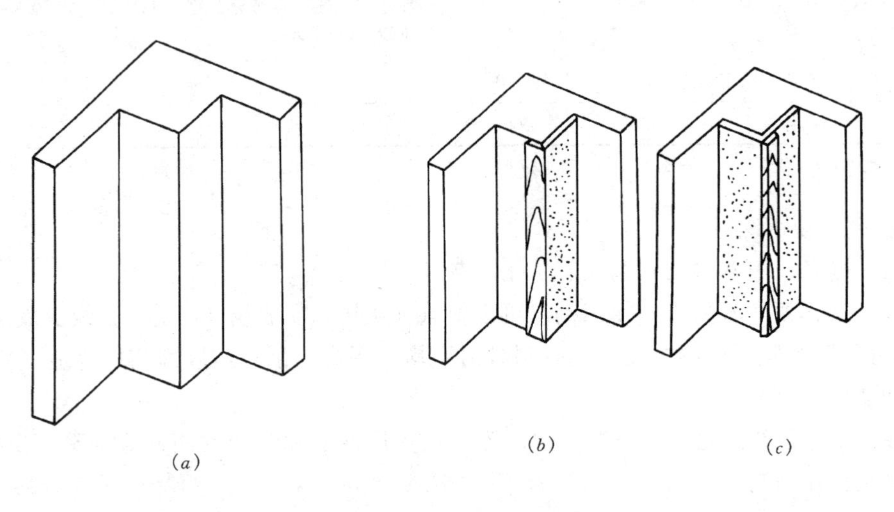

图 2-39　斜口尺杆的使用

(3) 考核评分　见表 2-8。

斜口尺杆使用基本练习考核评分表 **表 2-8**

序	考核项目	单项配分	要　求	考核记录	得分
1	固定方法正确、牢靠	50			
2	阳角接搓整齐	20			
3	文明施工	10			
4	综合印象	20			

班组：　　　　　　　　　　　　　　姓名：　　　　　　　　　　　　　考评员：

8. 阴阳角、方尺使用练习

(1) 准备　阴阳角、方尺、灰板；已抹成的墙体及柱垛，如图 2-40 所示。

(2) 操作要领及要求　在已抹成的墙、柱阴阳角上用阴阳角抹子加浆捋角，并用方尺检测方正。

（3）考核评分见表 2-9。

阴阳角、方尺使用基本练习考核评分表 **表 2-9**

序	考核项目	单项配分	要　求	考核记录	得分
1	阳角捋角	30			
2	阴角捋角	20			
3	方尺测量	20			
4	文明施工	10			
5	综合印象	20			

班组：　　　　　　　　　　　　姓名：　　　　　　　　　　　　考评员：

六、抹灰材料的拌合

（一）机械拌合

砂浆机是抹灰材料拌合的主要机械，拌合灰浆前按要求把砂浆机安放就位，水电源接好，符合施工组织、安全要求，试运转正常候用。

操作方法先接通砂浆机电源，待运转正常，加注部分拌合水，再逐步交替加入砂子、胶结材料（水泥、灰膏等）、水。加至砂浆机的允许容量后（一般为砂浆机筒体容量的 2/3）。再均匀搅拌 90s 出机使用，至此机械搅拌完成，使用完毕按要求清洗保养。

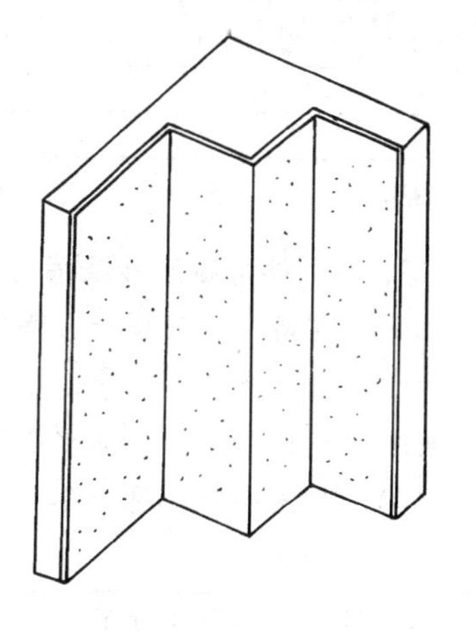
图 2-40　带垛抹灰

（二）人工拌合

1. 石灰砂浆的拌合

先将石灰膏或石灰粉和过筛砂子按比例堆放在一起，加入适量水，用灰镐、灰耙、铁锨等工具将其翻耙均匀使灰膏充分分散开，再加够水拌合成砂浆。

2. 水泥混合砂浆的拌合

先将水泥和砂子按要求比例干拌均匀，加入灰膏同时加少许水用灰镐、灰耙、铁锨翻耙均匀使灰膏充分分散开，再加够水拌合成砂浆。

3. 水泥砂浆的拌合

先将水泥和砂子按要求比例干拌均匀，颜色一致，再加适量水拌合成砂浆。

4. 水泥素浆的拌合

水泥素浆多用人工拌合。拌合时，先将水泥自然堆放在灰斗中基本耙平，徐徐加入拌合水使其浸盖水泥，静停 15min 再进行搅拌均匀后使用。

5. 纤维灰浆的拌合

（1）纸筋灰的拌合　纸筋在使用时先撕碎，除净尘土，然后用清水浸透捣烂，用淋制好的石灰膏按 2.75∶100 的配合比（重量比）制成纸筋灰，抹面使用时再用小磨机碾磨细。

（2）麻刀灰的拌合　麻刀应均匀、坚韧、干燥、不含杂质，使用时将麻丝剪成不大于 3mm 长的麻刀，随用随敲打松散，人工拌合，拌时只能翻不可搅。常用的麻刀灰配比为 1∶100（重量比）。

（三）拌合练习

1. 机械拌合石灰砂浆练习

（1）准备　石灰膏、过筛砂子、铁锨、安好的砂浆机、水桶、水源。

（2）操作要领及要求　空载起动砂浆机正常运转后加入少许水和少许砂子，按比例一次加够一盘石灰膏用量，在较干的情况下使灰膏和砂子拌合在一起，最后交替加水、砂子直至盘满量拌合均匀为止。

（3）考核评分　见表2-10。

机械拌合石灰砂浆考核评分表　　**表2-10**

序	考核项目	单项配分	要　求	考核记录	得分
1	配合比准确	20			
2	操作顺序正确	30			
3	搅拌均匀	15			
4	文明施工	15			
5	综合印象	20			

班组：　　　　姓名：　　　　考评员：

2. 人工拌合石灰砂浆练习

（1）准备　石灰膏、过筛砂子、灰盘、铁锨、灰镐、灰耙、水桶、水。

（2）操作要领及要求　把砂子、灰膏按比例堆在灰盘上，用铁锨灰镐、灰耙在少加水的情况把灰膏拌开，再加水拌合均匀，稠度符合要求。

（3）考核评分　见表2-11。

人工拌合石灰砂浆考核评分表　　**表2-11**

序	考核项目	单项配分	要　求	考核记录	得分
1	配合比准确	20			
2	操作工艺顺序	30			
3	搅拌均匀	15			
4	文明施工	15			
5	综合印象	20			

班组：　　　　姓名：　　　　考评员：

七、常用抹灰分层厚度、砂浆配合比及配合比用料

（一）石灰砂浆抹灰厚度及配合比（表2-12）

石灰砂浆抹灰厚度及配合比参考表（单位：mm）　　**表2-12**

项目		基层表面处理	底层		中层		面层	
			砂浆	厚度	砂浆	厚度	砂浆	厚度
顶棚	混凝土面	水泥浆一道	1:1:5 水泥混合砂浆	5	1:2.5 石灰砂浆	8	纤维灰浆	2
	木板条面	—	1:0.5:4 水泥混合砂浆	5	1:2.5 石灰砂浆	8	纤维灰浆	2
墙面	简易石灰砂浆	—	1:3 石灰砂浆	15	—		—	
	混凝土面	水泥浆一道	1:3:9 水泥混合砂浆	7	1:3 石灰砂浆	11	纤维灰浆	2
	砖墙砌块面	—	1:3 石灰砂浆	6	1:3 石灰砂浆	12	纤维灰浆	2
	石墙面	—	1:3 石灰砂浆	16	1:3 石灰砂浆	17	纤维灰浆	2
	木板条面	—	1:3 石灰砂浆	7	1:3 石灰砂浆	11	纤维灰浆	2

注：基层处理方法很多，在此只列了一种。

（二）水泥、水泥混合砂浆抹灰厚度及配合比（表 2-13）

水泥、混合砂浆抹灰厚度及配合比参考表（单位：mm） **表 2-13**

项目		基层表面处理	水泥砂浆				水泥混合砂浆			
			底层		面层		底层		面层	
			砂浆	厚度	砂浆	厚度	砂浆	厚度	砂浆	厚度
顶棚	混凝土	水泥浆一道	1:3	7	1:2	8	1:3:9	7	1:1:6	8
墙面	砖、砌块内墙	水泥浆一道	1:3	12	1:2.5	8	1:3:9	12	1:1:6	8
	混凝土内墙		1:3	12	1:2.5	8	1:3:9	12	1:1:6	8
	石墙		1:3	18	1:2.5	17	1:3:9	18	1:1:6	17
	木板条墙						1:1:5 水泥石灰麻刀	10	1:1:6	10

（三）常用砂浆配合比用料表（表 2-14）

常用砂浆配合比用料参考表（每立方砂浆材料用量） **表 2-14**

砂浆配合比		材料名称及用量							
		32.5 级水泥 (kg)	石灰膏 (m^3)	石灰 (kg)	电石渣 (m^3)	净砂 (m^3)	纸筋 (kg)	麻刀 (kg)	麦草 (kg)
石灰砂浆	1:2		(0.46)	332		0.92			
	1:2.5		(0.4)	288		1.02			
	1:3		(0.36)	260		1.02			
水泥砂浆	1:2	550				0.93			
	1:2.5	485				1.02			
	1:3	404				1.02			
水泥混合砂浆	1:0.5:4	303	(0.13)	94		1.02			
	1:1:4	276	(0.23)	166		0.93			
	1:1:5	241	(0.2)	144		1.02			
	1:1:6	203	(0.17)	123		1.02			
	1:3:9	129	(0.32)	231		0.98			
电石渣混合砂浆	1:1:4	267			0.23	1.1			
	1:1:6	196			0.17	1.24			
电石渣砂浆	1:2.5				0.36	1.1			
	1:3				0.32	1.16			
其他	水泥石灰麻刀砂浆 1:1:5	241	0.2			1.02		16.6	
	纸筋石灰浆		1.01	(728)			38		
	麻刀石灰浆		1.01					12.12	
	草灰浆		1.02						20

第三节 抹灰施工工艺

一、施工准备

（一）材料

（1）水泥：强度等级为 32.5 以上各种水泥。有出厂合格证明，现场安定性试验合格。

（2）砂子：中、粗砂，使用前过 5～8mm 孔径筛子，质地坚硬，不得含有杂物。

（3）石灰膏：通过 3mm×3mm 筛淋制而成，陈伏时间常温下一般不少于 15 天；用于罩面时，不少于 30 天。

（4）生石灰粉：颗粒细度，过 0.90mm 筛的筛余量不大于 1.5%，过 0.125mm 筛的筛余量不大于 18%。使用前应用水浸泡 3 天以上使其充分熟化。

（5）色石渣：由天然石料或石料破碎筛分而成。品种、规格符合施工要求。

（6）纸筋、麻刀、稻草和麦秸：纸筋使用前应用水浸透、捣烂、洁净；罩面纸筋宜用机碾磨细。麻刀要求柔软干燥，使用前敲打松散，不含杂质，长度 10～30mm，用前 4、5 天用石灰膏调好。稻草和麦秸应坚韧、干燥，不含杂质，长度小于 30mm。稻草麦秸应经石灰浆浸泡处理。

总之，各种材料准备按照设计要求、工程量大小、现场储存条件、施工进度要求等条件一次或分批提前计划准备。

（二）机具

（1）抹灰主要机械：各种砂浆搅拌机、粉碎淋灰机、碾磨纸筋机等。根据工程量大小、班组数量配备，以满足使用要求。

（2）抹灰主要工具：抹子、灰板、木抹子、阴阳角抹子、灰斗、灰浆车、尺杆、刮尺、靠尺板、线锤、方尺等。根据工程量大小，班组数量配备每种工具的数量，以满足使用要求。

（三）劳动力

根据抹灰工程量大小，工程进度要求，施工段的划分，由施工定额确定劳动力的投入数量和时间。

根据抹灰项目的工艺要求，选择合理的班组技术等级的组合，以满足技术要求和节约劳动力成本。

（四）施工作业条件

1. 基体（层）表面处理

处理的目的在于抹灰砂浆与基体（层）表面能牢固粘结，防止抹灰层空鼓、裂缝、脱落现象的产生。

抹灰前，木结构与砖石结构、混凝土结构等两种不同材料相接处基体表面的抹灰，铺钉金属网并绷紧牢固。金属网与各基体的搭接宽度不应小于 100mm，如图 2-28 所示。

抹灰前，光滑的混凝土表面进行錾毛、刮涂聚合水泥砂浆、喷涂聚合水泥浆，喷刷粘结界面剂等“毛化”处理。

抹灰前，砖石、混凝土等基体不平处用 1∶3 水泥砂浆补抹平整，脚手架眼过墙洞填嵌密实。凸出部位用錾子剔平。表面的灰尘、污垢和油渍等，应清除干净，并洒水湿润。底层抹灰与基层的关系，如图 2-29 所示。

2. 工序开工条件

一般室内抹灰应在基体或基层的质量检验合格后，屋面防水或上层楼面面层完成后方可进行。外墙抹灰工程施工前先安装好钢木门窗框、护栏等，将墙上的施工孔洞堵塞密实。墙体、楼层预埋件、通穿管道等安装完毕，并经检查合格。

3. 环境条件

施工环境温度不应低于5℃。同时还应满足施工工艺的要求。低于环境温度施工时，采取有效的质量保证措施。

（五）技术准备

（1）识图领会图纸设计要求。

（2）做样板间（件），制定施工方案，明确注意事项。

（3）进行施工交底，重点是质量、安全和进度，班组内部责任分工。

（4）提出环境保护措施和产品保护方案。

二、基体面的一般抹灰

（一）顶棚抹灰

1. 工艺程序

检查准备工作→四周弹出（水平）交圈线控制抹灰层厚度→基体“毛化”处理→抹底子砂浆→抹中层砂浆→抹面层砂浆压光（或罩面灰浆）→养护。

2. 各工艺程序主要内容及操作要点

（1）检查准备工作　架子搭设符合使用要求，清除浮灰、油污，洒水湿润，预制板板缝提前分次抹成，偏差较大的地方先要处理。

（2）弹交圈线　目的在于控制抹灰层平整度，当墙面装饰有特殊需求时（如块料、吊顶造型、装饰线等）要弹水平交圈线。总厚宜15mm以内。

（3）基体“毛化”处理　主要解决底层抹灰的粘接牢靠，方法很多，如抹素水泥浆结合层，喷改性聚合砂浆，錾毛基体，钉铁丝网片等等。

（4）抹底子灰　可采用1∶3水泥砂浆或1∶1∶6水泥石灰混合砂浆抹底层砂浆，宜垂直于板缝抹灰，紧跟着抹中层砂浆，垂直第一层方向，掌握好平整度和抹灰厚度，并将表面搓成粗糙毛面。

（5）罩面　可采用纤维灰浆进行罩面，待二遍（中层砂浆）有六七成干时即可进行，纵横两道，总厚度2mm为宜；也可采用1∶2.5水泥砂浆进行罩面，待中层砂浆隔日养护后，第三日以后吸水较少，且均匀便于操作时进行。纵横连续两遍，总厚度5～6mm为宜。

（6）操作时，人站在脚手板上，两脚前后自然分开，重心偏侧，一手握钢抹子，一手握灰板，两膝稍微前弯站稳，身稍后仰，抹子贴紧顶棚，慢慢地向后拉，抹时抹子稍立一点，使底子灰表面带毛，粘结牢靠，待第一遍稍收水后，用同样方法抹中层砂浆，方向与第一遍垂直，并特别留意，掌握好厚薄，随后按所弹交圈线用刮尺通角刮平，刮不到的地方再补抹一次中层砂浆，刮完后用木抹子搓平。

图2-41　抹顶棚

再按要求完成面层的抹灰，如图 2-41 所示。

3. 考核评分（表 2-15）

顶棚抹灰考核评分表 **表 2-15**

序	考核项目	单项配分	要　　求	考核记录	得分
1	表面平整、颜色光滑、一致	30			
2	粘接牢固	20	无空鼓		
3	阴角通顺清晰、无抹纹	20			
4	文明施工	10	工完场清		
5	综合印象	20			

班组：　　　　　　　　　　姓名：　　　　　　　　　　考评员：

（二）墙面抹灰

1. 墙面做饼

（1）工艺程序。浇水湿润→检查墙面垂直和平整度→确定做饼厚度→做控制饼→补做中间灰饼→检查。

（2）各工艺程序主要内容及操作要点。

1）准备　做饼砂浆；抹子、灰板、靠尺板、线锤、线绳、圆钉；2.5m×4m 大小的墙面。

2）操作要点及要求　抹灰前对基墙面浇水湿润，用靠尺板全面检查墙面的平整度和垂直度，找出抹灰的最薄点（墙面的最高点），根据规范要求厚度，并保证最薄处有 7mm 厚的抹灰，确定做饼厚度。做饼位置在墙面的两尽端距阴（阳）角 15～20cm 并距地（楼）面 2.1m 处。按已确定的抹灰厚度抹上部两灰饼，并以两灰饼为依据用靠尺板做垂直正下方的灰饼，中心在踢脚线上口 3～4cm 处。灰饼的大小以 5cm 见方为宜。墙面四角灰饼确定好后水平拉好准线补做中间灰饼，间距 1.5m 左右，并保证上下对应，同时复检中间灰饼的垂直度，如图 2-42 所示。当墙面高度超过 2.8m 时，可用两块相同缺口板条与线锤做垂直方向灰饼，如图 2-43 所示。

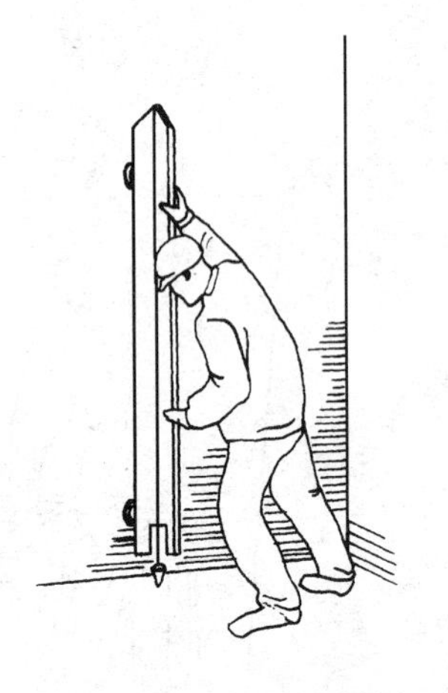

图 2-42　做饼

图 2-43　做饼

（3）考核评分　见表 2-16。

墙面做饼考核评分表　　**表 2-16**

序	考核项目	单项配分	要　　求	考核记录	得分
1	灰饼位置	15	位置合适		
2	灰饼粘接牢固	15	与基体粘牢		
3	饼面大小平整	15	5cm 见方、平整		
4	灰饼垂直度	25	允许误差 2mm		
5	文明施工	10	工完场清		
6	综合印象	20			

班组：　　　　　　　　　　姓名：　　　　　　　　　　考评员：

（4）注意事项　做饼材料采用底子灰或混合砂浆。分两遍抹成，把第二遍抹层用抹子切成 5cm 见方。高级抹灰做饼方法另有要求。

2. 墙面冲筋

（1）工艺程序浇水湿润→检查灰饼垂直度→抹出梯形灰带→搓刮出筋→检查。

（2）各工艺程序主要内容及操作要点。

1）准备　冲筋砂浆、抹子、灰板、刮尺、已做好的灰饼。

2）操作要点及要求　灰饼的砂浆收水后，即可做冲筋。做冲筋时以上下垂直方向的灰饼为依据，分两遍抹一条 7～8cm 宽的梯形灰带，并略高于灰饼，然后以灰饼为准用刮尺将灰带刮到与灰饼面平，即成冲筋。最后将冲筋的两边用刮尺切修成斜面，使其能与抹灰层较好地吻合，如图 2-44 所示。

图 2-44　冲筋

（3）考核评分　见表 2-17。

墙面冲筋考核评分表　　**表 2-17**

序	考核项目	单项配分	要　　求	考核记录	得分
1	冲筋粘接牢固	15	与基体粘牢		
2	冲筋平整	25	允许误差 3mm		
3	冲筋垂直	25	允许误差 3mm		
4	文明施工	10	工完场清		
5	综合印象	25			

班组：　　　　　　　　　　姓名：　　　　　　　　　　考评员：

（4）注意事项　冲筋材料与墙面抹灰材料相同。冲筋完成后，随即开始装档抹灰。也可以隔夜进行装档，但冲筋处与装档抹面收缩不一样，会影响平整度。

3. 墙面装档

（1）工艺程序　浇水湿润→检查冲筋垂直度→抹底层灰→抹中层灰→刮尺刮平→木抹搓实搓毛→检查。

（2）各工艺程序主要内容及操作要点。

1）准备　石灰砂浆（水泥砂浆、水泥、石灰混合砂浆）、抹子、灰板、刮尺、木抹子、已冲筋的墙面。

2）操作要点及要求　左手握灰板，右手握铁抹子，将灰板头靠近墙面，抹底层灰时，铁抹子竖向将砂浆抹到墙面上；抹中层灰时，铁抹子横向稍右上将砂浆抹到墙面上，底层、中层连续进行，前后抹上去的砂浆衔接平顺，抹子不宜来回多溜，用目测控制其平整度，满而不多，恰到好处。然后用刮尺刮平，没有刮上的地方，补抹砂浆直至平整，最后木抹搓实、搓平，如图2-45所示。

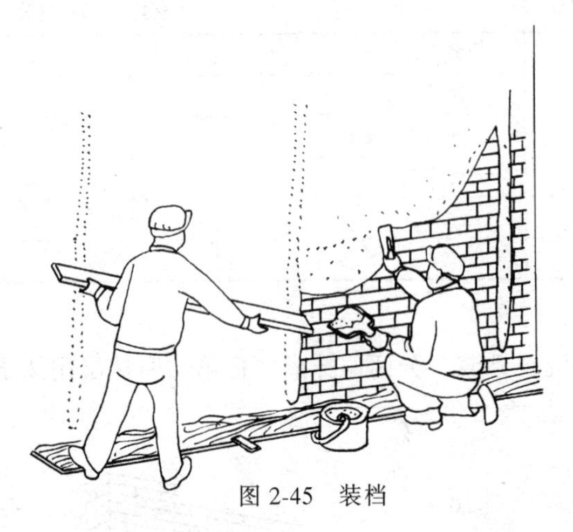

图2-45　装档

（3）考核评分　见表2-18。

墙面装档考核评分表　　**表2-18**

序	考核项目	单项配分	要　求	考核记录	得分
1	粘接牢固	10			
2	表面平整	30	允许4mm偏差（普通抹灰）		
3	立面垂直	30	允许4mm偏差（普通抹灰）		
4	文明施工	10	工完场清		
5	综合印象	20			

班组：　　　　　　姓名：　　　　　　考评员：

4．纤维灰浆罩面

（1）工艺程序

检查基层→摊纤维灰浆上墙→适时压光。

（2）各工艺程序主要内容及操作要点

1）准备　纤维灰浆、钢抹子、灰板、灰斗、装档完成的石灰砂浆墙面。

2）操作要点及要求　应掌握在底子灰五至六成干时进行罩面，如底子灰过干，先洒水湿润。用钢抹子将纤维灰浆抹于墙面。一般从阴角或阳角处开始，自左向右进行，两人配合操作效果较好，一人先竖向薄薄地抹一层，抹子拉紧使纤维灰浆与中层紧密结合，另一人在横向抹第二层，抹子抹长压平溜光，两层的总厚度以不超过2mm为宜。最后用塑料抹子横向再压一遍交活，如图2-46所示。

图2-46　罩面

(3) 考核评分（表 2-19）

纤维灰浆罩面考核评分表 表 2-19

序	考核项目	单项配分	要　　求	考核记录	得分
1	表面颜色一致，光滑	20			
2	表面平整	25	允许 4mm 偏差（普通抹灰）		
3	立面垂直	25	允许 4mm 偏差（普通抹灰）		
4	文明施工	10	工完场清		
5	综合印象	20			

班组： 姓名： 考评员：

5. 墙面砂浆罩面

(1) 工艺程序

基层抹灰检查、适量洒水→设标筋条→抹面层→压光。

(2) 各工艺程序主要内容及操作要点

1) 准备　抹面水泥砂浆或水泥混合砂浆、钢抹子、灰板、灰斗、刮尺、木抹、标尺条、隔 2 天以上的已打底墙面。

2) 操作要点及要求　抹完底层抹灰层和中层抹灰层后应进行养护，不宜隔日抹面（中层吸水过快不利于面层压光），面层厚度控制 5～7mm 在墙面上直接二次做饼或者采用木质、塑料做嵌缝的分格条粘成标尺条，抹灰方法与底层、中层基本相同，抹完一方后刮平，搓揉出浆，复查垂直平整度，用钢抹压成水光，取掉标尺条，补抹罩面砂浆、搓平、压光，掌握好干湿适时压光成活。

(3) 考核评分　见表 2-20

砂浆罩面考核评分表 表 2-20

序	考核项目	单项配分	要　　求	考核记录	得分
1	表面颜色一致、光滑	20			
2	表面平整	25	允许 4mm 偏差（普通抹灰）		
3	立面垂直	25	允许 4mm 偏差（普通抹灰）		
4	文明施工	10	工完场清		
5	综合印象	20			

班组： 姓名： 考评员：

（三）地（楼）面抹灰

1. 工艺程序

基层处理→弹水平基准线→做饼→冲筋→装档铺抹砂浆→三遍压光→养护。

2. 各主要工艺程序操作要点

(1) 基层处理

基体表面上的浮灰、油渍、杂物都要用铲子或钢丝刷、剁斧清除干净。光滑的基层，进行凿毛处理。清水冲洗，保持基体干净、湿润，至少 1 天。检查预制板灌缝质量，并即时处理不符合要求的地方。对管道穿越的板洞分层填嵌密实，再进行楼地面抹灰。

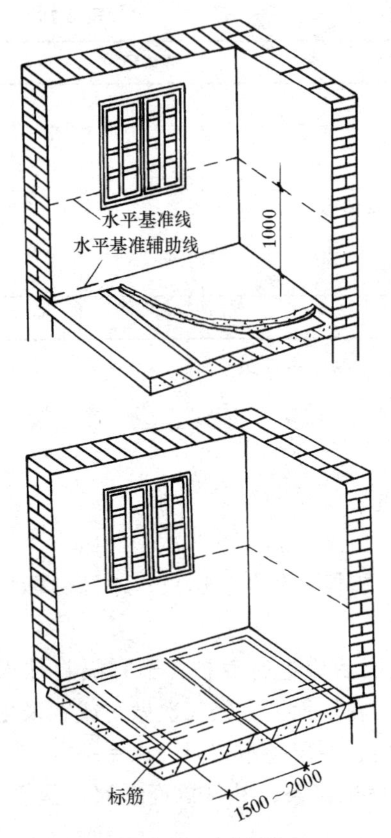

图 2-47　水泥地面

（2）弹水平基准线

结合主体工程，做地面前，先用水平仪等找出水平基准线，并弹放在四周墙上，做控制地面抹灰厚度、平整度、特殊地面坡度的依据，如图 2-47 所示。

（3）做饼、冲筋

根据基准线在房间四边角点做控制灰饼。再拉线补做墙边、中间灰饼，间距 1.5～2m 为宜。最后根据施工流向安排，在各灰饼之间冲筋以控制面层的厚度与平整度，如图 2-47 所示。

（4）装档铺抹水泥砂浆

水泥砂浆面层用 1∶2～2.5 水泥砂浆，其稠度不大于 35mm（手握成团，落地开花）。施工时，先在基层上刷、洒一道素水泥浆粘合层后，随即在两筋中间铺抹砂浆，随铺随用木抹子拍实，用刮尺根据两边软筋刮平，用木抹子揉搓出浆。

（5）压光

装档木抹搓揉出浆后，随即用钢抹压出第一遍水光，头一遍要压得轻一些，无大的抹纹。压光完第一遍后，根据环境情况掌握好时间（人踩上去有脚印但不陷下去），进行第二遍压光，这一遍要求压实、压光、不漏压。压时抹子平放面层揉搓出浆后，改变抹压角度压时发出“沙沙”声，此遍压光最为重要，要求把死坑、砂眼、脚印全部压平，无明显抹纹。待水泥砂浆终凝前，人踩上去有细微脚印，抹子抹上去不再有抹子纹时，再用抹子压抹第三遍。这一遍要求用劲稍大，压实压光，颜色均匀一致。

（6）养护

水泥砂浆面层铺设后，均应在常温下进行养护。一般成活 24h 后开始浇水养护 7 天，养护期内禁止在上面作业。

3. 考核评分（表 2-21）

水泥砂浆楼地面抹灰考核评分表　　　　**表 2-21**

序	考核项目	单项配分	要　求	考核记录	得分
1	粘结牢固、无空鼓现象	20	小锤敲击		
2	表面洁净、光滑颜色一致	20	目测		
3	表面无裂纹、脱皮麻面和起砂现象	20	目测		
4	表面平整度	20	允许 4mm 偏差		
5	文明施工	5	工完场清		
6	安全生产	5	安全，无事故		
7	综合印象	10			

班组：　　　　　　　　姓名：　　　　　　　　考评员：

三、房屋细部的一般抹灰

一般室内外抹灰有踢脚板、墙裙、勒脚、窗台、压顶、檐口、梁、柱、楼梯、阳台、台阶、坡道、散水等多种细部抹灰。

（一）梁抹灰

1. 工艺程序

弹线、抄平找规矩→抹立面→抹底面→阳角处理。

2. 各工艺程序主要内容及操作要点

（1）准备　水泥、砂、石灰膏、抹子、灰板、木抹子、尺杆、卡子、刮尺、方尺、线绳等、结构梁。

（2）操作要点及要求

在梁底顺长方向弹出梁中线，找规矩，控制梁侧面抹灰厚度。梁底两端头拉水平线（由梁底往下 5～10mm），决定梁底抹灰厚度。抹灰时，反撑尺杆，作梁侧面抹灰。梁侧面抹灰完成后在梁侧面下口正卡固定尺杆，抹梁底面。最后用阳角抹子把阳角捋光，如图 2-48 所示。

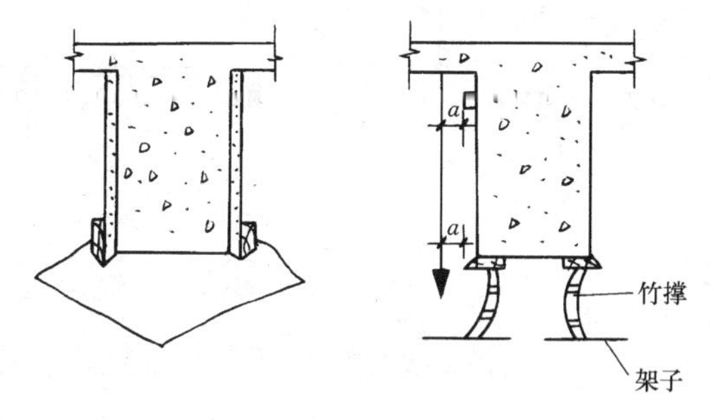

图 2-48　梁抹灰

3. 考核评分（表 2-22）

梁面抹灰考核评分表　　表 2-22

序	考核项目	单项配分	要　　求	考核记录	得分
1	侧面垂直、平整	20	目测、尺量		
2	底面平整、水平	20	目测、尺量		
3	阴阳角清晰	20	目测		
4	阳角方正	20	方尺测量		
5	观感质量	10			
6	文明施工	5	工完场清		
7	安全生产	5	安全、无事故		

班组：　　　　　　　　　　姓名：　　　　　　　　　　考评员：

（二）石灰砂浆柱抹灰

1. 工艺程序

放线找规矩→做饼→固定尺杆→抹灰。

2. 各工艺程序主要内容及操作要点

（1）准备　1∶3∶9 水泥混合打底砂浆，1∶3 石灰中层砂浆，面层纸筋灰浆，各种抹灰机具，结构方形柱。

（2）操作要点及要求　复核柱的平面结构位置和几何尺寸，在楼地面上弹出垂直两个方向基准线并依此确定柱根抹灰厚度做饼（阳角用方尺规方）。用线锤检查柱子各面的垂直平整度。如不超差，在柱四角上部做饼。如果柱面超差，应进行处理。抹底层灰时，先在两侧面卡固斜口尺杆，抹正、反面；再把斜口尺杆卡固在正、反面，抹两侧面，如图

2-49 所示。抹中层石灰砂浆的方法同底层灰一样，但在柱高 2m 以下要用 1∶2 水泥砂浆作护角，如图 2-50 所示。当中层抹灰较干时进行纸筋罩面全部成活。

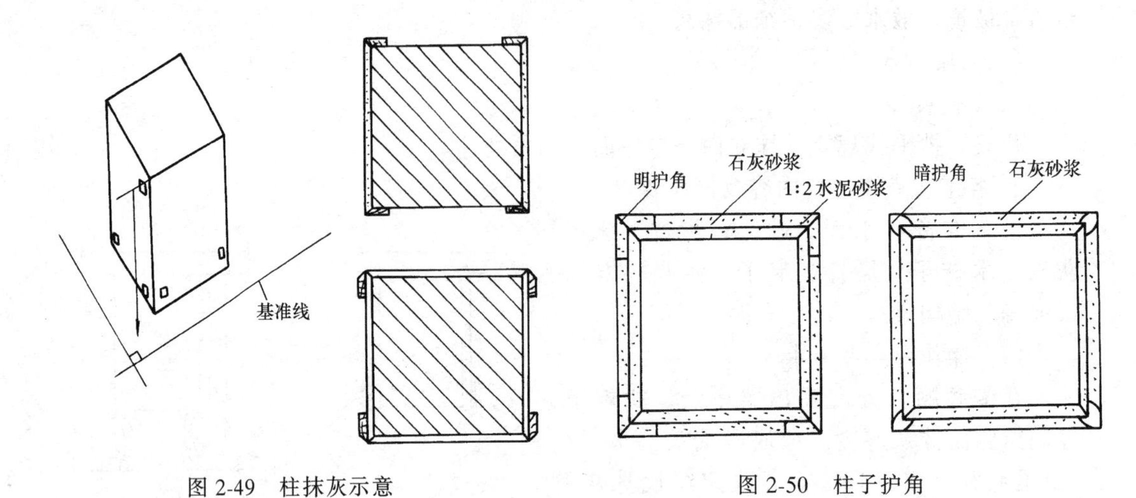

图 2-49　柱抹灰示意　　　　图 2-50　柱子护角

3．考核评分　见表 2-23

石灰砂浆柱面抹灰中级考核评分表　　　　**表 2-23**

序	考核项目	单项配分	要　　求	考核记录	得分
1	粘结牢固、无空鼓、裂缝	20	小锤敲击		
2	表面光滑、无抹纹、清晰美观	10	目测		
3	阳角方正	20	允许 4mm 偏差		
4	阳角垂直	20	允许 4mm 偏差		
5	立面垂直、平整	10	允许 4mm 偏差		
6	文明施工	5	工完场清		
7	安全生产	5	安全、无事故		
8	综合印象	10			

班组：　　　　　　　　　　姓名：　　　　　　　　　　考评员：

（三）楼梯踏步抹灰

1．工艺程序

清理基层→确定上、下休息平台标高→弹分步标准线→基层凹凸处理→浇水湿润→抹底子灰→面层抹灰→养护。

2．各工艺程序主要内容及操作要点

（1）准备　1∶3 水泥打底砂浆，1∶2 水泥抹面砂浆，抹灰机具，粉线袋，4～6 步楼梯踏步结构。

（2）操作要点及要求

基层表面清理干净，浇水湿润。根据上、下休息平台的抹面厚度和上下两头踏步踢面抹面厚度弹一斜线作为分步的标准。抹灰时各步阳角碰在斜线上，如图 2-51 所示。

踏步分步合适后，根据标准线检查各步结构情况，出现凹凸的地方提前进行处理。用 1∶3 水泥砂浆抹底层灰，厚度 10～15mm，注意留出面层的抹灰厚度。抹时先抹踢面再抹踏面，由上往下一步一步做。抹立面时将八字尺杆反压在踏面板上，按尺寸留出抹层厚度，使踏面板的宽度一致，依着尺杆抹灰，用木抹子搓平，如图 2-52 所示。

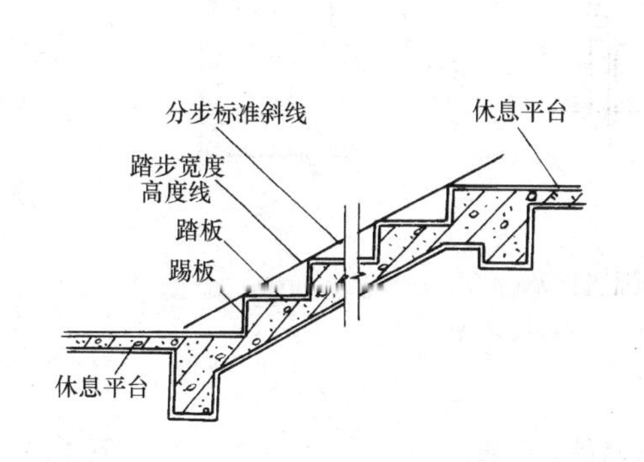

图 2-51　楼梯抹灰

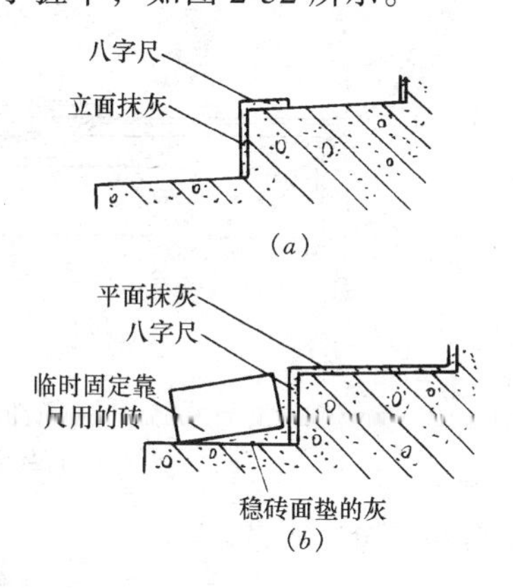

图 2-52　楼梯抹灰

第二天再罩面，罩面时用 1∶2 水泥砂浆，厚度 8～10mm，压好尺杆，根据砂浆收水的干燥程度，可以连续抹几个台级，再返上去借助尺杆，用木抹子搓平，钢抹子压光，阴阳角处用阴阳角抹子捋光，24h 后养护 7 天。

3. 考核评分　见表 2-23

楼梯踏步抹灰考核评分表　　表 2-23

序	考核项目	单项配分	要　求	考核记录	得分
1	粘结牢固、无空鼓	20	小锤敲击		
2	齿角整齐	15	拉线		
3	踏面宽度一致	20	尺量		
4	踢面高差	20	允许偏差 10mm		
5	文明施工	5	工完场清		
6	安全生产	5	安全、无事故		
7	综合印象	15			

班组：　　　　　　　　　　姓名：　　　　　　　　　　考评员：

(四) 踢脚线抹灰

1. 工艺程序

基层清理、湿润→抹底子灰→抹罩面灰→切清上口交活。

2. 各工艺过程操作要点及要求

(1) 准备　1∶3 水泥打底砂浆、1∶2～2.5 水泥抹面砂浆；抹灰工具；10 延长米可抹踢脚线的墙面。

(2) 操作要求　用清水将墙根部位湿润并清理干净，按上部墙面抹灰层厚度抹灰打底，表面用刮尺刮平，第二天抹面层砂浆，掌握好干湿，一般比墙面抹灰层凸出 5～7mm，适时根据要求高度按水平线用粉线袋弹出实际高度，把尺杆靠在线上用铁抹子切齐，再用小阳角抹子捋光上口，最后用钢抹子压光成活，如图 2-53 所示。

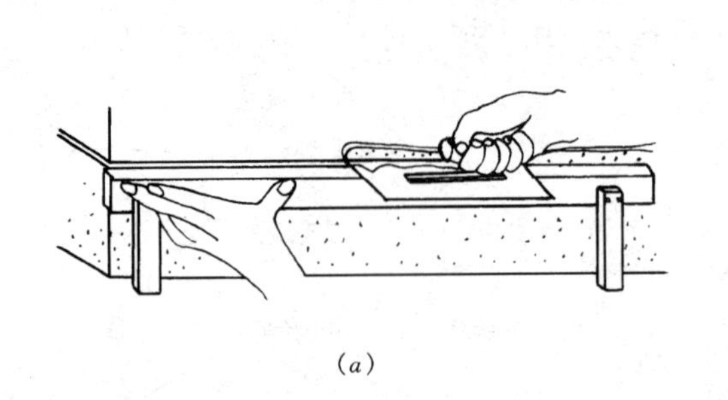

(*a*)

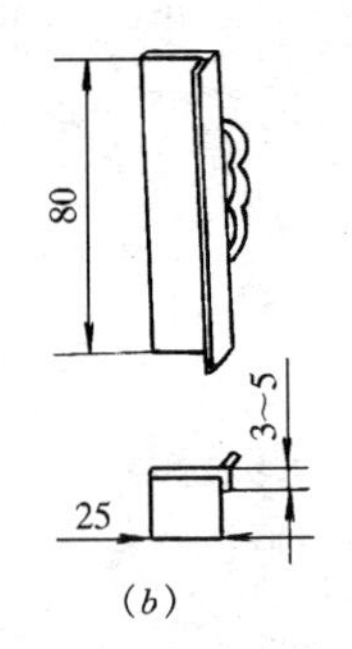

(*b*)

图 2-53　踢脚线抹灰

(*a*) 整边小抹子；(*b*) 踢脚线切齐

3．考核评分　见表 2-24

水泥踢脚线抹灰考核评分表　　**表 2-24**

序	考核项目	单项配分	要　求	考核记录	得分
1	粘结牢固，无空鼓	20	小锤敲击		
2	收口整齐、平直	20	5m 拉线允许偏差 4mm		
3	出墙厚度均匀	15	目测		
4	与地面阴角方正	20			
5	文明施工	5	工完场清		
6	安全生产	5	安全、无事故		
7	综合印象	15			

班组：　　　　　　　　　　姓名：　　　　　　　　　　考评员：

（五）水泥砂浆不出沿窗台抹灰

1．工艺程序

清理→浇水湿润→打底刮糙→面层抹灰。

2．各工艺程序主要内容及操作要点

（1）准备　1∶3 水泥打底砂浆、1∶2 水泥抹面砂浆、抹灰工具、已安窗框的窗台。

（2）操作要求　抹窗台前，先将窗台基层清理干净，松动的砖要重新砌筑。砖缝划深，用水浇透，然后用 1∶3 水泥砂浆抹底子灰，若厚度大时可用豆石混凝土铺抹密实。次日，用 1∶2 水泥砂浆抹面层，先抹立面后抹平面。抹完后下口用尺杆裁齐并清口，上口阳角用阳角抹子捋直，如图 2-54 所示。

图 2-54　窗台抹灰

3．考核评分　见表 2-25

水泥砂浆不出沿窗台抹灰考核评分表　　**表 2-25**

序	考核项目	单项配分	要　求	考核记录	得分
1	粘结牢固、无空鼓	20	小锤敲击		
2	收口整齐、平直	20	目测		
3	出墙厚度均匀	20	目测		

续表

序	考核项目	单项配分	要　　求	考核记录	得分
4	文明施工	10	工完场清		
5	安全生产	10	安全、无事故		
6	综合印象	20			

班组：　　　　　　　　　　　　姓名：　　　　　　　　　　　　考评员：

四、基体面的装饰抹灰

（一）水刷石墙面

1. 工艺程序

施工准备→基层（体）面处理→吊、拉垂直，通线，套方正和找规矩→贴灰饼→冲筋、抹底层灰→弹线、粘分格条控制面层厚度→抹面层水泥石子浆→喷刷面层→养护验收交活。

2. 各工艺程序主要内容及操作要点

（1）施工准备　检查施工准备工作完成情况，不足地方，逐一完成。架子搭设符合使用要求并验收合格，多种石料按比例混合时，宜一次混合完毕，使用水泥按工程量一次进够，以保证颜色均匀一致。防污染材料已落实进场，架上或楼层水源能够保证要求。

（2）基层（体）面处理　按施工准备中的处理方法进行基层处理，并验收合格。

（3）找规矩　根据施工图的要求标高，弹出各需要处抹灰高度水平控制线，检查墙体质量确定底层抹灰厚度，其最薄处一般不应小于7mm。

（4）贴灰饼　用1:3水泥砂浆，做成5cm见方的灰饼，厚度约15mm，控制垂直、平整及抹底层灰的厚度。

（5）冲筋，抹底层灰　在灰饼之间用1:3水泥砂浆冲筋，抹成灰埂，宽8cm左右，用刮尺和饼面刮搓平。在两筋之间进行装档抹底层灰，先用1:3水泥砂浆薄薄抹一遍，并用力使砂浆与基层粘接牢固，紧接着抹第二遍与冲筋齐平，用刮尺刮平，木抹搓毛，终凝后浇水养护。

（6）弹线、粘分格条　按施工图设计要求进行分格，并用粉线袋弹出分格线，锯割好分格条，粘贴固定在底层糙面上，分格条应横平竖直，作为水泥石子浆面层的控制依据。

（7）抹面层石子浆　浇水湿润底层刮糙面，刮批一层1～2mm厚的素水泥浆，其水灰比0.37～0.4，以便使面层与底层结合牢固。紧跟着抹水泥石子浆，水泥石子浆的配合比根据石子粒径大小而定。一般1:1.25～1.5（体积比）。抹浆顺序总体从上往下逐块完成，对一个分格块来说从下往上抹，厚度与分格条相平，并用靠线板检查平整度，抹阳角时，一般采用反贴八字尺杆的方法，先抹小面再抹大面。待面层吸水后，用厚铁抹子分遍拍平压实表面，再用长毛刷蘸水刷一遍，然后用抹子拍一遍，用力压一遍，将其内部的水泥浆压挤出来，再刷一遍、拍一遍、压一遍，连续2～3次至灰层压实，无小眼为止。

（8）喷刷石子浆面层

石子浆面层压好后，待用手指按上去，有指纹时，即可进行喷刷。一人在前面用刷子蘸水刷掉表面的水泥浆，一人紧跟用喷浆机，由上往下均匀喷水刷掉表面的水泥砂浆，其喷头距离墙面约10～20cm，直至露出石子，随后用小水壶从上往下轻浇水，水浪相连，互不污染，冲洗干净。并及时对分格处理，木质分格条起出，仔细勾缝，塑料分格条清理干净。

（二）水磨石楼（地）面

1. 工艺程序

基层处理、浇水湿润→底层抹灰→弹线镶嵌分格条→铺摊石子浆→磨光酸洗→打蜡交活

2. 各工艺程序主要内容及操作要点

(1) 基层处理、浇水湿润　将基层清理干净，凹凸不平处补錾找平。

(2) 底层抹灰　根据水平控制线要求，先由墙四周拉线做标志饼，控制底层抹灰厚度一般为15～20mm，并用干硬性水泥砂浆进行冲筋，冲筋间距视房间大小而定，一般以1.2～1.5m为宜，有地漏的地面应按排水方向找出0.5%～1%的坡度泛水。装挡抹灰用1:3干硬性水泥砂浆，扫浆后铺摊，先用铁抹子将灰拍实，并用2m刮尺将灰刮平，对低凹处填灰补齐刮平，随即用木抹子搓平，底层抹灰完成后经2m靠尺检查，表面平整度偏差在2mm以内，标高符合水平线方为合格。12h后浇水养护，常温下施工要充分浇水（甚至浸水）2～3天，冬期施工应用塑料薄膜覆盖养护3～5天。

(3) 弹线镶嵌分格条　按图纸设计要求，先找出房间纵、横中心点，由中心点向纵、横方向弹出分格线。设计无分格要求时，大小取1m左右为宜。镶边宽度一般为150～300mm，四周应等宽，地面为彩色水磨石时，应按图纸分色弹出花饰线以利施工。

镶嵌分格条，应先镶嵌四周边线，再分别镶嵌中间部分的纵、横线，最后镶嵌花饰、分色部位。

镶嵌边线应以四周墙的标高线为准，拉通线临时固定，中间部位的纵横分格标高以此为准，分格条顶标高与通线相平再用平口板条对照标高，分格条要求对齐照平，随将分格条紧贴平口板条与地面呈直角，即用水泥素浆按八字角固定一侧，其八字角高为6mm，其宽为10mm为宜。以此逐根连接，当全长固定后即可撤去平口板条并随即在另一侧用水泥素浆按八字角固定。并用排笔蘸水骑在分格条上匀刷数次使水泥素灰与底层抹灰粘结更牢，分格条表面清洁无痕。

分格条在相交处应平整严实，相交处的各方向应留有2～4cm一段不抹素浆，以免石渣不能到达相交处，形成无石渣的通病。

室内的门内外的分格条位置应以门框裁口内侧为准对齐。彩色水磨石地面镶嵌分格条时，在排好分格尺寸后，镶条处要先抹一条5cm宽的白水泥带，再弹线镶分格条。当分格条采用铝条时使用前应涂清漆1～2遍，干后再用，可防铝条腐蚀松动。凡分格条为铝条、铜条或塑料条均应事先按每米钻4孔并穿入22号铁丝或小元钉，以保证与水泥素浆的粘结。

分格条镶嵌完后拉5m通线检查其偏差不应大于1mm。同时应即浇水养护2～3天，严加保护谨防碰断。

(4) 铺摊石渣浆　普通水磨石的石渣浆配合比一般为1:2.5～2.8（水泥:石渣）。彩色水磨石的石渣浆中颜料均以水泥重量百分比计量，应根据工程数量算出各种颜料所配用的水泥量，将水泥与颜料一次调配过筛成彩色水泥装袋备用，保证颜色一致。

在镶嵌好分格条的地面上将积水、杂物清刷干净，薄薄撒一层水泥素浆扫匀，随即将

拌好的石渣浆先抹镶嵌条边，后倒入镶嵌条的四框中间，用铁抹子将石渣浆由中间向四角推送压实抹平，石渣浆应高出分格条 3mm 左右。

铺摊石渣浆普通水磨石程序应先四周镶边后中间大面积，由里向门口进行铺摊。

彩色水磨石程序应先局部花饰和四周镶边后中间大面积，另应按先深色后浅色进行铺摊。

在石渣浆表面找平后，可再均匀撒一层石渣，随即用 30～50kg 铁滚筒往返滚压使多余水泥浆泛于表面，控制铺摊成活表面与分格条顶基本持平或略高 1mm。当面层收水后可用铁抹子再收光压实一次。完成后做好产品保护工作。

（5）磨光酸洗　石渣浆面层应于次日进行浇水养护，在机磨前，可先用人工磨光四周机械打磨不到的地方，大面积机磨要进行试磨，以不掉石渣为准，经检验合格方可正式开磨。机械采用金刚石磨石机。

水磨石应三磨两浆完成，头遍打磨，磨块用 60～90 号粗金刚石，要求磨平全部分格条外露，石渣大面磨出，随时用 2m 靠尺板检查其平整度，合格后将泥浆冲洗干净，稍干后随即浆涂一道同色水泥浆，用以填补砂眼。对个别掉落石渣部位要仔细补好，并继续浇水养护，对不同颜色的磨面，应先涂擦深色浆，后涂擦浅色浆。二遍打磨，磨块用 120～180 号金刚石，程序同上。三遍打磨、磨块用 180～240 号金刚石边角处可用手磨找齐，并用油石出光。

经细油石出光的地面，用清水冲洗干净后，即撒涂草酸粉洒水，用油石进行酸洗，露出水泥及石渣本色，再用清水洗净，然后用干净锯末扫干。

（6）打蜡　经酸洗的地面待晾干表面发白后，用干布将表面擦净。用碎布或干净麻质物沾稀糊状的成品川蜡涂于地表面应薄而匀均，后用磨石机换上麻袋或麻绳打磨第一遍蜡，再用人工涂第二遍蜡，经磨石机打磨光亮，要求地面光亮、整洁、颜色一致。

（三）斩假石墙面

斩假石，又名剁斧石。是用水泥和白石屑等加水拌合成石屑浆，抹在建筑物的表面，半凝固后，用斧子斩出像经过细凿的石头那样纹理的人造石料装饰。

1. 工艺程序

基层处理→做饼打底刮糙→弹线分格嵌条→面层抹石屑浆→斩石交活。

2. 各工艺程序主要内容及操作要点

（1）准备、基层处理、做饼打底刮糙　工艺操作要点同一般抹灰一样。

（2）弹线分格嵌条　根据设计要求的留缝宽度，用松、杉木制做厚 8mm 的楔形木条。按要求弹线分格。分格条要隔夜浸湿，用素水泥浆贴得平直、通角、牢靠。

（3）面层抹石屑浆　用水泥∶白石屑＝1∶1.5 的水泥白石屑浆抹粉面层，厚度与分格条相平一般为 10mm。用抹子横竖反复揉压密实，达到表面平整，阴阳角方正，边角无空隙。次日，浇水养护。

（4）斩石　在常温下，面层粉完后 2～3 天开始斩石。用专用斩斧进行试斩，以石子不脱落为准。正式斩石前，洒水湿润面层，以免产生石屑爆裂和碎末。

在斩石时，双腿马步，握稳斧把，用力均匀一致，刀口要平直，使纹路清晰均匀，为保证阳角不爆裂，一般留 15mm 左右不斩，或横斩，总顺序由上往下斩，底层一步架时从底往上斩，斩纹交叉，深浅合适，约 1mm 左右。取出嵌条，用水泥素浆勾缝，颜色均匀一致，密实，线条清晰。

（四）搓毛墙面

是用一定比例水泥混合砂浆（或水泥砂浆）作为面层，抹在基糙面上，抹平压光出浆后，适时用木抹子或海棉抹子，竖向搓出纹理通顺毛面的一种装饰抹灰方法。多用于室外装饰墙面，也可作为外墙其他装饰（如涂料等）的基层。

1. 工艺程序

基层处理→做饼、冲筋、刮糙→弹线分格、镶嵌分格条→抹面层→压光搓毛交活。

2. 各工艺程序主要内容及操作要点

(1) 基层处理、做饼打底刮糙　工艺操作要点同一般抹灰一样。打底灰比例按采用混合砂浆。

(2) 弹线分格嵌条　根据设计要求的留缝宽度，用松、杉木制作厚8mm的楔形木条，或准备专用塑料分格条。按设计要求弹线分格。用素水泥浆贴嵌平直、交圈、牢靠。木质分格条要隔夜浸湿。

(3) 抹面层　常用1:1:6（或1:0.5:4）水泥混合砂浆抹面。抹面厚度与分格相平，刮尺刮平，木抹搓压，钢抹压光出浆。

(4) 搓毛　罩面抹平整后就可用木抹搓开始搓毛，如较干时可边洒水边进行搓毛，纹理通顺，颜色一致，搓毛时，手要握紧木抹子，并与墙面紧贴放平，由上往下进行。上下各步架应用同一木抹子搓成。用海棉木抹子搓毛，每搓一步，用清水洗掉海棉上的水泥浆，再进行二次搓，可得到较细的纹理效果，隔日养护。

（五）干粘石墙面

1. 工艺程序

基层处理→做饼刮糙→弹线分格镶嵌分格条→抹中层砂浆→抹粘结层→面层甩石压实拍平。

2. 各工艺程序主要内容及操作要点

按要求进行基层处理，做饼冲筋刮糙，弹线分格镶嵌分格条。

在打好的底层上洒水湿润，便开始抹中层1:3水泥砂浆，紧接着就抹水泥素浆粘结层及甩石子，由三人同时操作，一人在前面抹水泥浆粘结层，一人紧跟在后面甩石子，一人用铁抹子将甩好的石子压实拍平将石子拍入粘结层，石子的嵌入深度不小于石子粒径的1/2，但不拍出浆来，面层厚度一般控制在10mm，砂浆稠度8cm。

甩石子的方法是用木拍（类似乒乓球拍）把石子甩在粘结层上做到甩严甩均匀。

石子甩上后用铁抹子压实拍平，待面层有一定强度后，洒水养护。

五、抹灰工程质量要求

（一）一般通用要求

(1) 抹灰工程所使用的材料有产品合格证书、性能检测报告、进场验收记录和复验报告。

(2) 抹灰应分层进行，总厚度在25mm以内，当超厚抹灰厚度大于35mm时应加强措施，保证质量。不同材料基体交连处应加强措施，防止裂缝、空鼓。

(3) 抹灰用的石灰膏的熟化期不应少于15天；罩面用的磨细石灰粉的熟化期不应少于3天。

(4) 室内墙面、柱面和门洞口的阳角做法应符合设计要求。设计无要求时，应采用1:2水泥砂浆做暗护角，其高度不应低于2m，每侧宽度不应小于50mm。

(5) 外墙抹灰施工前应先安装钢木门窗框、护栏等，并应将墙上的施工孔洞堵塞密实。

(6) 外墙和顶棚的抹灰层与基层之间及各抹灰层间必须粘结牢固，严防空鼓、脱落。

（二）一般抹灰要求

一般抹灰工程质量分为普通抹灰和高级抹灰，当无设计要求时，均按普通抹灰验收。

1. 主控项目

抹灰前基层表面的尘土、污垢、油渍等应清除干净，并应洒水润湿。

所用材料品种，性能应符合设计要求，水泥安定性复验合格，砂浆比例正确。

抹灰基体（层）表面清理干净，进行毛化处理、錾凸补凹，洒水湿润。

抹灰应分层进行，一次不可太厚，小于9mm，并控制总厚度，在设计要求范围内。抹灰层与基层之间及各抹灰层之间必须粘结牢固，抹灰层应无脱层、空鼓，面层应无爆灰和裂缝。

2. 一般项目

普通抹灰表面应光滑、洁净，接槎平整，分格缝应清晰；高级抹灰表面应光滑、洁净、颜色均匀、无抹纹，分格缝和灰线应清晰美观。

细部抹灰表面应整齐、平整、光滑。分格缝的设置应符合设计要求，宽度和深度应均匀，表面应光滑，棱角整齐，滴水线（槽）整齐，内高外低，宽、梁均不应小于10mm。

一般抹灰工程质量的允许偏差和检验方法符合表2-26的规定。

一般抹灰的允许偏差和检验方法 表2-26

项次	项目	允许偏差（mm）		检验方法
		普通抹灰	高级抹灰	
1	立面垂直度	4	3	用2m垂直检测尺检查
2	表面平整度	4	3	用2m靠尺和塞尺检查
3	阴阳角方正	4	3	用200mm直角检测尺检查
4	分格条（缝）直线度	4	3	拉5m线，不足5m拉通线，用钢直尺检查
5	墙裙、勒脚上口直线度	4	3	拉5m线，不足5m拉通线，用钢直尺检查

注：(1) 普通抹灰，阴角方正可不检查；
(2) 顶棚抹灰，表面平整度可不检查，但应平顺。

（三）装饰抹灰要求

1. 主控项目

抹灰前基层表面的尘土、污垢、油渍等应清除干净，并应洒水润湿。

所用材料品种，性能应符合设计要求，水泥安定性复验合格，砂浆、石子浆比例正确。

抹灰基体（层）表面清理干净，不同基体材料交接处，应采取防止开裂的加强措施。混凝土基体表面进行毛化处理，錾凸补凹，抹灰前洒水湿润。

抹灰应分层进行，一次不可太厚，并控制总厚度，在设计要求范围内。厚度超过

35mm 时，应采取加强措施。各抹灰层之间及抹灰层与基体之间必须粘接牢固，抹灰层应无脱层、空鼓和裂缝。

2. 一般项目

水刷石表面应石粒清晰、分布均匀、紧密平整、色泽一致，应无掉粒和接槎痕迹。

斩假石表面剁纹应均匀顺直、深浅一致，应无漏剁处；阳角处应横剁并留出宽窄一致的不剁边条，棱角应无损坏。

干粘石表面应色泽一致、不露浆、不漏粘，石粒应粘结牢固、分布均匀，阳角处应无明显黑边。

水磨石表面应平整、光滑，石子显露均匀，不得有砂眼、磨纹和漏磨处。分格条应位置准确，全部露出。

搓毛表面应光滑、洁净，颜色一致，接槎平整，分格缝应清晰。

分格条（缝）设置符合设计要求，宽度和深度应均匀，表面应光滑，棱角整齐，滴水线（槽）整齐，内高外低，宽、深均不应小于 10mm。

装饰抹灰工程质量的允许偏差和检验方法符合表 2-27 的规定。

装饰抹灰的允许偏差和检验方法 **表 2-27**

项次	项　目	允许偏差（mm）					检　验　方　法
		水刷石	斩假石	干粘石	水磨石	搓毛	
1	立面垂直度	5	4	5	3	4	用 2m 垂直检测尺检查
2	表面平整度	3	3	5	2	4	用 2m 靠尺和塞尺检查
3	阳角方正	3	3	4	2	4	用 200mm 直角检测尺检查
4	分格条（缝）直线度	3	3	3	2	4	拉 5m 线，不足 5m 拉通线，用钢直尺检查
5	墙裙、勒脚上口直线度	3	3	—	3	4	拉 5m 线，不足 5m 拉通线，用钢直尺检查

第四节　饰面（板）粘贴与安装

一、操作基本功

（一）抄平放线

1. 室外部分

（1）控制线　将室内各楼层水平控制线（50cm 线）引测到外墙面上，各层交圈闭合。层层标高复核，作为饰面砖、花岗石等饰面块料水平的控制依据。将轴线引测到外墙面上，复核开间大小，作为饰面砖、花岗石等饰面块料垂直的控制依据。

（2）细部线　在各控制轴线、水平楼层线之间，测放出女儿墙、挑檐，柱垛、阳台；门、窗洞口，雨篷、腰线等细部完成面尺寸线，把建筑外墙划分成若干个块料粘贴、安装单元，以便进行块料面层排列设计和施工控制。

2. 室内部分

根据室内水平控制点弹 50cm 线于施工房间的刮糙墙面上，并使其交圈闭合，作为块料粘贴、安装的水平控制依据。

根据顶棚标高，室内楼地面最低点（地漏处）标高，窗台标高等确定最下一皮块料的上口标高水平控制线，并弹线交圈闭合。

根据块料贴、安需要弹放墙面竖向垂直线，以控制块料施工立缝。

（二）装饰块料排列方法

装饰块料排列方法应根据设计要求确定。

（1）擦缝排列　块料之间紧挨排列，缝宽不大于2mm。

（2）留缝排列　块料之间排列有一定宽度的缝间隔，如缝宽10mm等。

（3）留、擦缝结合排列　以上方面的各种组合，都有直对缝、错对缝（骑马缝）等多种情况。

（4）工程中应用　在每一块施工单元（排列单元）根据设计的块料规格、缝子宽窄进行合理排列，达到美观的效果。

例如室内釉面砖擦缝排列的方法是从阳角开始向阴角排列，把不成整块的釉面瓷砖排在阴角；在有脸盆镜箱墙面，应从脸盆下水管中心向两边排砖，肥皂盒等洞、槽可按预定尺寸和砖数排砖；设计有配件釉面砖时（阴、阳角条等）应留好配件砖的位置。

（三）做贴釉面砖标志块

先用废釉面砖块在墙面两端贴釉面砖标志块，上下用靠尺板挂靠垂直，横向每隔1.5m左右拉线补做标志块，如图2-55所示。

有阳角的墙、柱面做标志块时，靠阳角的侧棱面也要挂直，即要两面挂直，如图2-56所示。

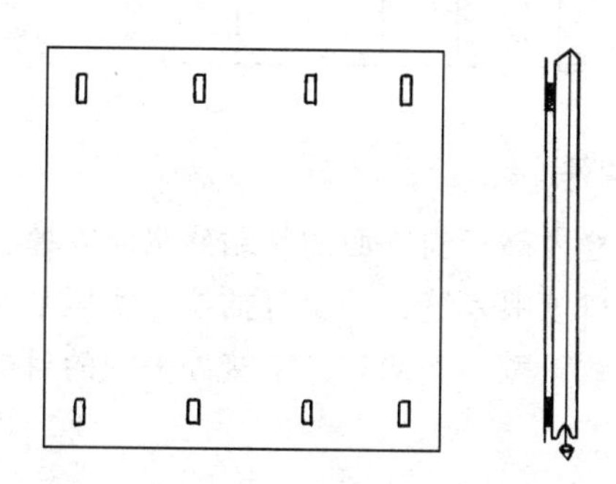

图2-55　贴标志块

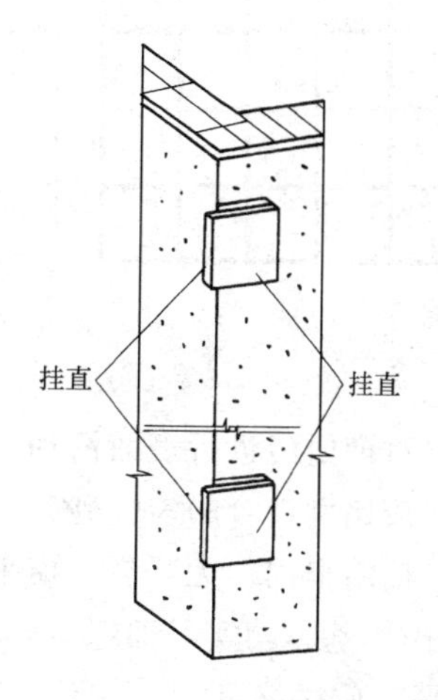

图2-56　双面挂直

（四）釉面砖打粘贴灰

打灰就是把粘贴砂浆刮涂在要贴的釉面砖背面。

打灰方法即左手拿砖，背面水平朝上，右手握灰铲在灰斗里掏出粘贴砂浆，涂刮在釉面砖背面，用灰铲将灰平压向四边展开，薄厚适宜，四边余灰用灰铲收刮，使其形状为“台形”即打灰完成，如图2-57所示。

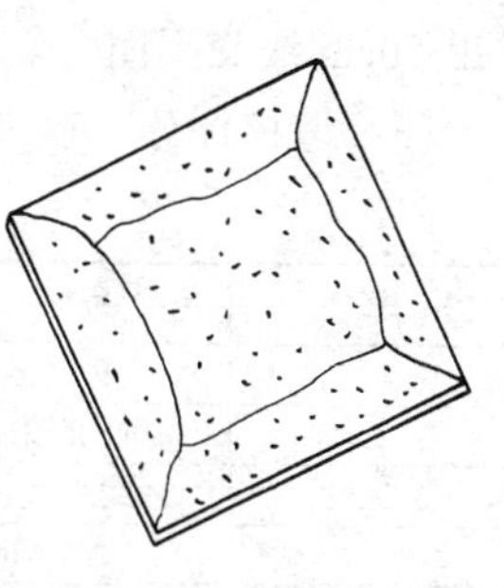

图2-57　釉面砖打灰

（五）贴釉面砖

在所要镶贴的釉面砖打满灰后，随即进行贴砖，根据控制标志（拉线、标志块、墙上控制线、下皮砖的上棱等）将釉面砖的下棱平移接近下皮砖的上棱时，随即将釉面砖翻起，显竖向位置；用力按压灰铲木柄轻轻敲击，使釉面砖紧密粘于墙面刮糙基层上，再检查校核平整、垂直度合格。

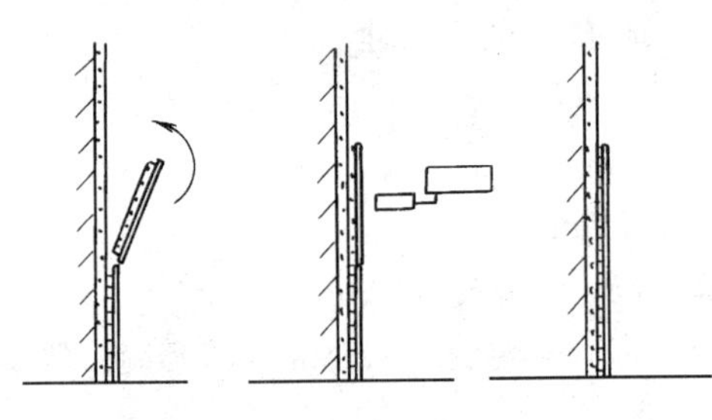

图 2-58 贴釉面砖

镶贴釉面砖时根据粘接层实际厚度，试贴几块掌握感觉打灰数量的多少，力争贴砖一次就位（粘接砂浆正好合适）。对高于标志块的釉面砖应轻轻敲击，使其平齐，若低于标志块的欠灰釉面砖，应取下重新加灰再铺贴，不得在釉面砖上口塞填灰浆，防止空鼓，如图 2-58 所示。

（六）擦缝、勾缝

先用清水将砖面擦洗干净，用灰铲把缝子挤出的残浆清铲掉，并用棉纱擦干净。把白水泥拌成水泥浆，然后用刮板将水泥浆往缝子里刮满、刮实刮严，均匀不遗漏，再用棉纱将缝隙擦平实，缝线粗细均匀，最后用干净绵纱把砖面上的水泥浆粒擦干净，显出砖面的本色，如图 2-59 所示。

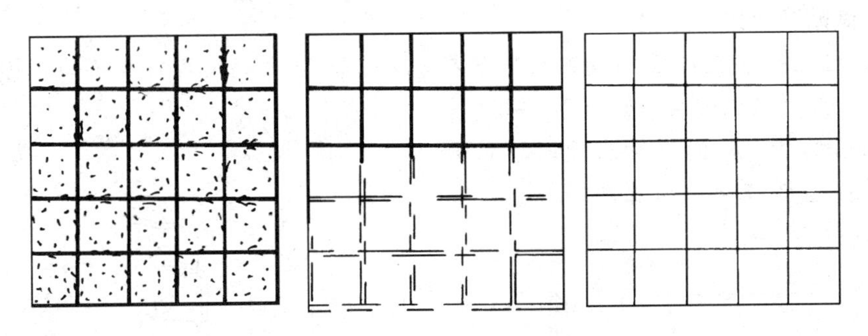

图 2-59 釉面砖擦缝

勾缝时对饰面砖进行表面清理，并将贴砖挤入缝内高于勾缝面的粘贴残浆清除掉，浇水湿润。把按比例拌合的勾缝砂浆（素浆）用勾缝口填喂入缝，并反复抽拉压实压平，达到无漏勾，粘结牢固，无开裂，横平竖直，颜色一致，宽、深均匀，交接处平顺的目的。

（七）操作基本功实习训练

1．抄平、放线练习

（1）准备　水准仪、水准尺或水平尺、塑料透明胶管、粉线袋、卷尺、一个房间。

（2）操作要领及要求　用抄平工具将门口的 50cm 线点抄放到房间的四个墙面上，并弹出 50cm 线交圈闭合。

（3）考核评分　抄平、放线考核见表 2-28。

室内房间抄平、弹放水平线考核评分表　　　　**表 2-28**

序	考核项目	单项配分	要　求	考核记录	得　分
1	标高准确	20	与门口控制点符合		
2	能交圈闭合	40			
3	弹线平直、清楚	20			
4	综合印象	20			

班组：　　　　　　　　　　姓名：　　　　　　　　　　考评员：

2. 贴釉面砖标志块练习

（1）准备　靠尺板、线锤、卷尺、抹子、釉面砖、细线、粘贴砂浆、墙面。

（2）操作要领及要求　在墙面端头用釉面砖贴标志块、贴砖灰口薄厚合适，阴阳角方正，横向 1.5m 左右拉线补做标志块。

（3）考核评分　墙面釉面砖做标志块考核评分见表 2-29。

墙面釉面砖作标志块考核评分表　　**表 2-29**

序	考核项目	单项配分	要　求	考核记录	得　分
1	粘结牢靠	20	粘牢、不脱落		
2	垂直度	30	允许 1mm 偏差		
3	阳角方正	20	允许 1mm 偏差		
4	综合印象	30			

班组：　　　　　　　　姓名：　　　　　　　　考评员：

3. 贴釉面砖砖的打灰练习

（1）准备　釉面砖一块、粘接灰浆、灰斗、灰铲。

（2）操作要领及要求　熟练完成取灰、釉面砖背面打灰及整理的打灰过程，并能掌握灰的多少与稀稠。

（3）考核评分　贴釉面砖的打灰考核评分见表 2-30。

贴釉面砖的打灰考核评分表　　**表 2-30**

序	考核项目	单项配分	要　求	考核记录	得　分
1	动作熟练	20			
2	四角灰浆饱满	25			
3	灰浆薄厚均匀	25			
4	综合印象	30			

班组：　　　　　　　　姓名：　　　　　　　　考评员：

4. 贴砖、擦缝练习

（1）准备　16 块 152mm × 152mm × 5mm 白色釉面砖，直木楞一根，木楔四个；灰铲等工具；已刮糙的墙面 $1.2m^2$。

（2）操作要领及要求　在刮糙墙面上做标志、放水平线、垫好直尺做第一皮的基准，逐皮向上贴完四皮、16 块砖。清理砖面，用白水泥浆擦缝，干净交活，如图 2-60 所示。

（3）考核评分

室内釉面砖贴砖、擦缝考核见表 2-31。

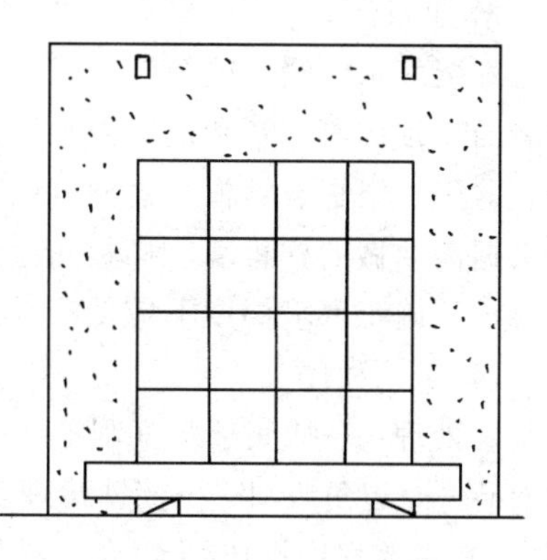

图 2-60　贴砖、擦缝练习

室内釉面砖贴砖、擦缝考核评分表　　**表 2-31**

序	考核项目	单项配分	要　求	考核记录	得　分
1	表面平整	20	允许偏差 2mm		
2	立面垂直	10	允许偏差 2mm		
3	接缝高低	10	允许偏差 0.5mm		

续表

序	考核项目	单项配分	要　　求	考核记录	得　分
4	接缝平直	10	允许偏差 2mm		
5	墙裙上口平直	10	允许偏差 2mm		
6	擦缝清晰密实	20	缝线粗细均匀		
7	综合印象	20			

班组：　　　　　　　　　　姓名：　　　　　　　　　　考评员：

二、室内墙面釉面砖施工工艺

（一）施工准备

1. 材料准备

（1）水泥　强度等级 32.5 的普通硅酸盐水泥，质量合格；强度等级 32.5 的白色硅酸盐水泥，质量合格。

（2）砂子　中砂、洁净过筛。

（3）釉面砖　规格、品种、图案、颜色符合设计规定，质量合格，数量根据工程量大小一次准备充足。

（4）108 胶　新出厂合格产品。

（5）石灰膏　淋制石灰膏。代用品应符合有关质量要求。

2. 主要机具准备

（1）常用机具　同一般瓦、抹施工工具。

（2）专用机具　裁刀、钳子、灰铲、排笔或刷子、棉纱等。

3. 劳动力准备

一个技工可以单独操作，二人组合比较理想。总劳动力由进度要求和劳动定额用工与工程数量计算确定。

4. 作业条件

已安装好水、暖、电等管、线、盒及门窗框已施工完毕，验收合格。作业面以外及相邻的墙面、顶棚等抹灰和地面防水层，垫层已施工完毕。

脸盆架、浴缸、镜框、盒洞等墙上物件埋好，位置准确。

根据需要做的样板墙、样板间已经有关部门检查验收认可。贴砖用的脚手架已搭好并符合要求。施工环境温度不应低于 5℃。

（二）工艺程序

基层处理──→抹底子灰（刮糙）──→抄平弹线──→贴标志点──→垫尺排贴底砖──→镶贴釉面砖──→边角收口──→擦缝清理交活

（三）主要程序操作要点

1. 基层处理

釉面砖镶贴的基层（体）主要有混凝土基层；砖砌体基层；加气混凝土砌块基层；轻质板条和钢板网基层，为了保证底子灰的粘接质量，对基层需要专门处理。

混凝土基层处理时，凸出墙面的混凝土要剔平，凹的地方用砂浆分层抹平，混凝土表面凿毛后清理干净，浇水湿润。基层很光滑时还要进行“毛化处理”（可用 1:1 水泥掺胶细砂浆甩喷到混凝土基体上或涂刷表面处理剂）。

砖砌体基层处理时检查堵砌好脚手眼，錾凸补凹，清理残存废余砂浆、灰尘、污垢、油渍，并提前一天浇水湿润。

加气砌块基层处理时清扫基层废余砂浆、灰尘、污垢、油渍等清除干净，用水将基层洇湿（水浸深10mm为宜），先刷一道聚合物水泥浆，再用1:3:9混合砂浆分层补平。

板条、钢板网等轻质隔墙采用麻刀混合砂浆或纸筋混合砂浆做挂底抹灰。

2. 抹底子灰

在基层处理完并凝固的基体面上按室内普通抹灰的质量要求，进行做饼、冲筋、刮糙，使表面平整，垂直而粗糙，为贴釉面砖做好准备。放线前对糙面进行验收合格。

加气砌块砌体在基层处理完后，隔天刷聚合物水泥砂浆，并用1:1:6混合砂浆打底，木抹子搓平、隔天浇水养护。

3. 抄平、放线

设计要求满墙贴砖时，先在顶棚与墙交接墙面上弹水平控制线，再进行皮数设计。水平皮数从顶向下排列设计皮数；竖直皮数从阳角、设施（镜、台、盒等）中心、门窗边角等向阴角、次要位置方向排列设计皮数。

设计要求只贴墙裙时，水平皮数从窗台向上、下或从楼地面最低处向上排列，高度满足设计要求。竖直皮数同满墙贴砖排列方法一样。

根据已定好的放线排砖方案，弹出第一皮砖的上口交圈线，垂直缝控制线，并画出控制皮数杆。

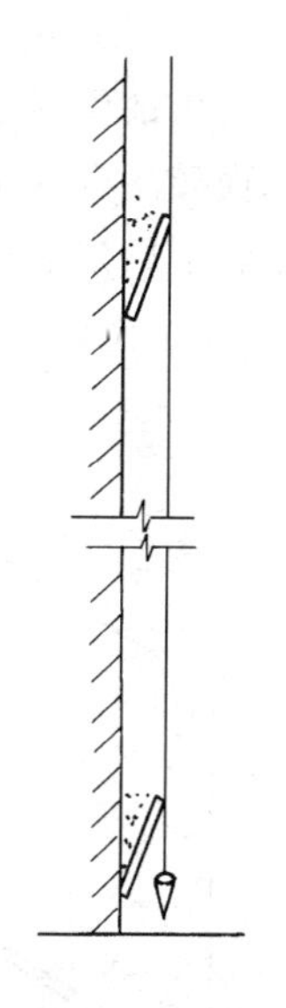

图 2-61 瓷砖标志块

4. 贴标志点

用贴砖砂浆把废釉面砖粘贴在刮好糙的基层上，贴时将砖的棱角翘起，以棱角作为镶贴面砖表面平整的标准，如图2-61所示。贴灰厚度根据粘贴灰浆不同而不同。采用素浆贴砖时厚3～5mm；采用砂浆贴砖时厚5～7mm。贴砖灰浆参考比例见表2-32。

室内釉面砖贴砖灰浆比例参考表 表 2-32

序	材料名称及比例（水泥:石灰膏:砂）	粘结层厚度（mm）	序	材料名称及比例（水泥:石灰膏:砂）	粘结层厚度（mm）
1	1:0.1～0.15:2	6～10	3	1:0.1加10%～20%胶	3～5
2	1:0.1:2.5	5～7	4	素水泥浆	3～5

注：也有胶粘剂或建筑专用胶砂粘贴釉面砖的方法。

5. 垫尺排底砖

当楼（地）面面层后做时，应按最下一皮砖的上口交圈线反量标高垫好底尺板，作为最下一皮砖的下口标准和支托。底尺板面须水平垫实摆稳，垫点间距应在400mm左右，使底尺板不致弯曲变形为准。当楼（地）面面层已先做好时，可不垫底尺板、釉面砖直接在楼（地）面面层上支托镶贴，上口同最下一皮釉面砖上口交圈弹线吻合。

底砖排完后，检查排列方法、上口平直、阳角方正、与标志块吻合、立缝均匀合格后，再进行大面积的镶贴，如图2-62所示。

6. 镶贴釉面砖

先把经过挑选，规格一致（尺寸误差1mm以内）的釉面砖清理干净，放入净水中浸泡 2h 以上，取出阴干无明水，用粘贴灰浆由下往上从阳角开始镶贴，左手平托釉面砖（商标方位一致）、右手拿灰铲，把粘贴砂浆取打在釉面砖背面厚度由标志块决定，以水平和垂直控制线为准贴于墙面上，用力按紧，用灰铲柄轻击釉面砖（一两次），使其吻合于控制标志，每贴完一皮后，用直尺套测一下上口和釉面砖大面，不合格的地方及时修理合格。第一皮贴完后贴第二皮，用同样贴法直至一面墙全部完成。自检质量，划缝清理干净。

突出的管线、支架和灯具座等处应用整砖套割吻合，不能用非整砖拼凑镶贴。切割非整釉面砖用合金钢錾子（刀头），根据所需的尺寸划痕，有“撕拉”声音，划痕向外折断，在砂轮上磨边后镶贴。

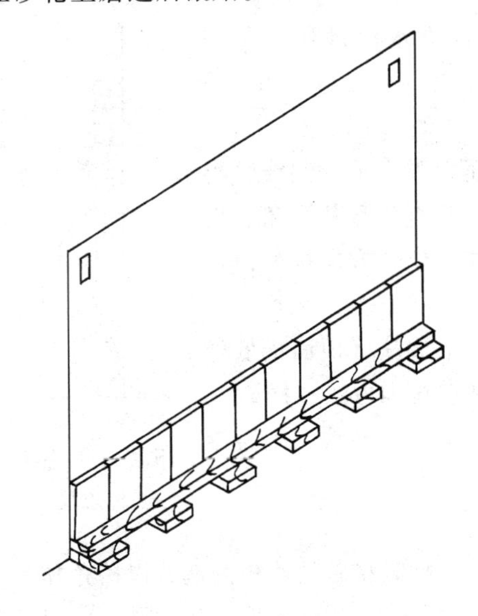

图 2-62 排底砖

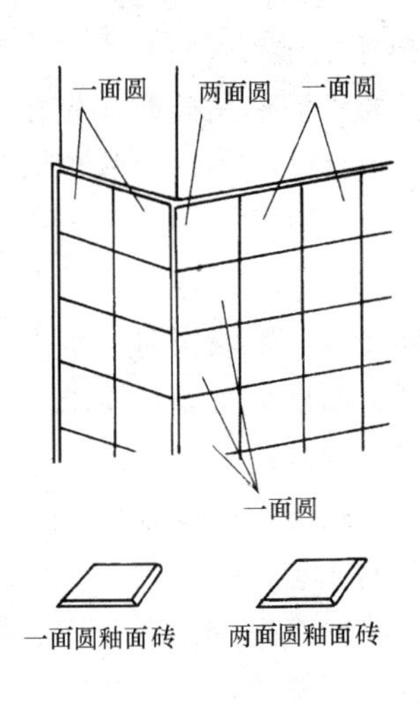

图 2-63 边角收口

7. 边角收口

上口如没有压条，应采用一面圆的釉面砖。阳角的大面一侧用圆的釉面砖，这一排的最上面一块应用二面圆的釉面砖，如图 2-63 所示。

大面贴完后再镶贴阴阳角、凹槽等配件收口砖，最后全面清理干净。

当没有设计使用各种边角收口配件砖时，可直接进行擦缝工序。

8. 擦缝

釉面砖贴好隔一天，先用清水将砖面全面湿润，用棉纱抹净擦干，再用白水泥加水调拌成稠粥状水泥浆，再用刮板将水泥浆往缝子里刮满、刮实、刮严，粗细均匀，溢出砖面者随手揩抹干净，换干净棉纱，擦出釉面砖的原有本色。

三、室外墙面饰面砖施工工艺

（一）施工准备

1. 材料准备

（1）水泥　强度等级 32.5 的普通硅酸盐水泥，质量合格；强度等级 32.5 的白色硅酸盐水泥，质量合格。

(2) 石灰膏　淋制石灰膏。代用品应符合有关质量要求。

(3) 砂子　中砂、洁净过筛。

(4) 108胶　新出厂，产品质量合格。

(5) 饰面砖　规格、品种、图案、颜色符合设计要求，质量合格，数量根据工程量大小考虑损耗一次准备充足。

2. 主要机具准备

(1) 常用机具　同一般瓦工、抹灰工施工工具。

(2) 专用机具　手提切割机、台式切割机、勾缝刀、各种皮数杆、尼龙线、棉纱等。

3. 劳动力准备

根据工程量大小、施工定额计算出所需用的定额工日数量，再由施工组织、工程进度配备劳动力。

4. 作业条件

(1) 外架子（高层多用吊篮或吊架子）应提前搭设，步距合理，满铺板子，小横杆及拉杆离开墙面和门窗口角15～20cm，拉设密格立网，验收合格。

(2) 门、窗框根据外墙饼面（保证窗台等宽、窄一致）安装牢固，铝合金门窗框边缝所用嵌塞材料应符合设计要求，塞堵密实，并事先粘好保护膜。

(3) 混凝土面上残留杂物清理干净，凸出的地方凿平，光滑面錾毛。砖墙脚手架眼堵好。

(4) 预留孔洞及排水管等已处理完毕。

5. 技术准备

(1) 根据施工图纸、饰面砖实际尺寸、现场主体实际情况，确定各个部位（施工单元）外饰面的排砖方法、缝子大小（列表）。同时确定细部的处理方法，如阴阳角、窗子上冒、窗台、门边等。

(2) 外墙门窗的具体安装尺寸。

(3) 勾缝材料及用料比例。

(4) 按砖的尺寸、颜色进行选砖，并分类存放备用。

(5) 做样板，确定施工工艺及操作的重点，做好施工人员的交底工作。

(二) 工艺程序

基层处理──→测量墙面、找规矩、做标志──→抹底层砂浆──→弹放控制线、立皮数杆、排砖──→浸砖、镶贴饰面砖──→自检──→面砖缝子处理──→养护交工。

(三) 主要程序操作要点

1. 基层处理

将凸出墙面的混凝土剔平，对大钢模施工的混凝土墙面应凿毛，并用钢丝刷满刷一遍，再浇水湿润。混凝土表面光滑时需进行“毛化处理”。

加气混凝土等砌块外墙，浇水湿润，用喷浆或刷胶方法进行封闭处理。两种材料相交缝宜钉铁丝网。砖墙提前补脚手架眼，浇水湿润。

2. 测量墙面、找规矩、作标志

用经纬仪或特制的大线锤测量出轴线、窗口边的垂直线，并在每层墙、柱上绘出红三角符号作为标志，“ ”。用水平仪测量每层楼的分界线或窗台水平线，交圈闭合，在每层墙、柱上绘出红（黑）三角符号作为标志，“△▽”。检查相邻轴线、层高尺寸；测量墙面，柱面、阳台、雨篷、门窗洞等各部位实际尺寸，列表与图纸对比。

根据面砖模数、各部位实际尺寸，调整根据图纸设计的排砖方案，并列表、挂牌、统一外墙施工的排列。

根据修改后排砖方案，确定刮糙尺寸，画出控制皮数杆，异形地方可设计专用套板。刮糙尺寸定好后，即可做饼。先在阴阳角处用 20～22 号铁丝吊垂线，再根据垂直线每隔 1.2～1.5m 做灰饼，用竖向灰饼拉横线做出横向灰饼。窗口周围必须做饼。

3. 抹底层砂浆

灰饼做完后，抹底层砂浆前把墙面等抹灰部位全面浇水湿润，浸透程度根据季节确定。打底砂浆常采用 1:3 水泥砂浆分层分遍抹成，第一遍用力薄抹厚度宜为 5mm，抹后用扫帚扫毛；待第一遍六七成干时，即可抹第二遍，第二遍先冲筋、再装挡厚度与灰饼面相平，随即用木刮尺刮平，木抹搓毛，终凝后浇水养护。

抹底子灰时，需将基层上的测设标志点留出不抹，待打底完成引上到底面上，再补抹标志点。

4. 弹放控制线、立皮数杆、排砖

将抹底子灰前基体各施工单元上的控制标志、准确的复在抹好的底层灰上，复查尺寸与基体找规矩尺寸符合一致。一般在抹的底子灰上根据控制标志弹出控制线。每个施工单元上的阴阳角，门窗口的上、下左右，柱中或角都必须有控制线，控制线一般用墨线弹成，控制线应使每个立面上从上至下一次完成，并进行验收合格。

施工操作班组根据各个控制线内的小施工单元的具体情况及操作习惯用粉线袋补弹各块面砖控制线或用皮数杆钉固在墙上控制每块砖的铺贴经纬。

因此，放线控制的层次为：控制标志（轴、层间）⟶控制线（每个施工单元）⟶贴砖控制（细部）。

另外，每个工程项目必须统一弹线方法，在留缝贴砖时，一般水平弹线，面砖在线上，缝在线下；竖直弹线，面砖在线右，缝在线左。

5. 浸砖、镶贴饰面砖

外墙面砖镶贴前，要将面砖清扫干净，放入净水中浸泡 2h 以上，取出待表面晾干或擦干净后方可使用。

贴砖应分层分块进行，总顺序为先上后下，在每一分段或分块内，均为自下向上镶贴。

粘贴层厚度根据粘贴灰浆不同而不同。采用素浆贴砖时厚 3～5mm；采用砂浆贴砖时不大于 10mm。贴砖灰浆参考比例见表 2-33。

室外饰面砖贴砖灰浆比例参考表 **表 2-33**

序	材料名称及比例 (水泥:石灰膏:砂)	粘结层厚度 (mm)	序	材料名称及比例 (水泥:石灰膏:砂)	粘结层厚度 (mm)
1	1:2 水泥砂浆加 3%107 胶	8～10	3	1:1.5～1.8 水泥砂浆	8～10
2	1:0.2:2	6～10	4	素水泥浆	3～5

注：有胶粘剂或建筑专用胶砂粘贴饰面砖的方法。

根据大墙面、阴阳角的控制线贴控制面砖，控制面砖贴在交角上，控制面砖上下左右必须在一条直线和一个平面上，贴好后拉水平线和吊垂线进行检查。面砖水平缝宽度可用米厘条及拉线控制，竖缝要对准控制线，争取一次就位正确。面砖表面平整与垂直应与控制面砖相一致，用靠尺检查，不合格的贴砖即时整修。

6. 自检验收

除勾缝质量外的面砖镶贴检查，在勾缝前进行比较方便，主要检验砂浆饱满、空鼓、缺损及允许偏差等项目，不合格的地方及时返修合格。

7. 勾缝

一般勾缝是显露于面层的成品。常用1:1水泥砂浆或素水泥浆（用于擦缝贴砖）。先勾水平缝，再勾垂直缝，缝深为2～3mm，缝要平顺、交叉处要平齐，轮廓方正，颜色一致。勾缝前清缝并浇水湿润，勾缝后要用棉纱将面砖擦干净。在拆除外架前，再将外墙饰面全面擦洗清理一次。

若设计为浅色缝，注意颜色一致，宜专人负责配料管理。

8. 养护

贴好的面砖及勾完缝要及时进行养护，配好水源专人负责，根据气候情况，至少养护3天，要能保持湿润，防止暴晒。

四、楼地面饰面地板砖施工工艺

（一）施工准备

1. 材料准备

（1）水泥　强度等级32.5以上普通硅酸盐水泥或矿渣硅酸盐水泥，质量合格。准备适量擦缝用白水泥。

（2）砂子　中粗砂、洁净过筛。

（3）设计要求的矿物颜料（擦缝用）。

（4）饰面地板砖　品种、规格、质量应符合设计和施工规范要求。数量根据工程量大小考虑损耗一次准备充足。

2. 主要机具准备

（1）常用机具　同一般瓦工、抹灰工施工工具。

（2）专用机具　手提切割机、台式切割机、橡皮锤、尼龙线、棉纱等。

3. 劳动力准备

根据工程量大小、施工定额计算出所需用的定额工日数量，再由施工组织、工程进度配备劳动力。

4. 作业条件

（1）室内抹灰，水电设备管线等均已完成。

（2）施工单元内四周墙上弹好+50cm水平交圈线，并检查合格。

（3）放出各铺设房间地面的施工大样图（地砖排列图）

（二）工艺程序

基层清理⟶浇水湿润⟶素水泥浆结合层⟶20厚水泥砂浆结合层（垫层）⟶素水泥浆粘结层⟶贴地砖⟶擦缝⟶养护。

（三）主要程序操作要点

将混凝土基层清理干净、凹凸不平处先进行处理，提前一天浇水湿润。

根据+50cm水平线，确定出水泥砂浆垫层的厚度，拉线作饼、冲筋、铺摊砂浆。铺前先浇一道素水泥浆，紧接着铺找水泥砂浆（一般采用1:4干硬性水泥砂浆）。砂浆从里往门口处摊铺、铺好后刮尺刮平、抹子拍实，其厚度适当高出根据水平线定的找平层厚度。

铺粘地砖时，先从远离门口的一边开始，进行试铺合适后，翻起地砖，在水泥砂浆垫层上浇一层素水泥浆（水灰比0.5），在地砖背面再薄刮一层素水泥浆粘结层，然后正式镶铺贴砖。安放时四角同时往下落，用橡皮锤敲击，符合水平要求，铺完第一块向两侧和后退方向顺序逐块镶铺，直至完成。

在铺贴后1～2天进行养护、擦缝。根据地砖颜色选择相同颜色矿物颜料和水泥拌合均匀调成稀水泥浆，用浆壶徐徐灌入缝隙，并用小木条把流出的水泥浆向缝隙内喂涂密实，用棉纱与板面擦平，显缝深浅均匀清晰，同时将面层全部清理干净，再进行养护。

五、饰面板（砖）工程质量要求

（一）室内、外饰面砖粘贴工程

1. 主控项目

（1）饰面砖的品种、规格、图案、颜色和性能应符合设计要求。

（2）饰面砖粘贴必须牢固，无空鼓、裂缝。

（3）饰面砖粘贴工程的找平、防水、粘结和勾缝材料及施工方法应符合设计要求及国家现行产品标准和工程技术标准的规定。

2. 一般项目及允许偏差

（1）面砖表面应平整、洁净、色泽一致、无裂痕和缺损。细部处理、非整砖使用合理并符合设计。

（2）缝子处理方法正确，墙面突出物周围的面砖应整砖套割吻合，边缘整齐。墙裙、贴脸突出墙面的厚度应一致。

（3）饰面砖接缝应平直、光滑，填嵌应连续、密实；宽度和深度应符合设计要求。

（4）有排水要求的部位应做滴水线（槽）。滴水线（槽）应顺直，流水坡向应正确，坡度应符合设计要求。

（5）饰面砖粘贴的允许偏差和检验方法应符合表2-34规定。

饰面砖粘贴的允许偏差和检验方法 **表2-34**

项次	项目	允许偏差（mm）		检验方法
		外墙面砖	内墙面砖	
1	立面垂直度	3	2	用2m垂直检测尺检查
2	表面平整度	4	3	用2m靠尺和塞尺检查
3	阴阳角方正	3	3	用直角检测尺检查
4	接缝直线度	3	2	拉5m线，不足5m拉通线用钢直尺检查
5	接缝高低差	1	0.5	用钢直尺和塞尺检查
6	接缝宽度	1	1	用钢直尺检查

（二）楼（地）面饰面板

1. 主控项目

（1）面层所用的板块的品种、质量必须符合设计要求。

(2) 面层与下一层的结合（粘结）应牢固，无空鼓。

2．一般项目及允许偏差

(1) 砖面层的表面应洁净、图案清晰，色泽一致，接缝平整，深浅一致，周边顺直。板块无裂纹、掉角和缺楞等缺陷。

(2) 面层邻接处的镶边用料及尺寸应符合设计要求，边角整齐、光滑。

(3) 踢脚线表面应洁净、高度一致、结合牢固、出墙厚度一致。

(4) 楼梯踏步和台阶板块的缝隙宽度应一致、齿角整齐；楼层楼段相邻踏步高度差不应大于10mm，防滑条顺直。

(5) 面层表面的坡度应符合设计要求，不倒泛水、无积水，与地漏、管道结合处应严密牢固，无渗漏。

(6) 饰面板地面铺贴允许偏差和检验方法应符合表2-35规定。

饰面板楼（地）面铺贴允许偏差和检验方法 **表2-35**

项　次	项　目	允许偏差（mm）	检　验　方　法
1	表面平整度	2.0	用2m靠尺和塞尺检查
2	缝格平直	3.0	拉5m线，不足5m拉通线，用钢直尺检查
3	接缝高低差	0.5	用钢直尺和塞尺检查
4	板块间隙宽度	2.0	用钢直尺检查
5	踢脚线上口平直	3.0	拉5m线和用钢尺检查

六、实训练习

（一）题目

釉面砖墙面镶贴练习

（二）准备

釉面砖100块、贴砖灰浆、抹灰及贴砖工具；已刮好糙墙面。

（三）考核要求

在墙面上弹线、抄平，作饼找规矩，贴砖擦缝完成100块釉面砖的镶贴工作。并在一个工作日内完成，如图2-64所示。

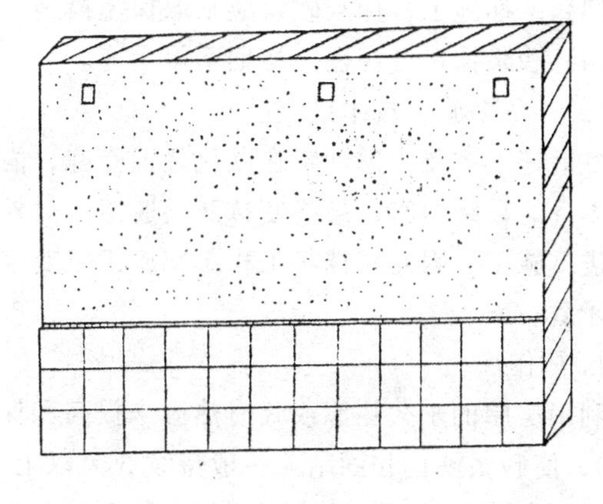

图2-64　贴砖练习

（四）考核评分

釉面砖镶贴墙面考核见表2-36。

釉面砖镶贴墙面考核评分表 **表2-36**

序	考核项目	单项配分	要　求	考核记录	得　分
1	表面平整度	15	允许偏差3mm		
2	立面垂直度	15	允许偏差2mm		
3	接缝平直	10	允许偏差2mm		
4	上口平直	10	允许偏差2mm		

续表

序	考核项目	单项配分	要　　求	考核记录	得　分
5	接缝高低	10	允许偏差 0.5mm		
6	擦　　缝	10	清　　洁		
7	工　　效	15	超过 8h 扣分		
8	文明施工	5	工完场清		
9	综合印象	10			

班组：　　　　　　　　　　姓名：　　　　　　　　　　考评员：

第五节　季节施工与安全生产常识

由于建筑施工条件多变复杂，经常会受到盛暑酷热、雨水倾淋、严寒冰冻和大风气流等自然气候的影响。因此，在各种气候条件下进行施工，必须根据不同的情况，采取相应的措施，以确保工程质量。

一、冬期施工

（一）基本规定

（1）冬期施工环境温度不应低于 5℃。

（2）当必须在低于 5℃气温下施工时，应采取保证工程质量的有效措施。

（3）冬期施工，抹灰砂浆应采取保温措施。砂浆的温度不宜低于 5℃。

（4）砂浆抹灰层在硬化初期不得受冻。

（二）冬期施工技术措施

冬期施工主要考虑砂浆在硬化之前受冻，内部水分会因结冰体积膨胀。当膨胀力大于砂浆本身的粘结力时，最终使抹灰层脱落。另外，操作时如砂浆已遭冻结，则不能使用此砂浆进行施工。因此，抹灰工程冬期施工主要是解决砂浆在获得要求强度前免遭受冻这一主要矛盾。

1. 热作法

利用房屋的永久热源或临时热源来提高和保持操作工作面处环境的温度（一般在 5℃以上），使砂浆硬化和固结。一般持续 5 天以上。这种方法一般适用于房屋内部的抹灰工程和饰面安装工程，部分小面积的室外项目，也可以采用暖棚热作法。

2. 冷作法

在砂浆中掺加化学附加剂，以降低砂浆的冰点，一般适用于房屋外部的抹灰和饰面安装工程。

施工时，砂浆配合比和化学外加剂的掺入量，应根据工程具体要求和气温的高低，通过试验确定。

二、夏季施工

在酷热、干燥的夏季气候条件下，砂浆凝固很快，涂抹后会发生脱水、干裂、剥落现象，严重影响了工程质量。主要原因是砂浆中的水泥还没有很好“水化”就已经失水。因此，在施工时对抹面基层要充分浇水湿润，并调整砂浆级配，提高其保水性与和易性。砂浆要随用随拌，抹灰完成砂浆初凝后，及时浇水养护，确保其水分不致过快的蒸发。室外项目做好防晒措施。

三、雨期施工

调整好砂浆的水灰比，保持正确的砂浆稠度。做好抹灰防雨淋措施。保护好成品防止雨水冲刷，影响质量。

地下工程抹灰要提前做好防、排水工作，准备排水机具。

随时做好防沉陷、防雷、防电、机械接地、高架子避雷针等工作。

四、安全生产常识

(1) 在操作前检查工作面周围的情况，如架子、脚手板、堆放材料安全度等。

(2) 按各种机械使用时，必须按操作规程操作。

(3) 临时用的照明、机电设备（如切割机、冲击钻等）不应随意拆卸。

(4) 架上材料、工具放稳、放好，防止掉下伤人。

(5) 室内脚手架严禁支搭在暖气片、水暖管道上。

(6) 冬期施工应做好“五防”（即防火、防寒、防煤气中毒、防滑和防爆）措施。

思 考 题

2-1 抹灰常用哪些工具？如何使用这些工具？

2-2 靠尺板、方尺使用前如何进行检查？

2-3 如何使用砂浆机拌合砂浆？

2-4 为什么要进行分层抹灰？各层抹灰厚度如何？

2-5 室内墙面抹灰的作饼方法？

2-6 抹灰基层的处理方法如何？

2-7 一般抹灰需要什么样的作业条件？

2-8 室内抹灰的施工程序如何？

2-9 水泥楼地面抹灰工序流程如何？各工序的操作要点？

2-10 护角的作用？怎样做水泥明、暗护角？

2-11 楼梯踏步抹灰怎样放线找规矩？

2-12 室内镶贴釉面砖应做哪些准备工作？

2-13 室内镶贴釉面砖的工序过程及操作要点如何？

2-14 如何进行室外饰面砖的放线、抄平工作？

2-15 分析釉面砖空鼓的原因有哪些？

第三章 钢 筋 工

钢筋工程是建筑施工中一个重要的分项工程。由看钢筋施工图开始到钢筋制作、安装、绑扎结束隐蔽的全部过程是钢筋施工工艺的讨论内容，该施工工艺流程图如下：

钢筋工程施工工艺流程图 **表 3-1**

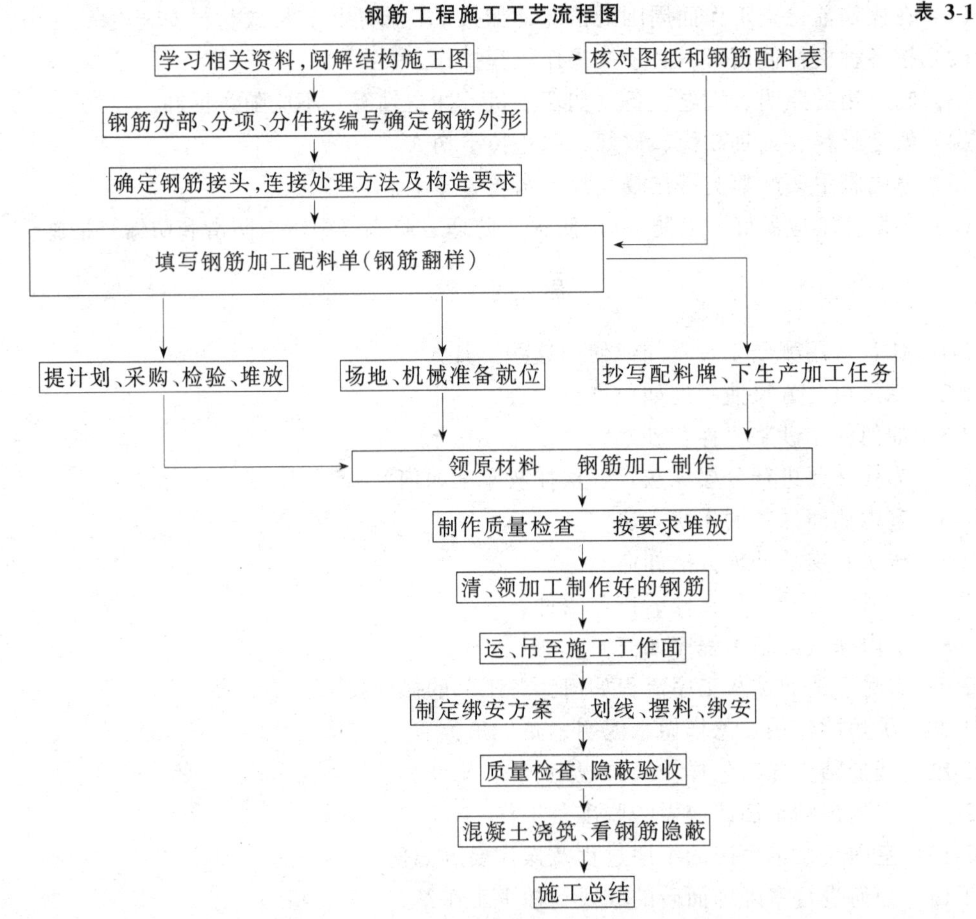

钢筋施工的重点程序有：钢筋加工的外部形状及计算；钢筋下料加工；钢筋的绑扎安装等。

第一节 钢筋的基本知识

一、钢筋的分类

以铁为主要元素，含碳量一般在2%以下，并含有其他元素的材料称为钢。建筑工程上使用的钢筋是把钢加工成各种断面形状、长度 规格、级别的长条形，供设计施工选用。钢筋种类很多，通常按化学成分、生产工艺、力学性能、轧制外形、规格直径以及在结构中的用途进行分类。掌握钢筋的分类，才能比较清楚地了解钢筋的性能和在构件中所起的作用，在钢筋施工过程中不致发生差错。

（一）按化学成分分类

（1）碳素钢钢筋。碳素钢钢筋按含碳量多少又可分为低碳钢钢筋（含碳量低于0.25%，如HPB235级），中碳钢钢筋（含碳量0.25%～0.6%，如Ⅲ级钢筋），高碳钢钢筋（含碳量0.61%～1.4%，如碳素钢丝）。

（2）普通低合金钢钢筋。普通低合金钢钢筋是在低碳钢和中碳钢的成分中加入少量合金元素（不超过5%），获得强度高和塑性，韧性和可焊性能均好的钢筋。如20MnSi、40Si2MnV、45SiMnTi等。

（二）按生产工艺分类

（1）热轧钢筋。由轧钢厂用加热钢坯轧制成型并自然冷却，横截面带肋或光圆形状的钢筋。

（2）冷拉钢筋。冷拉钢筋是将热轧钢筋在常温下进行强力拉伸，使其产生一定塑性变形，屈服强度和硬度提高，而塑性和韧性降低的一种钢筋。

（3）热处理钢筋。热处理钢筋是用热轧中碳低合金钢筋经淬火和回火的调质热处理制成。

（4）冷轧带肋钢筋。热轧圆盘条经冷轧或冷拔减轻后在其表面冷轧成三面有肋的钢筋。

（5）钢丝。即小直径钢筋，可分为低碳钢丝、冷拔低碳钢丝、轧（刻）痕钢丝和低合金钢丝等。

（6）钢绞线。即预应力钢绞线，一般是7根钢丝在绞线机上的一根钢丝为中心，其余6根钢丝围绕着进行螺旋状绞合，再经低温回火制成。

（三）按力学性能分类

（1）Ⅰ级钢筋。如HPB235级，其强度为235/370级，即屈服强度为235MPa，抗拉强度为370MPa。

（2）Ⅱ级钢筋。如HRB335级，其强度为335/510级，即屈服强度为335MPa，抗拉强度为510MPa。

（3）Ⅲ级钢筋。如HRB400级，其强度为400/570级，即屈服强度为400MPa，抗拉强度为570MPa。

（4）Ⅳ级钢筋。其强度为540/835级，即屈服强度为540MPa，抗拉强度为835MPa。

（5）Ⅴ级钢筋。Ⅳ级钢筋经过热处理而成的调质钢筋，其强度为1330/1470级，即屈服强度为1330MPa，抗拉强度为1470MPa，现产量很少。

（四）按轧制外形分类

（1）光圆钢筋。横截面为圆形且表面光滑的钢筋。

（2）变形钢筋。横截面通常带有两条纵肋和沿长度方向均匀分布的横肋的钢筋。按外表带肋形状不同有月牙钢筋、螺纹钢筋、人字纹钢筋等。

（五）按规格直径分类

（1）钢丝。直径3～5mm。

（2）细钢筋。直径6～10mm

（3）中粗钢筋。直径12～20mm。

（4）粗钢筋。直径大于20mm。

(六）按钢筋在结构中不同用途分类

1. 受力钢筋

即主筋，这是一种泛称。一般是指根据构件受到的各种荷载组合，通过各种计算得出的构件受力所需的主要钢筋，例如受拉钢筋、弯起钢筋、受压钢筋等。

(1) 受拉钢筋。这类钢筋配置在钢筋混凝土构件中的受拉区，主要承受拉应力，如图3-1所示。

(2) 弯起钢筋。是受拉钢筋的一种变化形式。在简支或连续梁中，为抵抗支座附近由于受弯和受剪而产生的斜间拉力，就要将受拉钢筋的两端弯起来，来承受这部分斜拉力，称为弯起钢筋。

(3) 受压钢筋。这类钢筋是通过计算用以承受压力的钢筋，一般配置在受压构件中，如柱子、桩或屋架的受压腹杆内，或在受弯构件的受压区内，如图3-2所示。

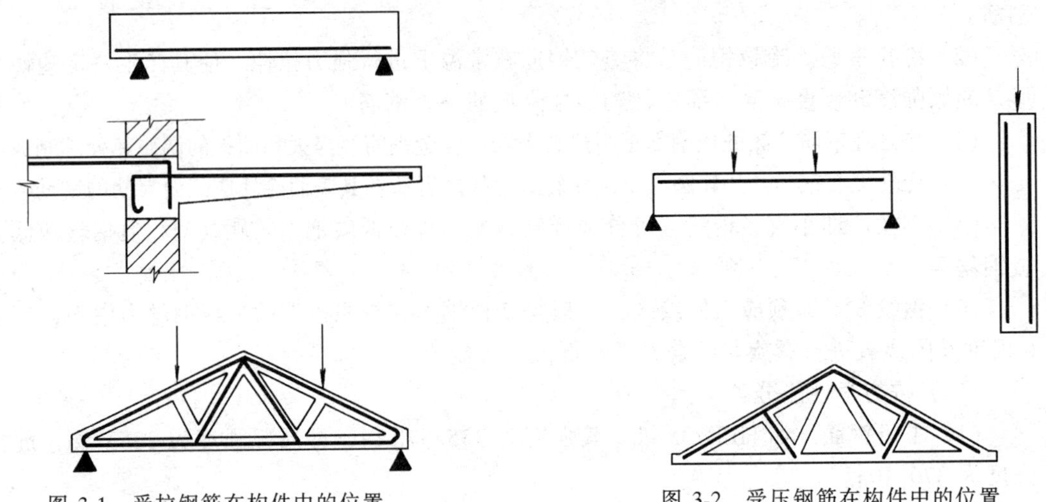

图 3-1 受拉钢筋在构件中的位置

图 3-2 受压钢筋在构件中的位置

2. 构造钢筋

一般是指构件中不通过计算，但考虑了计算中未能全部概括而从略的那些因素，并为满足构件的构造要求、施工条件而配置的钢筋。如分布钢筋、箍筋、架立钢筋、腰筋等。

(1) 分布钢筋。一般用在墙、板或环形构件中，如图3-3所示。

(2) 箍筋。在梁、柱、屋架等大部分构造中为正确固定受力钢筋位置而设置有一定环箍范围的钢筋，如图3-4所示。

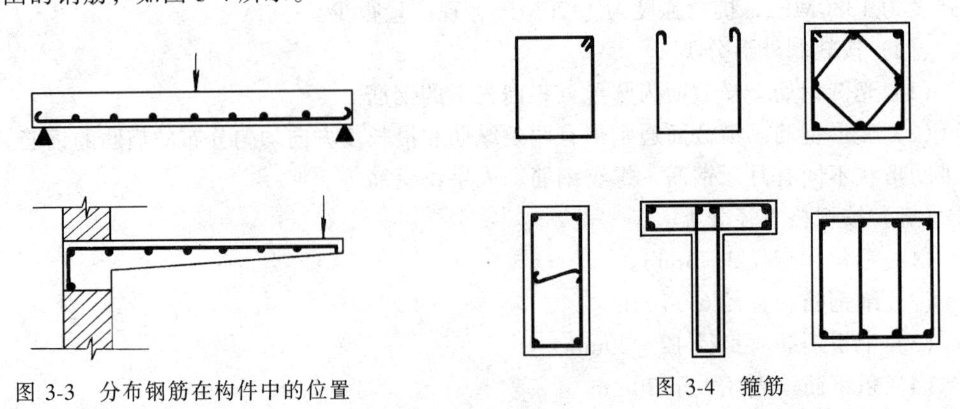

图 3-3 分布钢筋在构件中的位置

图 3-4 箍筋

（3）架立钢筋。一般仅限于在梁内使用，使受力钢筋和箍筋保持正确位置，以形成骨架。

此外，还有腰筋，吊筋、锚固筋等。各种钢筋在构件中的位置如图 3-5 所示。

二、钢筋采购

（一）钢筋采购要求

就是考虑到当今商品供应市场条件下，使施工现场应用的钢筋能够及时、保质、按量、按品种、按规格、配套齐备地到达现场，满足施工的需要。

（二）钢筋采购依据

（1）施工预算。按照预算中钢筋数量、规格、品种做为依据。

（2）施工图。按照施工图中钢筋用量配料表做为依据。

（3）施工准备。按照施工准备中钢筋的翻样做为依据。

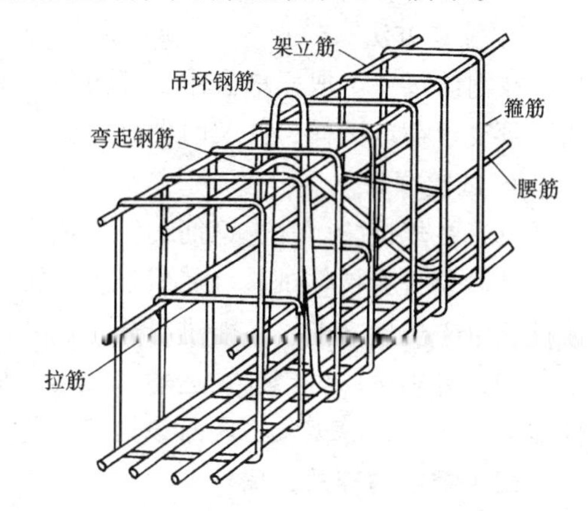

图 3-5　腰筋等在钢筋骨架中的位置

三、钢筋的现场检验

（一）钢筋出厂质量合格证及标牌验收

（1）钢筋合格证。即厂方试验报告或原料材质单。进场钢筋应按炉罐批号及直径 d 不同分批检验。钢筋产品合格证由钢筋生产厂家或经销单位提供给用户单位，用以证明其产品质量已达到的各项规定指标。

合格证要求填写齐全，不得漏项或填错。如批量较大时，或用户购量少，而提供的出厂合格证又较少，可做复印件（抄件）备查，并注明原件存放单位，加盖原件存放单位红章。

（2）标牌。在钢筋供货的捆（盘）上应有钢筋的标识牌，以便与质量合格证对照检查是否对应符合，避免“张冠李戴”。

（二）外观检验

1. 查对标志

出厂质量合格证应和标识牌的生产厂家、钢种、规格、牌号、批量等内容上符合一致。

2. 外观检查

（1）钢筋规格。钢筋的长向、径向尺寸不能超过允许偏差。

（2）表面铁锈。表面氧化铁皮重量不大于 16kg/t。

（3）表面标志。变形钢筋表面标志清晰明了，标志包括强度级别、厂名（拼音字头）和直径毫米数字。

（4）其他。盘条允许有压痕及局部的凹块、划痕、麻面，但其深度或高度（从实际尺寸算起）不得大于 0.2mm。钢筋种类不同时有不同的外观要求。

（三）钢筋取样方法、数量及必试项目

1. 取样方法、数量

每批钢筋取样必须进行有见证取样，每批由同一牌号、同一炉罐号、同一等级、同一品种、同一尺寸、同一交货状态组成。每批重量因钢筋种类不同而不同，如热轧钢筋每批不大于60t；冷轧带肋钢筋不大于50t；碳素钢丝和刻痕钢丝不大于3t。

2. 位置方法

在钢筋每一个取样单位中，任意选出钢筋，截去端头500～1000mm，再按试件长短和数量要求截取试样，并及时做好标记。

3. 试验项目

(1) 常规试验。凡进钢筋加工厂或直接进施工现场的钢筋，必须进行力学性能试验。主要试验项目有拉伸试验（屈服强度、抗拉强度、伸长率），冷弯试验。在试验结果信息或试验单未反馈之前，不能进行施工。

(2) 专项试验，钢筋在运输、搬运、加工过程中，如发现脆断、焊接性能不良或力学性能显著不正常等现象，应对该钢筋进行化学成分检验或其他专项检验。

四、钢筋的存放、保管

钢筋运到施工现场后必须保管得当。

(一) 存放、保管场地仓库

1. 基础及支垫

堆放场地进行按承载要求处理，并进行支垫设计。一般离地不宜小于200mm，材料多有垫木或混凝土垫墩。也可用专用堆放架堆放钢筋。

2. 其他要求

钢筋堆放仓库应有防雨设施，在条件不具备时，应选择地势较高、土质坚实，较为平坦的露天场地堆放，做好排水工作。

(二) 存放要求

(1) 钢筋必须严格按批分等级、牌号、直径长度挂排存放，并标明数量。

(2) 钢筋保管要做到账、物、牌三相符。凡库存钢筋均应附有出厂证明或试验报告单。

(3) 钢筋不要和酸、盐、油等类物品一起存放。

(4) 钢筋库存量应和钢筋加工能力相适应，周转期尽量缩短，避免存放期过长，使钢筋发生锈蚀。

第二节　钢筋连接方法

在结构图纸设计中，根据建筑设计要求，各结构件外形必然各种各样，长短宽窄不一，钢筋供应长短规格不可能满足构件对钢筋长短形状的要求。因此施工时必须对钢筋进行连接。钢筋的连接方法通常有：钢筋绑扎搭接连接，钢筋焊接连接，钢筋机械连接等。

一、钢筋绑扎搭接连接

(一) 钢筋绑扎搭接连接

通过混凝土对钢筋的握裹力，将一根钢筋中的力传递至另一根钢筋的连接方法。

(二) 钢筋搭接位置设置要求

钢筋的绑扎搭接接头应按设计要求设置，当无设计要求时，宜设置在方便施工、受力较小处，同一钢筋在同一受力区段内不宜多次连接，以保证钢筋的承载、传力性能。

（三）施工工艺及质量要求

钢筋绑扎搭接接头，在安装绑扎时完成。钢筋搭接处应用铁丝扎紧，扎结在搭接部分的中心和两端共三处。

轴心受拉和小偏心受拉杆件不得采用绑扎接头，直径大于25mm的钢筋不宜采用搭接接头，冷拔低碳钢丝只能采用搭接接头。搭接接头应尽量设置在钢筋受力较小处，距离钢筋弯曲处不小于10d。

施工排筋时，同一构件中相邻纵向受力钢筋的绑扎搭接接头宜相互错开，且横向净距不应小于钢筋直径，并不小于25mm，保证搭接钢筋和混凝土间有可靠的握裹力。

在一个结构构件内，同类用途的钢筋，必须明确搭接接头面积的百分率，并且符合设计或规范要求。当接头受力钢筋截面面积百分率超过规定时，应采取专门措施。

接头面积百分率的计算和规范规定为：钢筋绑扎搭接接头连接区段的长度为1.3l_l（L_L为搭接长度），凡搭接接头中点位于该连接区段长度内的搭接接头均属于同一连接区段。同一连接区段内，纵向钢筋搭接接头面积百分率为该区段内有搭接接头的纵向受力钢筋截面面积与全部纵向受力钢筋截面面积的比值，如图3-6所示同一连接区段内，纵向受拉钢筋搭接接头面积百分率应符合设计要求；当设计无具体要求时，应符合下列规定：对梁类、板类及墙类构件，不宜大于25%；对柱类构件，不宜大于50%；当工程中确有必要增大接头面积百分率时，对梁类构件不应大于50%；对其他构件，可根据实际情况放宽。

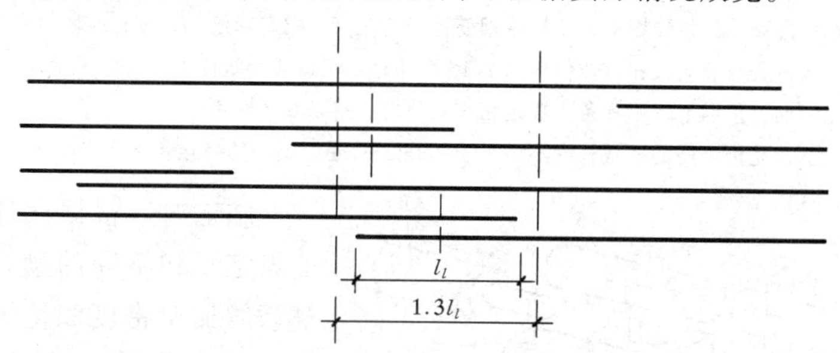

图3-6　钢筋绑扎搭接接头连接区段及接头面积百分率

注：图中所示搭接接头同一连接区段内的搭接钢筋为两根，当各钢筋直径相同时，接头面积百分率为50%。

纵向受力钢筋绑扎搭接接头长度的选择影响因素很多，是由钢筋类型及直径、混凝土强度等级、绑扎搭接接头面积百分率大小、抗震设防要求、各类施工条件、钢筋的受拉（压）情况综合确定的，见表3-2。

在施工时，根据各种条件，确定出该项工程的各个规格纵向受力钢筋的最小搭接长度列表，交底到各个参与人员、施工班组，作为配料、绑扎、检查验收的依据，以确保结构工程的质量。

在梁、柱类构件的纵向受力钢筋搭接长度范围内，应按设计要求配置箍筋（一般需要加密）。当设计无具体要求时，应符合以下规定：箍筋直径不应小于搭接钢筋较大直径的0.25倍；受拉搭接区段的箍筋间距不应大于搭接钢筋较小直径的5倍，且不应大于100mm；受压搭接区段的箍筋间距不应大于搭接钢筋较小直径的10倍，且不应大于200mm；当柱中纵向受力钢筋直径大于25mm时，应在搭接接头两个端面外100mm范围内各设置两个箍筋，其间距为50mm。

纵向受拉钢筋的最小搭接长度　　表 3-2

钢筋类型		接头面积百分率（%）	混凝土强度等级			
			C15	C20～C25	C30～C35	≥C40
光圆钢筋	HPB235级	≤25	45d	35d	30d	25d
		≤50，>25	54d	42d	36d	30d
		>50	60.75d	47.25d	40.5d	33.75d
带肋钢筋	HRB335级	≤25	55d	45d	35d	30d
		≤50，>25	66d	54d	42d	36d
		>50	74.25d	60.75	47.25d	40.5d
	HRB400级、PRB400级	≤25	—	55d	40d	35d
		≤50，>25	—	66d	48d	42d
		>50	—	74.25d	54d	47.25d

注：1. 两根直径不同钢筋的搭接长度，以较细钢筋的直径计算。
2. 带肋钢筋的直径大于25mm时，按相应数值乘以1.25取用。
3. 有环氧树脂涂层的带肋钢筋，按相应数值乘以1.25取用。
4. 在混凝土凝固过程中受力钢筋易受扰动时，按相应数值乘以1.1取用。
5. 带肋钢筋末端为机械锚固时，按相应数值乘以0.7取用。
6. 带肋钢筋的混凝土保护层厚度大于搭接钢筋直径的3倍且配有箍筋时，按相应数值乘以0.8取用。
7. 对一、二级抗震等级应按相应数值乘以1.15取用；三级抗震等级应按相应数值乘以1.05采用。
8. 纵向受压钢筋，按以上表中和条文确定相应数值后，乘以0.7取用。
9. 任何情况下，受拉钢筋的搭接长度不应小于300mm；受压钢筋的搭接长度不应小于200mm。

施工时，根据设计要求、结合以上规定，和不同的梁、柱构件计算出箍筋的加密密度和范围，交底给施工班组，作为绑扎、检查验收的依据。

二、钢筋焊接连接

钢筋焊接连接是采用各种不同焊接机械的焊接方法，把两根钢筋焊连起来，形成一个永久联接的整体，代替单根通长钢筋的传力作用。

（一）钢筋焊接

钢筋焊接连接方法很多，常用的有闪光对焊、电渣压力焊、电弧焊和电阻点焊。此外还有埋弧压力焊、气压焊等。

1. 闪光对焊

利用对焊机使两根钢筋接触、通过低电压的强电流，使两根钢筋接头

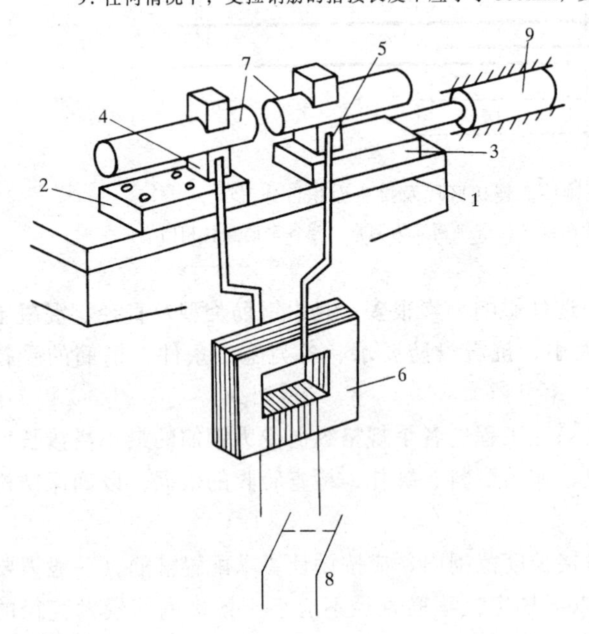

图 3-7　对焊机工作原理

1—机身；2—固定平板；3—滑动平板；4—固定电极；5—活动电极；6—变压器；7—钢筋；8—开关；9—压力机构

加热、变软、熔熔适当时进行轴向加力顶锻，焊连一起，形成对焊接头，如图 3-7 所示。

闪光对焊广泛用于Ⅰ～Ⅳ级钢筋的接长及预应力钢筋与螺丝端杆的焊接。

2. 电渣压力焊

利用电流通过渣池产生的电阻热将两根钢筋的端部熔化，待达到一定程度后，施加外力，使钢筋焊接在一起，如图 3-8 所示。

电渣压力焊在建筑施工中多用于现浇混凝土结构构件内竖向钢筋的接长，容易掌握，工效高，成本低，工作条件好。

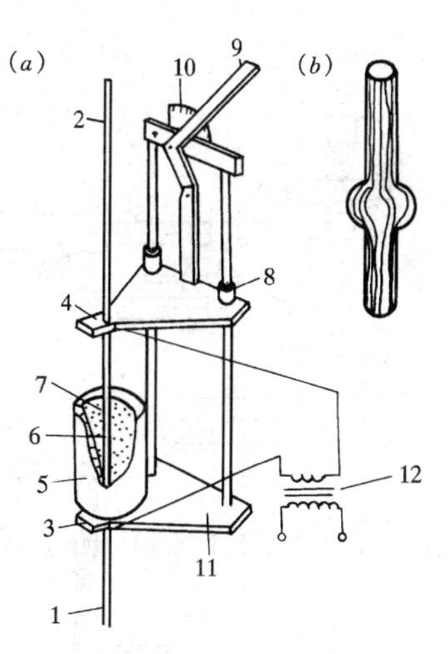

图 3-8 钢筋电渣焊示意图

（a）焊接夹具外形；

（b）已焊好的钢筋接头

1、2—钢筋；3—固定电极；4—活动电极；5—焊剂盒；6—导电剂；7—焊剂；8—滑动架；9—操纵杆；10—标尺；11—固定架；12—变压器

3. 电弧焊

利用弧焊机使焊条与焊件之间产生高温电弧（焊条与焊件间在空气介质中出现强烈持久的放电现象叫电弧），使焊条和电弧燃烧范围内的焊件金属很快熔化，熔化的金属凝固后，便形成焊缝或焊接接头，如图 3-9 所示。

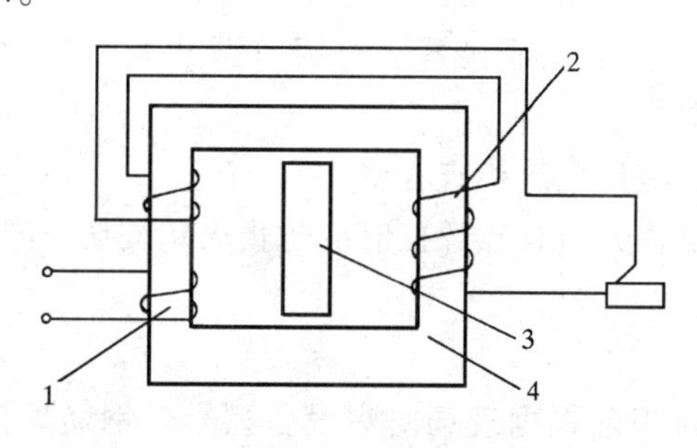

图 3-9 交流弧焊机结构示意图

1—一次侧线圈；2—二次侧线圈；3—活动铁心；4—固定铁心

电弧焊应用较广，广泛用于钢筋接头、钢筋骨架焊接、装配式结构接头的焊接、钢筋与钢板的焊接及各种钢结构焊接等。

4. 电阻点焊

利用点焊机，把钢筋网或骨架中，交叉钢筋的交叉点放入两个电极之间，通电后，交叉点处电阻较大，产生的热量使钢筋熔化，同时在电极加压下使焊点钢筋得到焊连结合，如图 3-10 所示。采用点焊代替绑扎，可提高工效，节约劳动力，成品刚性好。采用焊接骨架或焊接网时，钢筋在混凝土中能更好的锚固，可提高构件的刚度及抗裂性，钢筋端部不需弯钩，可节约钢材。作为建筑新技术的推广项目。

（二）钢筋焊接连接接头位置设置要求

（1）钢筋焊接接头在构件中的位置，应符合设计要求，无设计时应符合现行规范的规定。

（2）钢筋的接头宜设置在受力较小处，接头末端至钢筋弯起点的距离不应小于钢筋直径的 10 倍。同一根纵向受力钢筋不宜设置两个或两个以上接头。

（3）施工排列钢筋时，同一构件中纵向受力钢筋的焊接接头宜相互错开。纵向受力钢筋焊接接头连接区段的长度为 35 倍 d（d 为纵向受力钢筋的较大直径）且不小于 500mm，凡接头中点位于该连接区段长度内的接头均属于同一连接区段。同一连接区段内，纵向受力钢筋焊接的接头面积百分率为该区段内有接头的纵向受力钢筋截面面积与全部纵向受力钢筋截面面积的比值，如图3-11所示。

同一连接区段内，纵向受力钢筋的接头面积百分率应符合设计要求，当设计无具体要求时，应符合下列规定：在受拉区不宜大于50%；接头不宜设置在有抗震设防要求的框架梁端、柱端的箍筋加密区；直接承受动力荷载的结构构件中，不宜采用焊接接头。

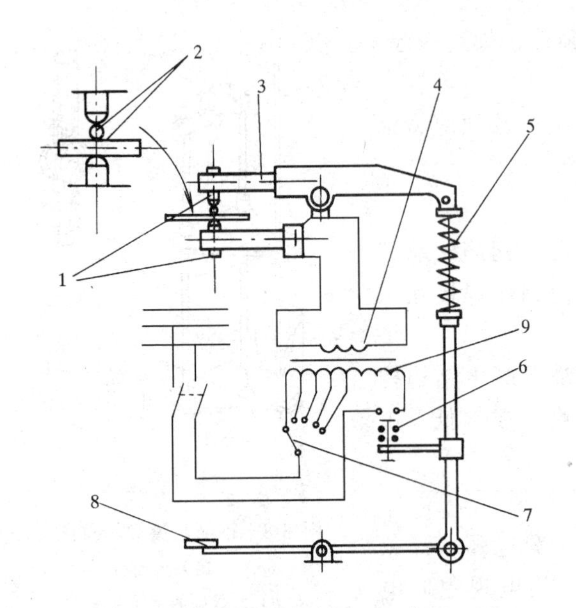

图 3-10　杠杆弹簧式点焊机工作原理图

1—电极；2—钢筋；3—电极臂；4—变压器二次侧线圈；5—弹簧；6—断路器；7—开关；8—脚踏板；9—变压器一次侧线圈

（三）钢筋焊接施工工艺及质量要求

1．闪光对焊

（1）设备准备

根据焊接钢筋的工程量和规格直径选择对焊机的型号和配备数量。按现场平面布置进行安装，符合用电设备安全及文明施工要求。

对焊机应安置在室内，并应有可靠的接地或接零。专用刀型开关、专用导线接电，导线截面大小，符合对焊机额定功率要求。

焊接前，对焊机的压力机构、夹具、气压、液压系统检查合格。

在焊机两边应设置托架，配合搬运钢筋的操作人员，在焊接时应防止火花烫伤。闪光区应设挡板，与焊接无关的人员不得入内。

（2）闪光对焊的主要参数

钢筋焊接质量与焊接参数有关。施工正式对焊前根据现场对焊设备型号，钢筋规格、品种、规范规程学习，进行试焊、取样检验确定合适的参数，指导施工操作。

闪光对焊参数主要包括：调伸长度、闪光留量、预热留量、烧化速度、顶锻留量、顶锻速度及变压器级次等。有关参数示意如图3-12所示。

调伸长度是指焊接前，两钢筋端部从电极钳口伸出的长度。一般Ⅰ级钢筋为0.75d；Ⅱ、Ⅳ级钢筋为0.75～1.0d，Ⅳ级钢筋为1.25d。

闪光留量（又称烧化留量）是指钢筋在闪光过程中，由于闪出金属所消耗掉的钢筋长度。连续闪光焊留量，一般为8～12mm，闪光—预热—闪光焊一次闪光留量为3mm，加钢筋端面凸出不平部分长度，二次闪光留量为6～8mm。

烧化速度（又称闪光速度）是指闪光过程的快慢。操作时由慢到快，一般从1～2mm/s。

预热留量是指采用预热闪光焊或闪光—预热—闪光焊时，预热过程所消耗钢筋的长度，一般为2～7mm。

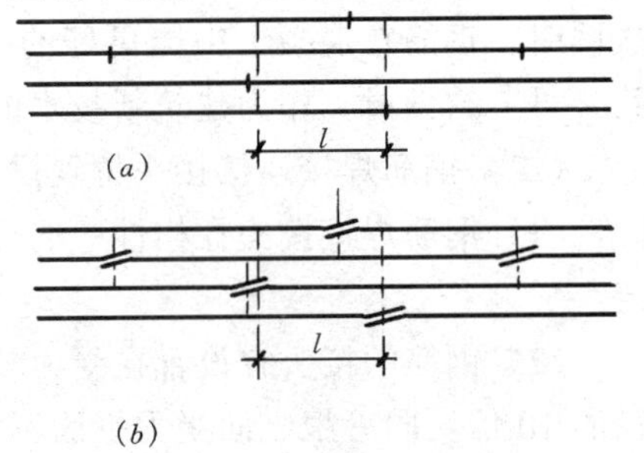

图 3-11　焊接接头设置

（a）对焊接头；（b）搭接焊接头

注：图中所示 l 区段内有接头的钢筋面积按两根计。

顶锻留量是指在闪光结束，将钢筋顶锻压紧时，因接头处挤出金属而缩短的钢筋长度。连续闪光焊为4.5～5mm，闪光—预热—闪光焊为5～8mm。

顶锻速度是指在挤压钢筋接头时的速度。施工操作时，顶锻速度越快越好，以避免焊口遭受氧化。

顶锻压力是指钢筋接头压紧所需挤压力，顶锻压力和钢筋直径成正比。

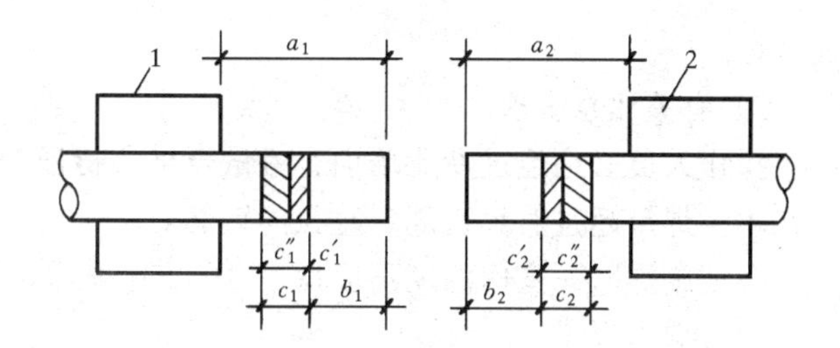

图 3-12　调伸长度、闪光留量及顶锻留量

1—固定电极；2—活动电极；

a_1、a_2—左右钢筋调伸长度；b_1、b_2—左右钢筋闪光留量；

c_1、c_2—顶锻留量；c'_1、c'_2—有电顶锻留量；

c''_1、c''_2—断电顶锻留量

焊接变压器级次是用以调节焊接电流的大小。当焊接相同直径钢筋，而采用较高的变压器级次焊接，可缩短焊接时间，这通称为强参数（强规范）焊接，反之称为弱参数（弱规范）。含碳量较高的钢筋适宜采用弱参数焊接，以利改善接头性能。当电源电压降低时，应提高变压器级次。

（3）闪光对焊的施工工艺

1）闪光对焊的施工工艺方法。

连续闪光焊　适宜焊接直径较细、含碳量较低的钢筋。焊接钢筋按调伸长度用夹具夹紧，接通电源，钢筋焊接端面轻微接触，端头金属熔化，金属微粒像火花般喷射出来即闪光。继续移动活动平板使钢筋端面逐渐移近，新的接触点不断形成即连续闪光。待钢筋烧化完规定留量后，钢筋端部将近熔点温度，迅速进行顶锻挤压即形成焊接接头。整个连续闪光焊接过程完成。

预热闪光焊　适宜焊接直径较粗、含碳量较高的钢筋。在连续闪光焊前增加一次预热操作过程，以扩大焊接热影响区。将夹的钢筋在电源闭合后，开始以较小的压力接触，然后又离开，这样不断地断开又接触，发出断续闪光，接头温度逐渐升高，形成预热阶段，扩大了焊接的热影响区，然后进入连续闪光阶段，烧化完规定留量后，钢筋端部加热将近熔点温度，再进行顶锻挤压形成焊接接头。

闪光—预热—闪光焊　适宜焊接钢筋端面不够平整，且直径较粗，含碳量较高的钢筋。是以三种操作工艺方法中最常用的一种。其操作要领可概括为：一次闪光，闪平为准；频率适当，预热充分；二次闪光，短、稳、强烈；顶锻过程，快而有力。

一次闪光操作时，手要轻，送料速度要先慢后快，随焊件温度的提高逐渐达到中速，争取闪光连续。如遇钢筋端头闭接，必须尽快推开操纵杆，重新激起闪光，保持连续烧化，避免首次加热不匀。

预热操作时，手要轻，动作敏捷，前臂与手掌应保持平直，肘关节摆动要快，弧度要小，使钢筋端面不断的接触和分离。

二次闪光操作时，要先慢后快，高速强烈，连续稳定，不可中断，但也不可过于猛烈。烧化速度的判断方法是：声音要连续、清晰，无强烈噼啪声响，火花细而均匀，并喷射速度较快而连续。

顶锻操作时，要快而有力，使钢筋两端半熔化和部分过热金属被挤出，钢筋真正连接

成整体。

2）有关注意事项。

操作人员必须经过专业培训，考试合格，持证上岗。

不得焊接超过对焊机规定直径的钢筋。

冬期施焊时，室内温度不应低于8℃。作业后，应放尽机内冷却水。

2. 电渣压力焊

(1) 设备准备

电渣焊有手工操作和自动控制两种，应优先采用自动接触电渣焊机操作。

手工接触电渣焊设备有：焊接电源（700型焊接变压器）、控制箱和焊接夹具；自动接触电渣焊设备，除焊接电源与手工电渣焊相同外，主要是自动接触电渣焊机（包括焊接机头、控制箱、操作箱）。

(2) 电渣压力焊施工工艺

电渣压力焊的焊接参数为焊接电流、渣池电压和通电时间，根据钢筋直径等因素试验确定。

焊接用手工方法时，先将钢筋端部约120mm范围内的铁锈除尽。配备合适的架子。把焊接夹具下钳口和下部钢筋夹牢。扶直上部钢筋与下部钢筋同心并和上钳口夹牢。做好端面局部接触，以利引弧，引成渣池。焊剂盒内垫塞石棉布垫，关闭焊剂盒，装满焊剂。接通焊接电路，产生电弧，调整弧长，继续保持电弧过程，钢筋缓缓下送，逐步转为电渣过程，待到规定通电时间，切断焊接电路，同时加压顶锻，完成施焊过程。顶锻后，继续把住操纵杆持压3～5s，待1～2min即可打开焊剂盒、清理焊剂，取下焊接夹具，敲去溶渣壳，即焊接完毕。

自动电渣压力焊操作时，夹好两根焊接钢筋，接通控制电路，按技术参数，调正电位器联销开关，装好焊剂，通电焊接，操作过程的引弧、电弧、电渣与顶压过程全由凸轮自动控制完成，其他操作手动配合。

3. 电弧焊

按要求配备电弧焊设备如焊机、焊钳、焊帽、电缆、辅助工具等，操作人员必须经过专业培训，考试合格，持证上岗。

手工电弧焊接头型式很多，如搭接焊接接头、帮条焊接接头、坡口焊接接头、熔槽帮条焊等如图3-13所示。

手工电弧焊接头型式优先采用帮条接头和坡口接头，减少使用搭接接头，帮条和搭接接头尽可能采用双面焊缝。

搭接或帮条电弧焊接头钢筋直径不小于10mm。搭接接头的钢筋搭接，应使两根钢筋轴线位于同一直线上，并尽可能采用预弯接头。

帮条宜采用与主筋同钢号、同直径的钢筋制成。

电弧焊接所用焊条，应按设计规定选取。焊条使用前应进行外观检查和工艺试验，并存放在干燥处，受潮焊条和低氢型焊条必须经烘干后使用。

电弧焊施工操作前应清除铁锈、熔渣及其他污物，并检查搭接长度、帮条尺寸、钢筋间隙、坡口角度等，合格后方准施焊。

帮条和搭接接头焊接，打弧应在内侧开始，焊接完毕，弧坑应填满。坡口接头应由坡

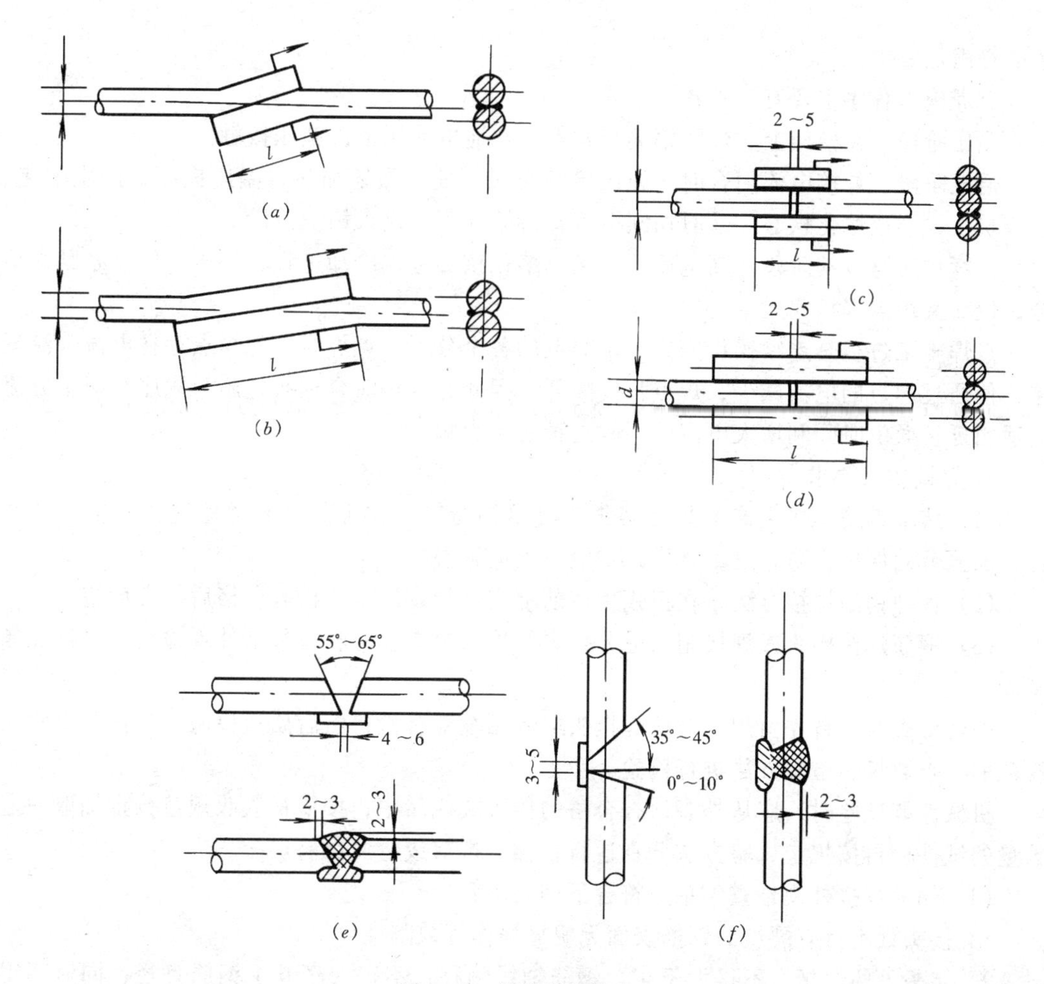

图 3-13　钢筋焊接接头

口根部或垫板上引弧，并横向施焊数层，然后作“之”字形运弧，层间起头和收尾要互相交叉，加强焊缝高度最多不超过 2mm。在焊接过程中应用小锤仔细清渣、焊缝口不得有夹渣、气孔，焊缝表面要平顺，要防止咬边现象，如有弧坑或咬边应予补焊。为防止焊口处过热，可采取几个接头轮流施焊的方法。

帮条焊接头或搭接焊接头的焊缝厚度 s 不应小于主筋直径的 0.3 倍；焊缝宽度 b 不应小于主筋直径的 0.7 倍。

帮条焊或搭接焊宜采用双面焊。当不能进行双面焊时，可采用单面焊。

搭接长度与帮条长度相同。Ⅰ级钢筋，单面焊时，帮条长度不小于 8d；双面焊时，不小于 4d。Ⅱ、Ⅲ级钢筋，单面焊时，帮条长度不小于 10d；双面焊时，不小于 5d。

4. 电阻点焊

根据电阻焊的机械设备形式，配好操作平台。根据设计要求的钢筋网眼尺寸、规格设置点焊模架，以保证尺寸准确，提高焊接速度。清除钢筋表面浮锈和污垢，焊料平直。点焊前，通过试验，正确选择点焊的焊接参数，如焊接电流、通电时间、焊接时间、电极压力、压入深度等。

操作时，先按制品条件试点焊 5～10 组试件进行试验。检验焊接质量、强度、使用参数能符满足要求。

点焊施工程序主要有三项：

预压阶段　在模架上、焊接钢筋交叉点，在通电前用电极施压接触。

通电阶段　焊接电流闭合时，施压接触交叉点处强烈地加热，温度提高、产生塑化、逐步扩大，形成熔化核心。适时切断电流，持续加压，进入第三阶段。

持续加压与冷却阶段　断电后，交叉点熔化核心进入冷却过程，外压力使核心紧密结合，使交叉焊点焊接完成。

点焊施工过程是连续操作完成一个焊点的各个分项。点焊时，先焊点存在电流分流现象，使通过焊点的电流减少，焊点强度降低。因此，点焊时合理布置施焊顺序，减小分流或适当延长通电时间和增大电流，消除这种有害影响。

5. 焊接质量要求

(1) 从事钢筋焊接生产的焊工必须经过培训持有上岗证。并经常性进行安全生产教育，加强劳动保护，防止发生烧伤、触电及火灾等事故。

(2) 各种钢筋焊接方法，在正式生产前都应进行试焊，并检验合格后，方可施工。

(3) 钢筋焊接接头或焊接制品应分批进行质量检查和验收，包括外观检查和机械性能试验。

外观检查时，首先由焊工对所焊接头或制品全部自检；然后质量检验人员按质量验收规范的检查数量、检验方法进行检验。

机械性能试验时，应从外观检查合格的接头或成品中，按质量验收规范分批抽取一定数量的试件，再按规定试验方法分别进行拉伸、抗剪或弯曲试验。

(4) 钢筋焊接外观检查结果应符合下列要求：

1) 接头处不得有裂纹。钢筋表面无明显烧伤等缺陷。

2) 接头处的弯折，不得大于4°。钢筋轴线偏移，不得大于0.1钢筋直径，同时不得大于2mm。

3) 电弧焊焊缝表面平整，不得有较大的凹陷、焊瘤，咬边深度、气孔、夹渣的数量和大小以及接头尺寸偏差应符合要求。

4) 外观检查不合格的接头，应切除重焊或修整补强，进行二次验收。

(4) 钢筋焊接机械能试验时，三个试件的抗拉强度均不得低于该级别钢筋的规定抗拉强度值。断裂位置和形式符合要求。当第一次试件试验结果不合格时，应取双倍数量的试件进行复验确定最终结果。

三、钢筋机械连接

(一) 钢筋机械连接

钢筋机械连接是采用专用钢筋连接机械，通过连接件的机械咬合作用或钢筋端面的承压作用，将一根钢筋中的力传递至另一根钢筋的连接方法。

常用的钢筋机械连接方法有：带肋钢筋套筒挤压连接、钢筋锥螺纹连接、镦粗直螺纹钢筋连接、剥肋滚压直螺纹接头等。

钢筋机械连接与传统的施工方法相比，操作简单，施工速度快；接头质量稳定可靠；不受气候和工人技术水平的影响；省电节能、安全可靠。

(二) 钢筋机械连接接头位置设置要求

（1）钢筋机械连接接头在构件中的位置，应符合设计要求，无设计时应符合现行规范的规定。

（2）钢筋的机械连接接头宜设置在受力较小处，同一纵向受力钢筋不宜设置两个或两个以上接头，接头末端至钢筋弯起点的距离不应小于钢筋直径的 10 倍。

（3）施工排布钢筋时，同一构件中纵向受力钢筋的机械连接接头宜相互错开。纵向受力钢筋机械连接接头区段的长度为 35 倍 d（d 为纵向受力钢筋的较大直径）且不小于 500mm，凡接头中点位于该连接区段长度内的接头均属于同一连接区段。同一连接区段内，纵向受力钢筋机械连接的接头面积百分率为该区段内有接头的纵向受力钢筋截面面积与全部纵向受力钢筋截面面积的比值，如图 3-14 所示。

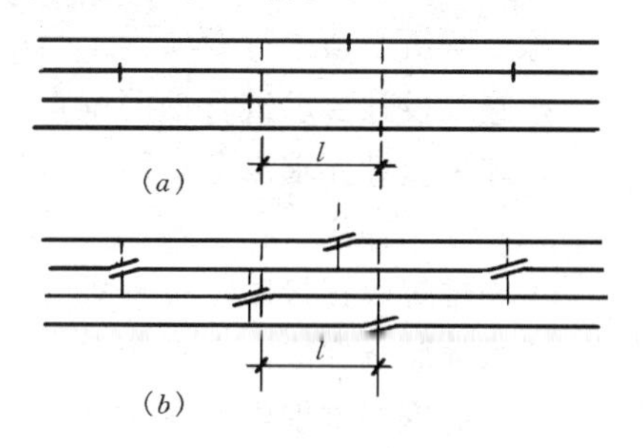

图 3-14 接头设置
（a）螺纹接头；（b）套筒挤压接头
注：图中所示 l 区段内有接头的钢筋面积按两根计。

同一连接区段内，纵向受力钢筋的接头面积百分率应符合设计要求，当设计无具体要求时，应符合下列规定：在受拉区不宜大于 50%；接头不宜设置在有抗震设防要求的框架梁端、柱端的箍筋加密区；当无法避开梁、柱端框架节点时，对等强度高质量机械连接接头，不应大于 50%；直接承受动力荷载的结构构件中，机械连接接头不应大于 50%。

（三）钢筋机械连接施工工艺

1. 带肋钢筋套筒挤压连接施工

（1）准备工作

按施工工程数量和规格准备足够数量的套筒，套筒质量（材质和尺寸）符合要求，并有出厂合格证。

挤压设备及辅配件齐全，挤压力准确，并定期检查、标定。

现场清除钢筋端头浮锈、泥砂、杂质，并在端头做出油漆标记，以便检查钢筋是否插入到预定深度。钢筋有马蹄，弯折或纵肋尺寸过大者，应预先矫正或用砂轮打磨。

（2）施工操作

操作人员必须持证上岗。

正式操作施工前，先进行挤压操作试验与检验，确定采用的挤压力，压模宽度，压痕直径或挤压后套筒长度的波动范围以及挤压道数，符合要求。

施工过程可分解为：划线标记→套筒试套→一端挤压→另一端设备挤压→成品质量检验→完成等工序。

挤压操作可预制一半，另一半挤压在现场完成。挤压时应从套筒中间开始，顺次向两端发展，认真检查定位标记，确保被接钢筋插到套筒中线。挤压时应将钢筋扶直，保持压结器与钢筋轴线垂直。

（3）现场检验与验收

外观质量检验主要内容有：挤压后的套筒不得有肉眼可见裂缝，长度应为原套筒长度的 1.10～1.15 倍，压痕处套筒的外径波动范围为原套筒外径的 0.8～0.90 倍。接头处弯折不得大于 4°。压痕道数应符合型式检验确定的道数。

单向拉伸试验每一个验收批，每种规格钢筋接头试件不应少于三根。拉伸试验结果符合现行行业标准对其的要求。不符合要求时，应再取6个试件进行复检。

2. 钢筋锥螺纹连接施工

(1) 准备工作

施工队伍必须进行专项施工操作培训，考核合格后持证上岗。

按施工设计要求进行钢筋调直下料，检查端头质量符合要求。

按施工设计要求准备不同规格、数量的锥螺纹连接套，应有产品合格证。

(2) 施工操作

钢筋锥螺纹连接施工过程可分解为：钢筋准备→平头→套丝→丝头质量检验→连接施工→质量检验→完成。

加工的钢筋锥螺纹丝头的锥度、牙形、螺距等必须与连接套的锥度、牙形、螺距一致，且经配套的量规检测合格。加工好的丝头应检验，并保护待用。

连接时必须用力矩扳手，按不同规格钢筋接头的拧紧值拧紧接头。

(3) 接头施工现场检验与验收

接头的现场检验按规程要求的验收批进行。每种规格钢筋接头的试件数量不应少于三根。单向拉伸试验符合要求。

3. 镦粗直螺纹钢筋连接施工

(1) 准备工作

按设计要求统计所需连接钢筋的规格、数量，准备标准型等套筒的规格、数量。质量合格。

加工设备进场，安装调试，搭设操作棚。

准备接头连接钢筋，下料时，切口端面应与钢筋轴线垂直，不得有马蹄形或挠曲，端部不直应调直后下料。

(2) 施工

镦粗时，检查下料端头的质量，在专用机械上进行钢筋端头镦粗。操作时先做镦头试验，调整好镦粗压力和缩短量。

镦粗完成后，进行外观检验，合格后进行镦粗端头套丝，试验调正好套丝机械的各种加工参数，丝头套完后，逐根进行自检，主要检查外观质量、外形尺寸等，并做好，连接位置的标记，最后进行丝头保护待用。

镦粗直螺纹接头的现场拼接比较简单，用普通管钳扳手拧紧即可，丝头要全部拧入连接套筒内，一般要求套筒两侧外露的钢筋丝头不超过一个完整丝扣，并与套丝时所做的连接位置标记符合。超出时应作适当调节使其居中，并确认丝头已拧到套筒中线位置。

对接头的每一验收批，必须在工程中随机截取3个试件作单向拉伸试验，按设计要求的接头性能等级进行检验与评定。不合格时，应再取6个试件进行复检。

4. 其他钢筋机械连接方法

近年来，不少科研单位还在开发研制各种新的钢筋机械连接形式的项目，有些已通过技术成果鉴定，并应用于工程。

(1) 剥肋滚压直螺纹连接接头

钢筋螺纹利用专用的钢筋滚压直螺纹成型机进行制作，一次装卡钢筋即可完成钢筋剥肋和滚压螺纹两道工序，操作简单，加工速度快。是钢筋等强度直螺纹连接的一种新方法。

基本制作工艺为：钢筋准备→剥肋滚压螺纹→利用套筒连接→检查。

(2) 活套式钢筋连接接头

将两个特制的半圆形套筒与钢筋扣合后，通过专用压接工具将套筒两端的箍沿轴向压紧，使之与待对接的钢筋形成一个整体。一次装卡即可完成，不需任何辅助设备。

这种方法实现了工厂化生产，现场装配。设备简单，劳动效率高。

(3) 等强钢筋锥螺纹连接

为克服钢筋锥螺纹接头强度低的缺点，有将钢筋端头先行冷压加工，再在冷强段上制作锥螺纹的方法。

(4) 整形滚压直螺纹接头

先将钢筋表面纵肋和横肋通过挤压机经 2～3 次挤压后成圆形截面（整形）再利用滚丝机在圆钢筋表面加工出直螺纹。经整形后滚压出的直螺纹接头可以达到与钢筋母材等强的效果。

(5) 直接滚压直螺纹接头

将接头钢筋不经任何处理直接送进滚丝机进行滚丝，形成所需的螺纹规格，再用连接套筒连接。这种方式加工钢筋丝头的最大优点是工序简单、成本较低。但调好滚丝规格后，很难适应钢筋横截面尺寸。

第三节　钢　筋　配　料

一、钢筋配料

钢筋配料是根据施工结构等构配件详图，按编号分别计算出各构配件中，每根钢筋切断时的直线长度（简称为下料长度）。再根据设计或规范要求，综合考虑安排各构配件排列钢筋时接头位置，不同连接方法所需的钢筋长度。最后统计出每个构配件中每一种规格的钢筋数量，以及该工程项目中各种规格的钢筋共计数量。填写施工配料单，以便进行钢筋的备料加工和现场绑扎安装。

简而言之，根据图纸计算出钢筋下料长度和根数，填写配料单。

在进行钢筋的配料计算中，关键是计算钢筋的下料长度。

二、钢筋下料长度的计算原则及规定

(一) 钢筋长度标志原则

结构施工图中所指钢筋长度是钢筋外缘至外缘之间的长度，即外包尺寸。这是施工中量度钢筋长度的基本依据。

另外，箍筋的尺寸有内缘至内缘之间长度的标志方法，施工应用时，必须明确，防止差错。

长度标志如图 3-15 所示。

(二) 混凝土保护层厚度

混凝土保护层厚度是指受力钢筋外边缘至混凝土构件表面的距离，其作用是保护钢筋在混凝土结构中不受锈蚀和与混凝土间有足够的粘着力。

一般按设计要求留出，当设计无具体要求时，不应小于受力钢筋直径，并应符合表 3-3 的规定。

（三）钢筋弯弧内直径（弯曲直径）

为了使钢筋在混凝土中更好的工作，满足各种需要增加钢筋与混凝土锚固能力，钢筋在加工制作时，端头（中间）做成各种（180°、90°、60°、45°、30°等）弯折形状。

钢筋加工制作时，弯弧内直径的大小，主要取决于钢筋级别、弯折形式。

受力钢筋的弯钩和弯折应符合下列规定：

(1) HPB235 级钢筋末端应作 180°弯钩，其弯弧内直径不应小于钢筋直径的 2.5 倍，弯钩的弯后平直部分长度不应小于钢筋直径的 3 倍；

(2) 当设计要求钢筋末端需作 135°弯钩时，HRB335 级、HRB400 级钢筋的弯弧内直径不应小于钢筋直径的 4 倍，弯钩的弯后平直部分长度应符合设计要求；

(3) 钢筋作不大于 90°的弯折时，弯折处的弯弧内直径不应小于钢筋直径的 5 倍。

钢筋配料时，必须正确的选取使用钢筋弯折的弧内直径。

（四）量度差值

取任意一根钢筋，量得长度，然后弯曲，再量其长度，可以发现钢筋的外边缘是伸长了，内边缘却是缩短了，而中心线长度既没有伸长也没有缩短（长度不变）。但配料时钢筋长度的度量原则系指外包尺寸。因此，外包尺寸与中心线长度之间，存在一个差值，我们称之为“量度差值”。

量度差值，在计算下料长度时必须加以扣除。否则使下料长度太长，造成钢筋浪费或弯曲成型后钢筋尺寸大于要求，使保护层减小甚至钢筋尺寸大于模板尺寸而造成返工。

（五）钢筋下料长度计算组合方法

钢筋在构件中的设计形状不同，计算下料长度时，组合方法也有所不同。

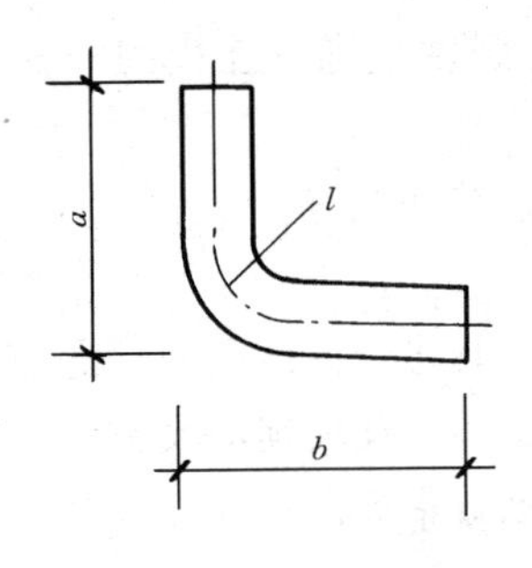

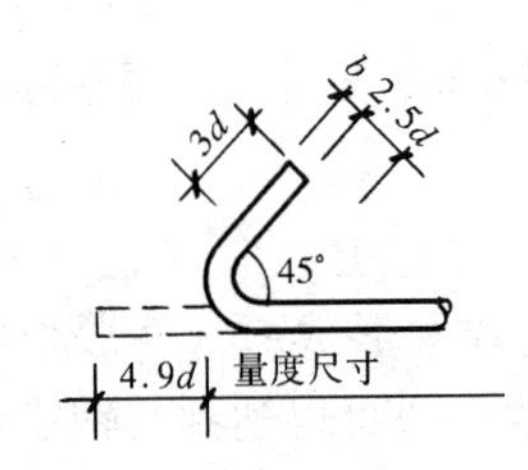

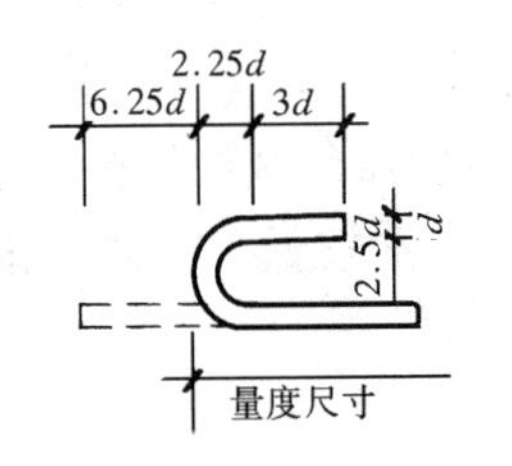

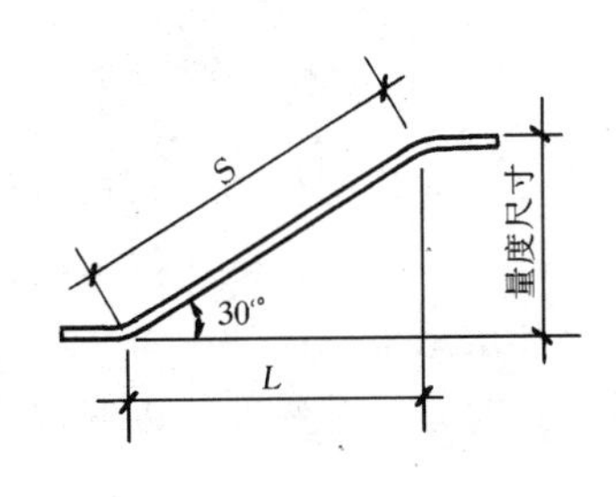

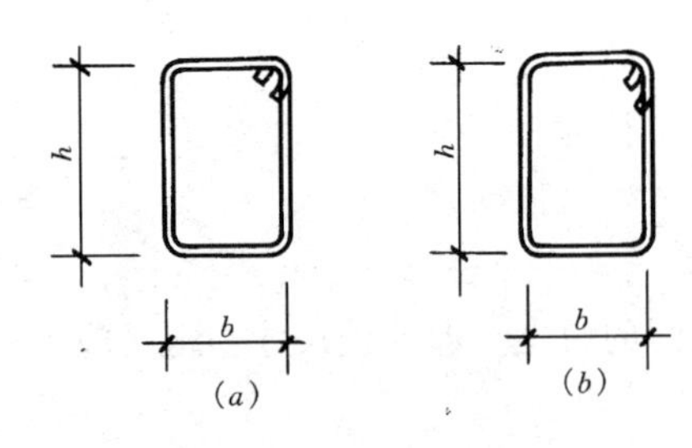

图 3-15　各种量度方法

(a) 量外包尺寸；(b) 量内皮尺寸

1. 直钢筋下料长度

直钢筋下料长度 = 构件长度 − 保护层厚度 + 弯钩增加长度

2. 弯起钢筋下料长度

弯起钢筋下料长度 = 直段长度 + 斜段长度 − 弯折量度差值 + 弯钩增加长度

钢筋的混凝土保护层厚度　　表 3-3

项次	项目		保护层厚度（mm）
1	墙和板	厚度等于和小于 100mm 厚度大于 100mm	10 15
2	梁和柱	受力钢筋 箍筋和构造钢筋	25 15
3	基础	有垫层 无垫层	35 70

注：1. 轻骨料混凝土的钢筋保护层按《钢筋轻骨料混凝土的结构设计规程》规定。

2. 混凝土强度等级大于 C20 的预制构件，保护层厚度可按照本表减少 5mm，但墙、板和环形构件应保持不小于 10mm。

3. 预应力混凝土结构的保护层厚度应按设计要求施工。

4. 在侵蚀性环境中的构件、受力钢筋的保护层厚度应按设计要求采用。

5. 为了保证混凝土保护层的必须厚度，应在钢筋下设置水泥砂浆垫块或塑料卡。

3. 箍筋下料长度

箍筋下料长度 = 直段长度 + 弯钩增加长度 − 弯折量度差值（或箍筋下料长度 = 箍筋周长 + 箍筋调整值）

4. 注意事项

当钢筋供料长度不能满足构件需要长度时，采取钢筋连接接头的方法进行接长。不同的接头方法，按设计或规范要求增加不同的接头长度，并计入下料长度尺寸。

钢筋端头的锚固，按要求留出长度。

三、钢筋弯钩增加长度和弯折量度差值

1. 钢筋末端作 180°弯钩增加长度

根据施工质量验收规范 HPB235 级钢筋末端应作 180°弯钩，其弯弧内直径 $D=2.5d_0$（d_0 为弯曲钢筋直径），平直部分长度为 $3d_0$，如图 3-16 所示在钢筋长度测量以外（外包尺寸以外），每个弯钩下料时需要增加的长度为：

$$E'F = \overset{\frown}{ABC} + EC - AF = \frac{1}{2}\pi(D + d_0) + 3d_0 - \left(\frac{D}{2} + d_0\right)$$

$$= \frac{1}{2}\pi(2.5d_0 + d_0) + 3d_0 - \left(\frac{2.5d_0}{2} + d_0\right)$$

$$= 6.25d_0$$

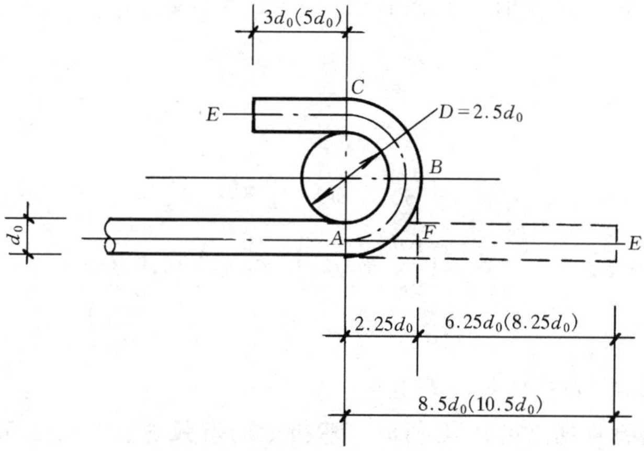

图 3-16　钢筋弯曲 180°尺寸图

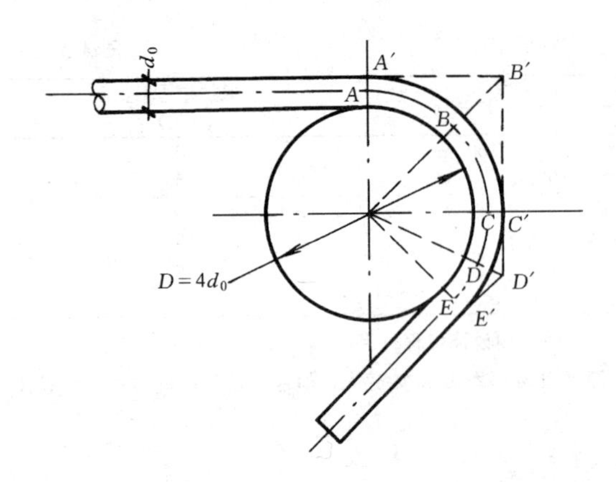

图 3-17　钢筋作 135°弯曲的尺寸图

当弯弧内直径 $D=3.5d_0$ 时，其平直部分长度为 $3d_0$，则每个弯钩下料时需要增加的长度为 $7.32d_0$。

当箍筋作 180°弯钩时，当弯弧内直径 $D=2.5d_0$，其平直部分长度为 $5d_0$（有抗震要求为 $10d_0$），则每个弯钩下料时需要增加的长度为 $8.25d_0$（$13.25d_0$）。

2. 钢筋末端作 135°弯折的量度差值

根据施工质量验收规范，135°弯折时，HRB335 级、HRB400 级其弯弧内直径 $D=4d_0$（d_0 为弯曲钢筋直径），如图 3-17 所示每个弯钩的量度差值为：

$$
\begin{aligned}
\text{量度差值} &= \text{量度长度} - \text{中心线长度} \\
&= A'B' + B'C' + C'D' + DE' - \overparen{ABCDE} \\
&= 2A'B' + 2C'D' - \overparen{ABCDE} \\
&= 2\left(\frac{D}{2} + d_0\right) + 2 \times \left(\frac{D}{2} + d_0\right)\text{tg}22.5^\circ - \frac{3}{8}\pi(D + d_0) \\
&= 2\left(\frac{4d_0}{2} + d_0\right) + 2 \times \left(\frac{4d_0}{2} + d_0\right) \times 0.4142 - \frac{3}{8}\pi(4d_0 + d_0) \\
&= 6d_0 + 2.49d_0 - 5.89d_0 \\
&= 2.6d_0
\end{aligned}
$$

为了计算方便，常取 $2.5d_0$。

3. 钢筋末端作 90°弯折的量度差值

根据施工质量验收规范，90°弯折时，弯折处的弯弧内直径 $D=5d_0$（d_0 为弯曲钢筋直径），如图 3-18 所示每个弯折 90°的量度差值为：

$$
\begin{aligned}
\text{量度差值} &= \text{量度长度} - \text{中心线长度} \\
&= A'C + C'B' - \overparen{ACB} \\
&= 2A'C' - \overparen{ACB} \\
&= 2\left(\frac{D}{2} + d_0\right) - \frac{1}{4}\pi(D + d_0) \\
&= 2\left(\frac{5d_0}{2} + d_0\right) - \frac{1}{4}\pi(5d_0 + d_0) \\
&= 7d_0 - \frac{1}{4}\pi \times 6d_0 = 2.29d_0
\end{aligned}
$$

4. 钢筋末端作 45°弯折的量度差值

根据施工质量验收规范：45°弯折时，弯折处的弯弧内直径 $D=5d_0$（d_0 为弯曲钢筋直径），如图 3-19 所示每个弯折 45°的量度差值为：

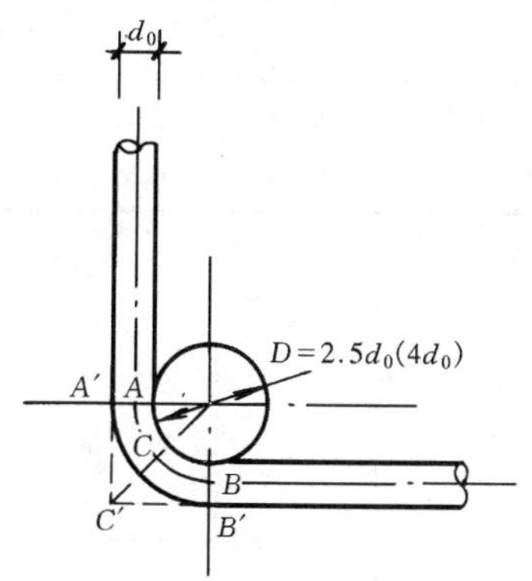

图 3-18　钢筋弯曲 90°尺寸图

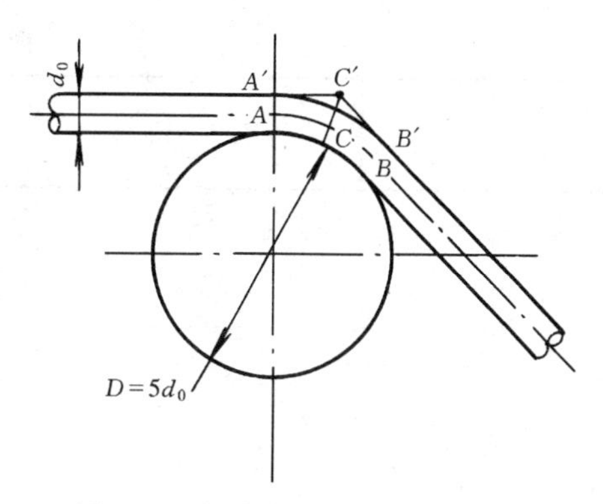

图 3-19　钢筋作 45°弯曲的尺寸图

$$
\begin{aligned}
\text{量度差值} &= \text{量度长度} - \text{中心线长度} \\
&= A'C' + C'B' - \overset{\frown}{ACB} \\
&= 2A'C' - \frac{1}{8}\pi(D + d_0) \\
&= 2\left(\frac{D}{2} + d_0\right)\times \mathrm{tg}22.5^\circ - \frac{1}{8}\pi(D + d_0) \\
&= 2\left(\frac{5d_0}{2} + d_0\right)\times 0.4142 - \frac{1}{8}\pi(5d_0 + d_0) \\
&= 2.9d_0 - 2.36d_0 = 0.54d_0
\end{aligned}
$$

同理可得，30°弯折时的量度差值为 $0.37d_0$，60°弯折时的量度差值为 $0.90d_0$。

四、配料计算的有关注意事项

在设计图纸中，钢筋配置的细节标注不清楚时，一般可按构造要求处理。

配料计算时，应考虑钢筋的供货长度，在满足设计要求的情况下，便于加工和安装。

配料时，还要考虑构件绑扎、安装的需要配给附加钢筋。如双层钢筋绑扎时支承上层钢筋的钢筋撑脚等。

五、钢筋配料单与配料牌

根据下料长度的计算成果，汇总编制钢筋配料单。作为钢筋加工制作和绑扎安装的主要依据，同时，也作为提钢筋材料计划、计算用工、限额领料和队组结算的依据。

配料单形式及内容已标准、规范化，主要内容必须反映出工程名称、构件名称、钢筋在构件中编号、钢筋简图及尺寸、钢筋级别、数量、下料长度及钢筋重量等。其基本形式见表 3-4。

根据现场施工进度要求，凡列入加工计划的配料单，将每一编号的钢筋抄写制作一块料牌，作为钢筋加工制作的依据，如图 3-20 所示。

料牌分发加工制作班组，随加工制作完成的成品钢筋同行（料牌系挂在钢筋上），在现场绑扎安装分料、排料之前卸掉。

有了钢筋配料单和料牌，钢筋配料计算就完成了。

六、钢筋配料计算的实际练习与考核

（一）配料计算实例

已知某建筑物第一层楼共有 10 根 L_1 梁，梁的钢筋如图 3-21 所示，求各种钢筋下料长度，填写配料单。(有抗震要求，保护层 25mm)。

钢 筋 配 料 单　　　　表 3-4

构件名称	钢筋编号	简　　图	钢筋级别	直径	下料长度（mm）	单位根数	合计根数	重量（kg）

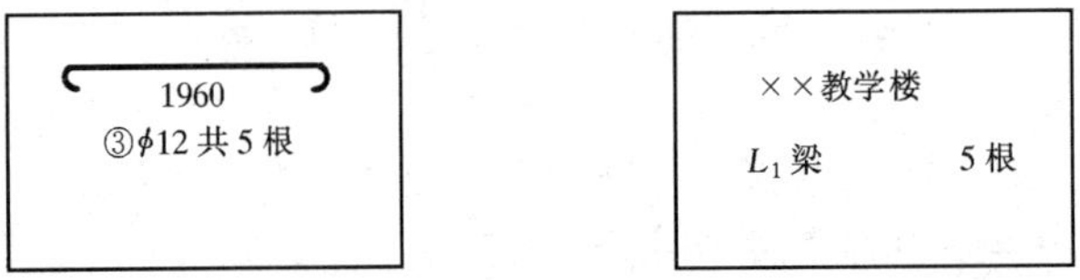

1960
③ϕ12 共 5 根

反面

××教学楼
L_1梁　　5 根

正面

图 3-20　钢筋料牌

解：1. 熟悉图纸、绘出各编号钢筋形状简图（表 3-5）。

2. 计算各编号钢筋下料长度

①号钢筋（ϕ18），属直钢筋，下料长度为：

构件长度 − 保护层厚度 + 弯钩增加长度

$= 6240 - 2\times 25 + 2\times 6.25\times 18$

$= 6415$（mm）

②号钢筋（ϕ18），属弯起钢筋，

端部平直段长为：$240 + 50 - 25 = 265$mm

斜段长 =（梁高 − 2 倍保护层）×1.414

$=(500 - 2\times 25)\times 1.414$

$= 636$mm

中间直线段长为

$6000 + 240 - 2\times 25 - 2\times 265 - 2\times 450$

$= 4760$mm

下料长度 = 直段长度 + 斜段长度 − 弯折量度差值 + 弯钩增加长度

$= [2(150 + 265) + 4760] + 2\times 636 - (4\times 0.5d + 2\times 2d) + 2\times 6.25d$

$= [2(150 + 265) + 4760] + 2\times 636 - (4\times 0.5\times 18 + 2\times 2\times 18)$

$+ 2\times 6.25\times 18$

$= 6979$mm

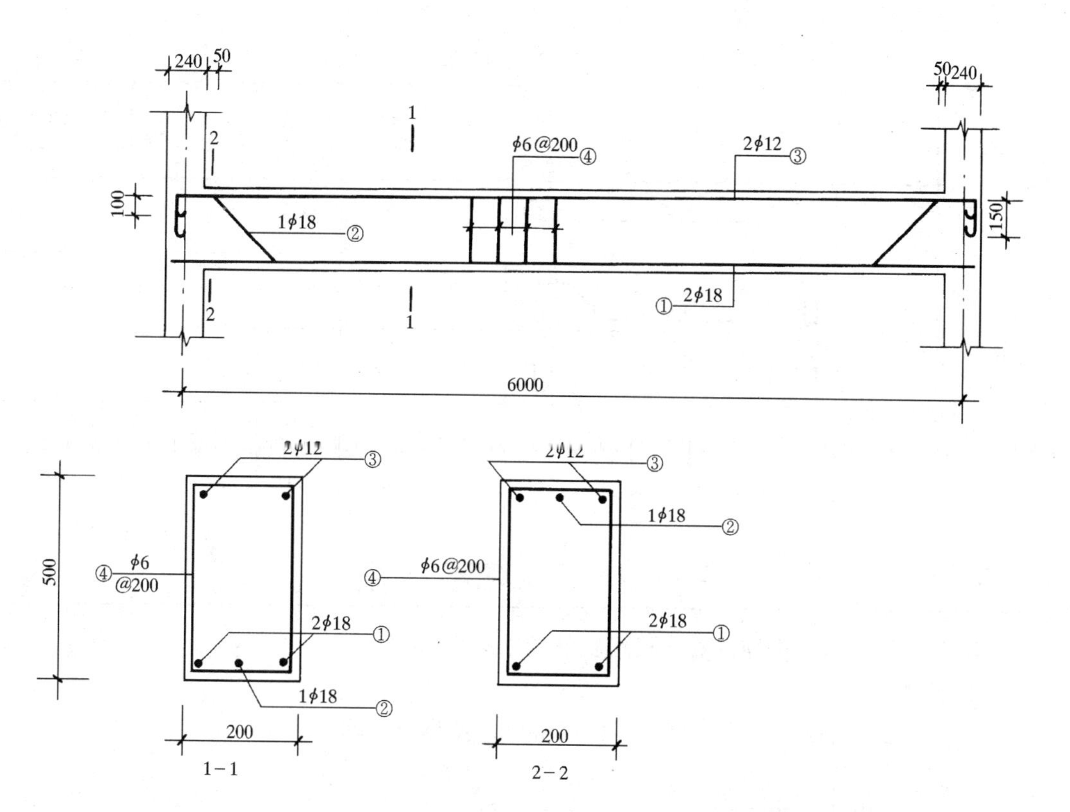

图 3-21　L_1 梁配筋图

③号钢筋 $\phi12$

钢筋外包尺寸为 $6000+240-2\times25=6190\text{mm}$

下料长度为：

$$
\begin{aligned}
&6190+2\times100+2\times6.25d-2\times2d\\
=&6190+2\times100+2\times6.25\times12-2\times2\times12\\
=&6492\text{mm}
\end{aligned}
$$

④号箍筋 $\phi6$

外包周长 = 2× ［（梁高 − 2 倍保护层 + $2d$）＋（梁宽 − 2 倍保护层 + $2d$）］

$=2$［$(500-2\times25+2\times6)$ + $(200-2\times25+2\times6)$］

$=1248\text{mm}$

箍筋下料长度为

箍筋周长 $-3\times2d-2\times2.5d+2\times10d$

$=1248-3\times2\times6-2\times2.5\times6+2\times10\times6$

$=1302\text{mm}$

箍筋根数：$\dfrac{6000+240-2\times50}{200}+1=31.7$ 根（取 32 根）

3. 填写配料单，计算钢筋用量

将计算成果汇总，填写配料单，见表 3-5。

（二）配料计算考核

1. 题目

钢筋配料单 **表 3-5**

构件名称	钢筋编号	简图	钢筋级别	直径 mm	下料长度 (mm)	单位根数	合计根数	重量 (kg)
一层 L_1 梁 10 件	①	6190	ϕ	18	6415	2	20	256.60
	②	265 4760 636 150	ϕ	18	6979	1	10	139.58
	③	6190 100	ϕ	12	6492	2	20	115.30
	④	162 462	ϕ	6	1302	32	320	94.50
	合计：ϕ18：396.18kg ϕ12：115.30kg ϕ6：94.50kg							

结合实习在施工现场计算一根梁钢筋的下料尺寸。

2. 要求

2 小时独立完成，计算成果填写出配料单，填写配料牌。

3. 考核评定

见考核评分表（表 3-6）。

钢筋配料计算考核评分表 **表 3-6**

序	考核项目	单项配分	要求	考核记录	得分
1	简图正确	25			
2	下料计算正确	25			
3	构造处理、计算总用料	20			
4	料牌制作	15			
5	按时完成	15			

班组： 姓名： 考评员：

第四节 钢筋的基本加工

一、钢筋除锈

（一）钢筋锈蚀

钢筋保管不当或存放过久，就会与空气中的氧气化合，在钢筋表面结成一层氧化铁，这就是铁锈。带有铁锈的钢筋叫锈蚀钢筋。

钢筋按锈蚀程度可分为三种：浮锈（轻锈、水锈）；迹锈（中锈）；层锈（重锈）。

（二）有锈钢筋对构件的影响

带有中、重锈钢筋若不除锈就使用对钢筋混凝土构件影响较大，主要危害有：

(1) 钢筋与混凝土不能很好粘结；

(2) 锈层将继续发展，锈皮增厚，截面面积减少，承载能力下降；

(3) 锈层体积膨胀从构件内部胀裂混凝土保护层，缩短构件的寿命等。

(三) 钢筋除锈使用

对于浮锈，除在冷拔或者焊接的焊点附近加以清除干净外，一般可以不予处理。

当钢筋表面已形成一层氧化铁皮，用锤击就能剥落的铁锈时，则一定要清刷干净。

在除锈过程中发现钢筋锈皮鳞落现象严重，并已损伤钢筋断面者，或在钢筋除锈后，其表面有严重的麻坑、斑点伤蚀断面时，应及时向有关人员提出，禁止使用。

(四) 钢筋除锈方法

钢筋除锈方法很多，一般常采用两种方法进行。一是通过钢筋加工的其他工序同时解决钢筋除锈，如在钢筋的冷拉调直过程中除锈。二是通过机械方法进行除锈、如组合式钢筋除锈机除锈，工作原理如图 3-22 所示。此外还有人工钢丝刷除锈，酸洗除锈等方法。

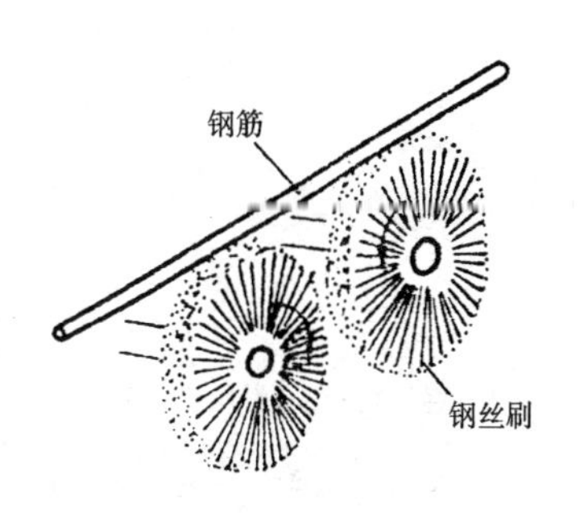

图 3-22 组合式钢筋除锈机工作原理

二、钢筋冷拉

(一) 冷拉

钢筋冷拉是钢筋冷加工的一种方法，除此之外还有钢筋的冷拔和冷轧，在施工现场，钢筋冷拉较为常用。

钢筋冷拉是将Ⅰ～Ⅳ级热轧钢筋在常温下强力拉伸，使拉应力超过钢筋的屈服强度，使钢筋产生塑性变形，以达到调直钢筋、提高强度的目的。

(二) 冷拉控制方法

钢筋的冷拉控制方法可采用控制应力和控制冷拉率两种方法。用作预应力钢筋混凝土结构的预应力筋采用控制应力的方法。不能分清炉批的热轧钢筋，不应采用控制冷拉率的方法。

当采用控制冷拉率方法冷拉钢筋时，冷拉率必须由试验确定。测定同炉批钢筋冷拉率，其试样不少于 4 个，并取其平均值作为该批钢筋实际采用的冷拉率。规范要求，当采用冷拉方法调直钢筋时，HPB235 级钢筋的冷拉率不宜大于 4%，HRB335 级、HRB400 级和 RRB400 级钢筋的冷拉率不宜大于 1%。

当采用控制应力方法冷拉钢筋时，其冷拉控制应力，依钢筋级别、规格的不同，按施工规范要求选取，同时其冷拉控制应力下的最大冷拉率，也应符合规范要求。

(三) 冷拉施工工艺

钢筋冷拉施工工艺，随着采用的机械设备和冷拉钢筋的品种规格以及场地布置的具体条件等不同有较多的变化。

1. 冷拉设备

冷拉设备由拉力设备、承力结构、测量装置和钢筋夹具等组成，如图 3-23 所示。

拉力设备主要有牵引卷扬机和滑轮组，根据所需的最大拉力确定。常采用牵引力 5t 以上的慢速卷扬机。

承力结构主要有地锚或传力架、台座等。能在最大拉力情况、保持强度、刚度和稳定性等要求。

2. 冷拉施工

(1) 主要程序

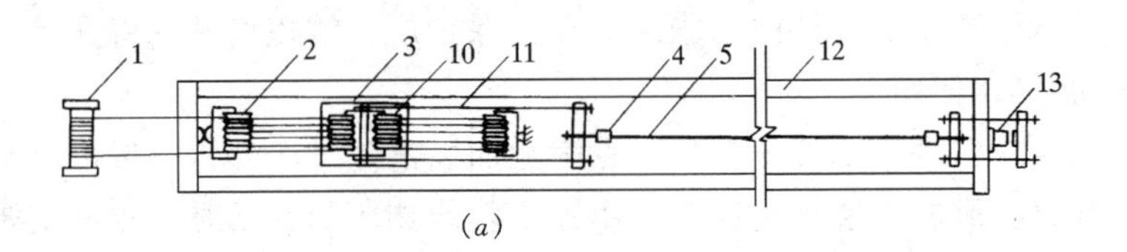

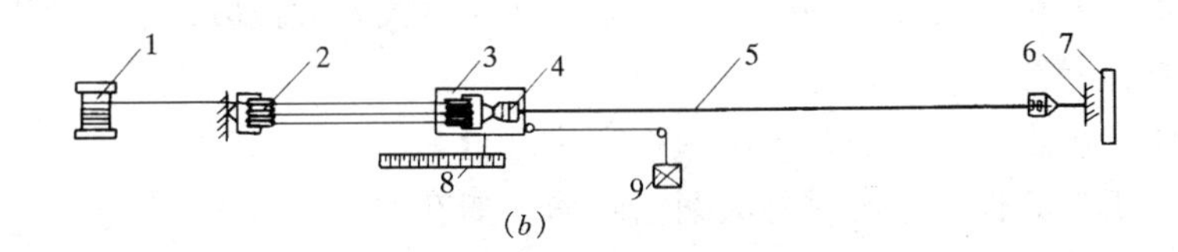

图 3-23 冷拉设备

(a) 方案；(b) 方案

1—卷扬机；2—滑轮组；3—冷拉小车；4—夹具；5—被冷拉的钢筋；6—地锚；7—防护壁；8—标尺

9—回程荷重架；10—回程滑轮组；11—传力架；12—槽式台座；13—液压千斤顶

开盘、夹具固定钢筋→拉直（展）检查→开始拉伸、观察控制指标→静停→倒车放松→钢筋卸夹堆放。

(2) 操作要点及注意事项

盘圆钢筋轧制的端头先截掉一段不拉，再根据冷拉线台长度截取合适的长度，两端用夹具固定。

初拉直后，应注意检查观察夹具的固定牢固程度，防止落夹。正常拉伸速度不宜太快，一般以每秒拉长 0.5～1m 或每秒增加 $5N/mm^2$ 拉应力为宜。

当拉至控制值时，停车 2～3min 后，使钢筋晶体组织变形较为完全，以减少钢筋的弹性回缩，再进行放松，卸夹堆放。

冷拉钢筋时，正对钢筋端头不许站人或跨越钢筋，防止不安全事故的发生。

三、钢筋调直

(一) 钢筋调直

为了满足钢筋使用的需要，在钢筋下料切断前，将盘圆钢筋、不直的直条钢筋调整平直的过程。

直径在 10mm 以下的钢筋是以盘圆钢筋供应的，使用前，必须经过一道放圈，调直工序。

直径在 10mm 以上钢筋是以 9m 左右定尺直条供应的，下料前由于多种原因，使直条状钢筋造成局部曲折，使用前也要进行一次调直处理。

曲折钢筋如果不进行调直，将影响构件受力性能，钢筋弯曲成型、绑扎安装的质量。

(二) 钢筋调直方法

钢筋调直方法有人工调直、卷扬机拉直和机械调直等。

1. 人工调直

(1) 钢丝的调直

钢丝硬度较大，一般人工平直较为困难，多采用机械调直的方法进行。

当工程量很小，设备不易解决的地方，可以采用蛇形管调直钢丝。

蛇形管调直钢丝的方法如图 3-24 所示。用长 40～50cm，外径 20mm 的厚壁钢管，弯成蛇状，四周打上小孔，排漏锈粉，管两端连接喇叭状进出口，将蛇形管固定在支架上，需要调直的钢丝穿过蛇形管，用人力向前牵引，即可将钢丝基本调直，局部慢弯处可用小锤加以平直。

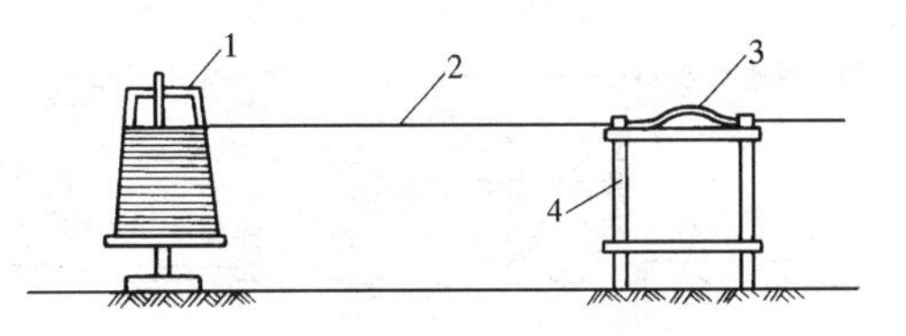

图 3-24　蛇形管调直架

1—放盘架；2—钢丝；3—蛇形管；4—固定支架

(2) 细钢筋调直

在工程较小，又无设备的情况下，可以在工作台上用小锤（硬木）敲直。

在零星钢筋加工中，用绞磨、手摇绞车、倒链调直钢筋还是可行的。

绞磨调直钢筋时，先将盘圆钢筋搁在放圈架上，人工将钢筋拉到一定长度切断，分别将钢筋两端夹在地锚和绞磨端的夹具上，推动绞磨，即可将钢筋基本拉直。

用绞磨拉直细钢筋只要有绞磨、钢丝绳、地锚和夹具即可，设备比较简单。

(3) 粗钢筋调直

粗钢筋的曲折是在运输和堆放过程中造成的，数量不大，一般仅在直条上出现一些慢弯，调直比较简单。

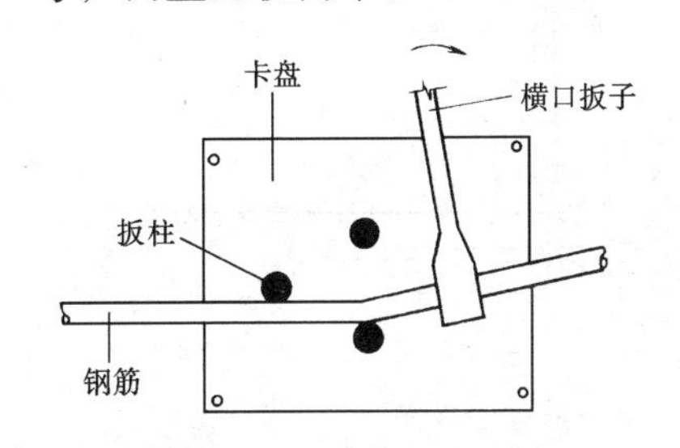

图 3-25　粗钢筋人工调直

调直时，首先将钢筋弯折处放在卡盘上的扳柱间，用平头横口扳子将钢筋弯曲处基本扳直，如图 3-25所示。也可以手持直段钢筋处作为力臂，直接将钢筋弯曲处在扳柱间扳直，然后将基本扳直的钢筋放在工作台上，用大锤将钢筋慢弯处打平，直至钢筋在工作台上可以滚动，即可认为钢筋调直合格。

2. 机械调直

(1) 钢筋调直机械

钢筋调直机是调直细钢筋和冷拔低碳钢丝的，也是目前定型的钢筋调直机械，如图 3-26 所示。主要有 TQ4-14 和 TQ4-8 两种型号、分别调直的最大直径是 14mm 和 8mm。

钢筋调直机，具有钢筋除锈、调直、切断三项功能，这三项工序能在操作中一次完成，是施工首选的一种方法。

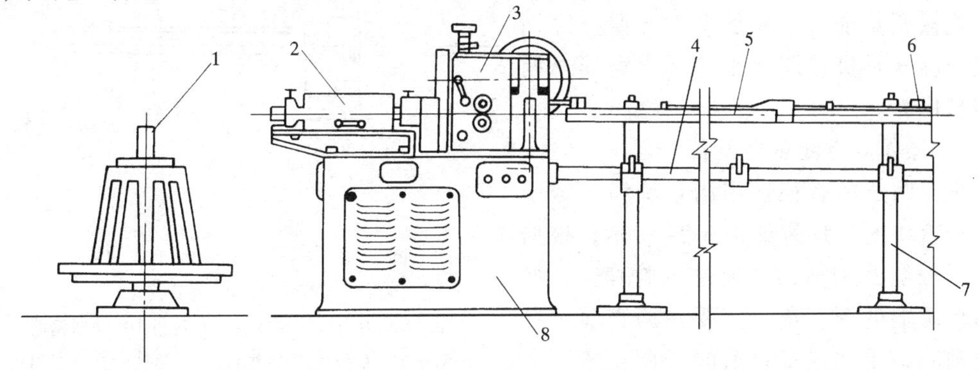

图 3-26　GT4-8 型钢筋调直切断机外形

1—盘料架；2—调直筒；3—传动箱；4—受料架；5—托板导料槽；6—定长装置；7—撑脚；8—机座

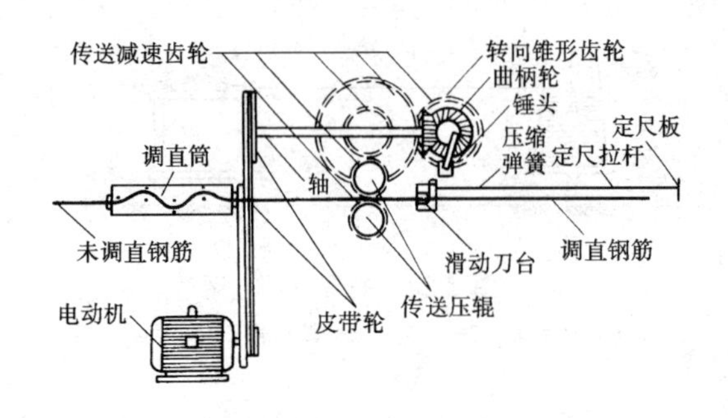

图 3-27 钢筋调直机工作原理图

两种型号调直机的工作原理基本相同，以 TQ4-8 为例，其主要由盘料盘、调直筒、传送压辊、切断机构、受料架、定尺板等工作机构组成，如图 3-27 所示。在原理图中可以看出电动机端部有两个皮带轮。大皮带轮直接带动调直筒，通过调直筒内的 5 个不在一条线上的调直块高速旋转，使穿过调直块的弯曲钢筋调直，钢筋表面的锈迹、锈皮也被调直块清除了。电动机端另一个小皮带轮，通过一个皮带轮减速后，带动一对减速、转向的锥形齿轮，锥形齿轮又通过两对减速齿轮，带动一对同速反向回转的齿轮，以传动两个上下传送压辊转动牵引调直好的钢筋向前运动。通过锥形齿轮的轴端，带动一个曲柄轮，轮上的连杆使一个锤头不停的上下运动。

一个安装有切断钢筋装置的滑动刀台在锤头的一侧，如图 3-28（*a*）所示，可以左右运动，当钢筋调直到预定长度，钢筋端头就触到和滑动刀台相连结的定尺板（安装在受料架上），定尺拉杆就将滑动刀台拉滑到锤头下方，锤头锤击上刀架，通过上、下切口的剪刀将钢筋切断，如图 3-28（*b*）所示。切断的钢筋落入受料架内，在这一瞬间，由于定尺拉杆上压缩弹簧的作用，就将滑动刀台和上刀架顶回到原来的位置。

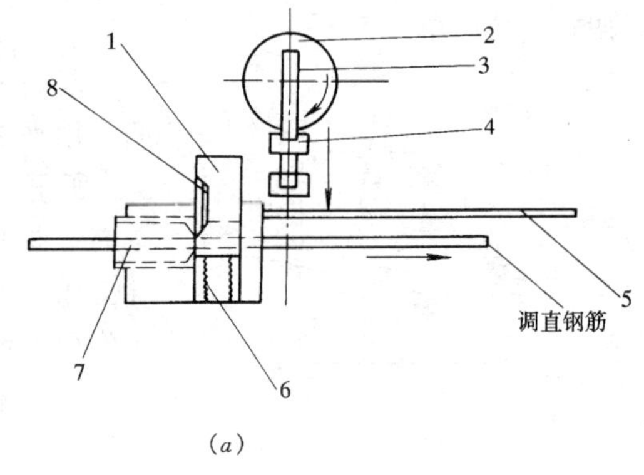

（*a*）

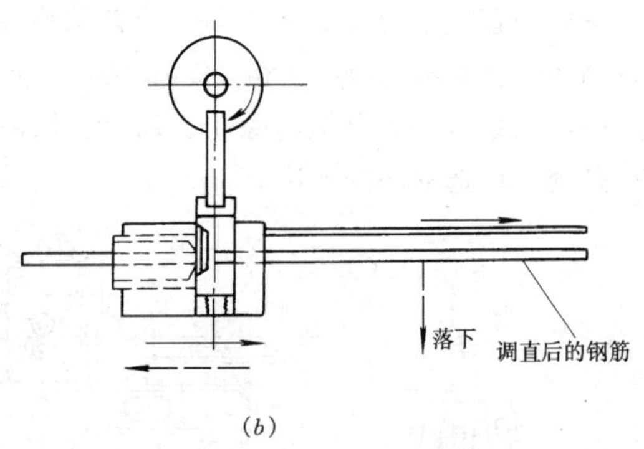

（*b*）

图 3-28 钢筋调直切断工作原理

（*a*）滑动刀台位于锤头前方；

（*b*）滑动刀台被拉到锤头下方互相作用切断钢筋

1—上刀架 2—曲柄轮；3—连杆；4—锤头；5—定尺拉杆；

6—回位弹簧；7—固定刀片（下切刀）；

8—活动刀片（上切刀）

钢筋除锈、调直、切断工作就这样连续不停的进行着。

（2）钢筋调直机的调整和使用

以 TQ4-8 型调直机为例。

1）使用程序。

机械调整准备→钢筋上盘开捆→穿钢筋过压辊→开机试调→正式调直钢筋→调完机械保养。

2）操作要点注意事项。

根据钢筋的直径选用调直块和传送压辊。调直块的偏移量如图 3-29 所示，根据其磨耗程度及钢筋品种通过试验确定，但调直筒两端的调直块一定要在调直前后导孔的轴心线上，这是钢筋能否调直的一个关键。压辊的槽宽，一般在钢筋穿入压辊之后，保证上下压辊间有 3mm 之内的间隙比较适宜。压辊的压紧程度要做到既保证钢筋能顺利的被牵引前进，而在被切断的一瞬钢筋和压辊间又能允许发生打滑。

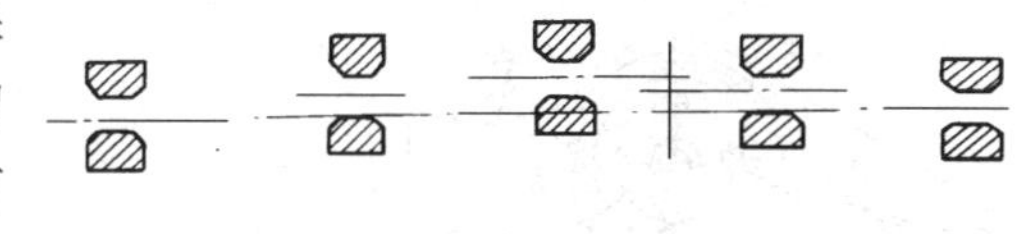

图 3-29 调直模的安装

开机试调时，观察机械的运行状况，定尺的准确程度，切断机构工作是否正常，再进入正式调直阶段，专人操作，直至完成。

调完后，机械各部位进行检查保养。

盘圆钢筋放入盘料盘上要平稳，如有乱丝或钢筋脱架时，必须停车处理。

已调直好的钢筋，必须按规格、根数分成小捆堆放整齐，不要乱丢，地面上散乱钢筋也要随时清理，以防线挂伤人。

四、钢筋切断

（一）钢筋切断

钢筋切断是指钢筋的出厂长度和连接长度不符合配料长度（下料尺寸）的要求时，截断其长短的工序过程。

钢筋切断常有两种形式：一种是切断工序已作为钢筋联动机械的一部分一次完成；另一种形式是以单独的切断工序存在的。

[illegible]钢筋切断前的准备

[illegible]好钢筋切断机，并试机正常。

[illegible]筋配料单复核料牌上所写的钢筋的种类、直径、尺寸、根数是否正确。

[illegible]材料长度，将同规格钢筋根据不同长度，进行长短搭配，统筹排料，[illegible]料，以尽量减少短头，减少损耗。

(4) 在断料时，应避免用短尺量长料，防止在量料中产生累计误差。

(5) 在联动切断机械设备中，对切断部分也要在操作前调整好定尺板位置，先切 1～2 根，核对好尺寸，再成批生产。

（三）切断方法

1. 人工切断

人工切断钢筋是一种劳动强度大，且工效很低的方法，只在切断量小或缺少动力设备的情况下才予以采用。

人工切断主要工具有断线钳、GJ5Y-16 型手动液压切断机、手压切断器等。

人工切断时，使用工具一般没有固定基础，在操作过程中，往往只采取一些临时固定措施，经常可能发生位移。当采用卡板作为控制切断尺寸的标志而大量切断钢筋时，就必须经常复核断料尺寸是否正确，特别是一种规格的钢筋切断量很大，更应在操作过程中经常检查，避免刀口和卡板间距离发生移动，引起断料尺寸错误。

2. 机械切断

（1）钢筋切断机

钢筋切断机是钢筋切断的专用机械，产品型号主要有 GJ5-40 和 QJ40-1 型等几种，如图 3-30 所示。

切断原理是由电动机通过皮带轮及齿轮组变速，带动偏心轴，偏心轴推动连杆，连杆端装有冲切刀片（活动刀片），冲切刀片做往复水平运动，即和固定刀片剪切切断钢筋。

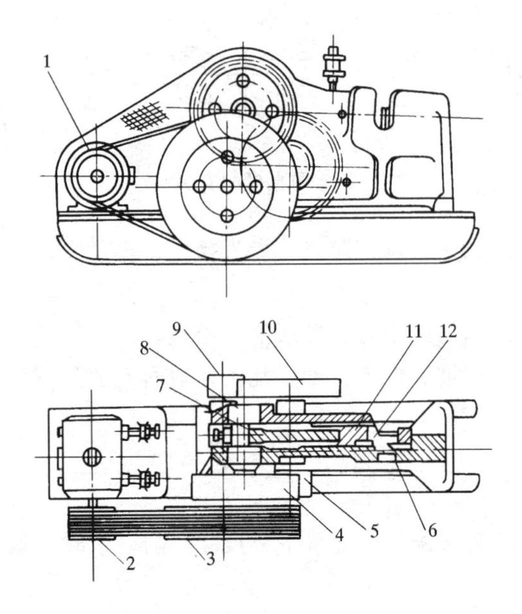

图 3-30　GJ5-40 型钢筋切断机

1—电动机；2、3—三角带轮；4、5、9、10—减速齿轮；6—固定刀片；7—连杆；8—偏心轴；11—滑块；12—活动刀片

（2）钢筋切断机使用

1）使用程序：

检查调整刀片间隙→启动正常运行→上料、送料、切断→接料→重复（上料、送料、切断、接料）过程→切完停机清理保养

2）操作要点注意事项。

钢筋切断机按要求安装、接电。接送料工作台和切刀下部保持水平，长度符合切料长度。

启动前，检查并确认切刀无裂纹，刀架螺栓紧固，防护罩牢靠，用手转动皮带轮，检查调整切刀间隙（1mm 左右）。

启动后，应先空运转，检查各传动部分及轴承运转正常后，方可作业。

钢筋切断要在调直后进行。为了保证断料正确，钢筋和切断机刀口要[illegible]在切断细钢筋时，要将钢筋摆直，[illegible]形成弧线。

机械未达到正常转速时，不得切料。切料时，[illegible]紧，在活动刀片向后退时，将钢筋送进刀口进行[illegible]人。不能在活动刀片已开始向前推进时向刀口送料[illegible]寸，往往还会发生机械或人身安全事故。

切料时，操作者应站在固定刀片一侧用力压住钢筋，应防止钢筋末端弹出伤人。严禁用两手分在刀片两边握住钢筋俯身送料。

一次切断多根钢筋时，其总截面积应在机械规定范围内。不得剪切直径及强度超过机械铭牌规定的钢筋。如 GJ5-40 型钢筋切断机每次可切断钢筋根数可参考表 3-7。

GJ5-40 型钢筋切断机每次切断根数　　　　表 3-7

钢筋直径（mm）	6	8	10	12	14～16	18～20	22～40	备注
每次切断根数	15	10	7	5	3	2	1	Ⅰ级钢筋

切断短料时，手和切刀之间的距离应保持在 150mm 以上，如手握端小于 400mm 时，应采用套管或夹具将钢筋短头压住或夹牢。

当发现机械运转不正常、有异常响声或切刀歪斜时，应立即停机检修。

作业后，应切断电源，用钢刷清除切刀间的杂物，进行整机清洁润滑等保养。

五、钢筋的弯曲成型

（一）弯曲成型

钢筋的弯曲成型就是将切断、配好的钢筋，弯曲成所需要的形状尺寸的工序过程。

弯曲成型技术性较强，如果操作技术熟练，不但钢筋弯曲操作速度快，而且加工的钢筋形状正确，平面上没有翘曲不平的现象，便于绑扎安装。

弯曲成型要求施工人员在实际操作中不断地实践，摸索操作规律、积累操作经验，加深对钢筋弯曲成型操作规律的认识，熟练弯曲操作技术。

（二）弯曲成型的方法

1. 手工弯曲成型

(1) 工具设备

工作台：有钢制和木制，外型尺寸长×宽×高=4.0～8.0m×0.8m×0.9～1m台面根据需要采用厚木板、方木或槽钢拼制而成。工作台要求稳固牢靠，避免在操作时发生晃动。

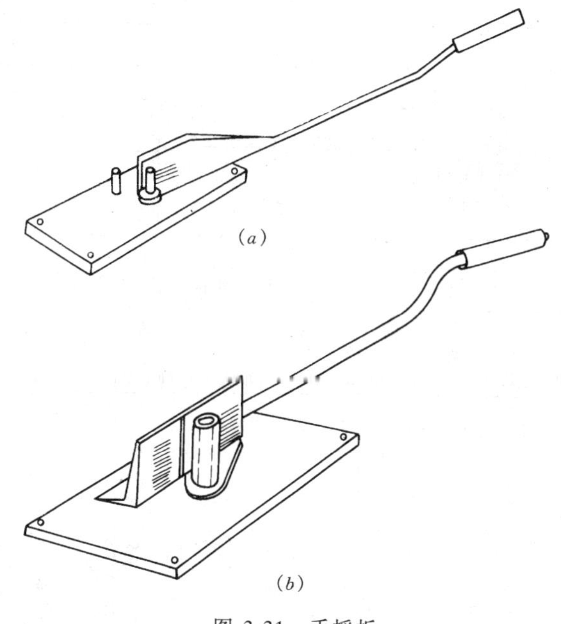

图 3-31　手摇板

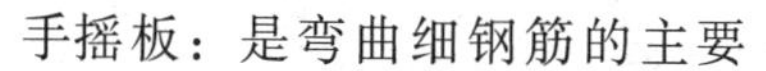

手摇板：是弯曲细钢筋的主要工具。它是由一块钢板底盘和扳柱（钢筋柱）、扳手（摇手）组成，如图 3-31 所示。图 3-31（*a*）是一个弯单钢筋的手摇板，可以弯曲 12mm 以下的钢筋；图 3-31（*b*）是可以弯曲多根钢筋的手摇扳每次可以弯曲 4 根直径 8mm 的钢筋，主要适宜弯制箍筋。底盘钢板厚 5～6mm，扳柱直径为 16～20mm，扳子手柄用 14～18mm 钢筋制成。

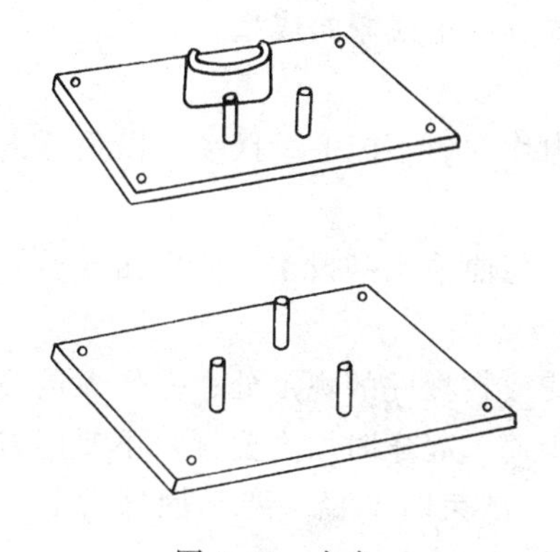
图 3-32　卡盘

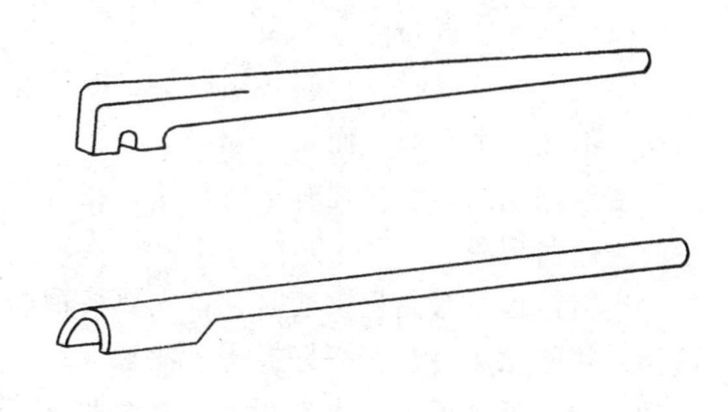
图 3-33　扳子

卡盘（底盘）：是弯粗钢筋的主要工具之一，由一块厚钢板和扳柱（$\phi20\sim\phi25$ 钢筋柱）组成，底盘固定在工作台上。有两种形式；一种是由一块钢板上焊四个扳柱；另一种是在钢板上焊三个扳柱，如图 3-32 所示。

钢筋扳子：主要和卡盘配合使用，钢筋扳子有横口扳子和顺口扳子两种，如图 3-33 所示。钢筋扳子的扳口尺寸要比弯制的钢筋大 2mm 较为合适，过大会影响弯制形状的正确，所以在准备钢筋弯曲工具时，应配备有各种规格扳口的扳子。

工具制作参数：

手摇扳、卡盘和横口扳手主要尺寸参见表 3-8 和表 3-9。

手摇扳主要尺寸参考表（mm） 表 3-8

附图	钢筋直径	*a*	*b*	*c*	*d*
	6	500	18	16	16
	8～10	600	22	18	20

卡盘和横口扳手主要尺寸参考表（mm） 表 3-9

附图	钢筋直径	卡盘			横口扳手			
		a	*b*	*c*	*d*	*e*	*h*	*l*
	12～16	50	80	20	22	18	40	1200
	18～22	65	90	25	28	24	50	1350
	25～32	80	100	30	38	34	76	2100

（2）手工弯曲成型的特点

设备简单，成型准确，施工方便，但劳动强度大、效率低。

（3）手工弯曲的施工程序

领料→弯曲前准备→划标志控制点→试弯→调整控制点→正式弯曲成型。

（4）操作要点及注意事项

手工弯曲钢筋时，钢筋必须放平，扳子要托平，用力均匀，不能上下摆动，以免弯出的钢筋不在一个平面上而发生翘曲。

变形钢筋的纵肋往往有扭曲现象，在弯曲时要根据肋扭曲情况搭扳子，使弯曲成型后不产生翘曲现象。

用横口扳子弯曲粗钢筋时，首先要将钢筋的弯曲点线放在扳柱的规定处；操作人员要站稳，两腿站成弓步，搭好扳子，注意扳距，扳口卡牢钢筋。起弯时用力要慢，不要用力过猛，防止扳子扳脱，人被甩倒。弯曲时要借一般甩劲，结束时要稳，要掌握好弯曲位置，以免把钢筋弯过头或没弯到要求角度。

不允许在高空或脚手板上弯粗钢筋，避免因操作时脱板造成高空坠落。

2. 机械弯曲成型

（1）钢筋弯曲机

钢筋弯曲机是将调直、切断后的钢筋弯曲成设计所要求的各种形状和尺寸的专用机械。当前工程常使用 GW-40 型如图 3-34 所示。

弯曲机是由电动机通过三角皮带轮、齿轮组、蜗杆、蜗轮等减速装置带动弯曲盘进行工作的。

在弯曲钢筋时，接通电源，弯曲工作盘绕心轴转动。此时，心轴和工作轴（扳柱）都

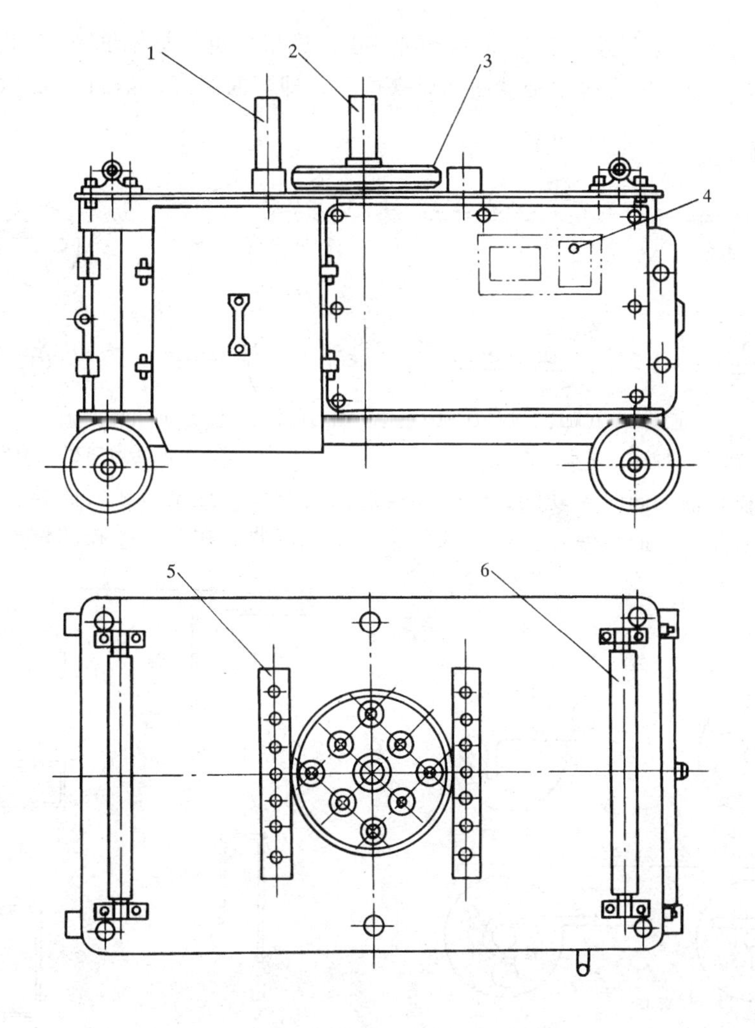

图 3-34 GW-40 型钢筋弯曲机外形图

1—挡铁轴；2—心轴；3—工作盘；4—倒顺开关；5—插入座；6—辊轴

在转动，但心轴在圆盘中心，位置并没移动，而工作轴却围绕着心轴作弧形运动，将钢筋弯曲成型，如图 3-35 所示。

由于蜗轮、蜗杆传动具有减速比大、工作平稳而缓慢的特点，并借助磁力起动器可以使电动机换向转动，因而很适用于直条钢筋的弯曲工作。

由于齿轮组有快、中、慢三组调速，钢筋愈粗速度愈慢。弯曲工作盘上可根据不同弯曲直径插不同规格的扳柱。

（2）机械弯曲成型的特点

工效高、质量好、能减轻劳动强度。

（3）机械弯曲的施工程序

领料→弯曲前的准备→划线→试弯→复核尺寸→调整划线点→正式弯曲成型。

（4）操作要点及注意事项

将钢筋需要弯曲的部位放到心轴与成型轴（工作轴）之间，开动弯曲机，当工作盘旋转 90°时，成型轴也转动 90°。由于钢筋被挡铁轴阻止不能运动，成型轴就将钢筋绕着心轴弯成 90°的弯钩。如果工作盘继续旋转到 180°，成型轴也就把钢筋弯成 180°的弯钩。用倒顺开关使工作盘反转，成型轴就回到原来位置，即弯曲结束，如图 3-36 所示。

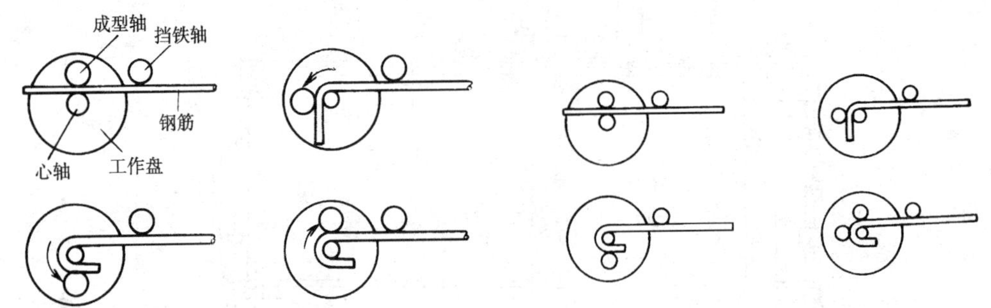

图 3-35　弯曲机工作示意图　　图 3-36　钢筋弯曲机成型钢筋

成型轴和心轴是同时转动的，会带动钢筋向前滑动。这是机械弯曲和人工弯曲的一个最大区别，因此，弯曲点线在工作盘的位置与手工弯曲时在扳柱铁板的位置正好相反。

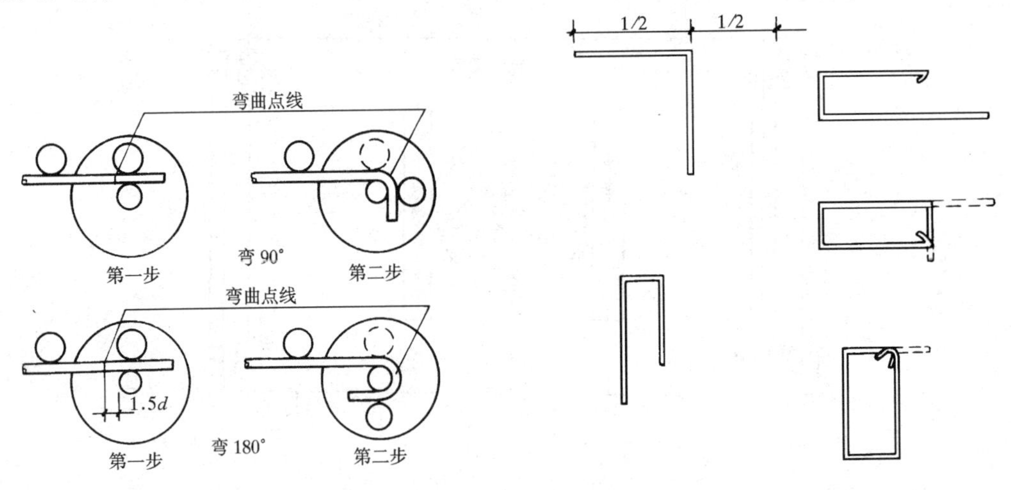

图 3-37　弯曲点线和心轴关系　　图 3-38　箍筋制作步骤

一般弯曲点线与心轴距离如图 3-37 所示。

另外，弯曲机使用前，应检查启动和制动装置是否正常，变速箱的润滑油是否充足。操作时，先试运转，待运转正常后，方可正式操作。弯曲钢筋放置方向要和挡轴、工作盘旋转方向一致，不得放反。在变换工作盘旋转方向时，应按正（倒）转→停→倒（正）转的步骤进行操作，不得直接从正→倒或倒→正。

（三）箍筋、弯起钢筋的弯曲成型

1. 箍筋的弯曲成型

(1) 把按下料长度切好的钢筋的 1/2 位置对在底盘成型轴靠右手（弯曲侧）的外皮上，并在手摇扳子的左侧工作台上设立 1/2 标志，用手摇扳子弯出第一个垂直箍角，如图 3-38 所示。

(2) 依成型轴右边的外皮向左量出箍筋一个短边边长所需要的尺寸（减去一个弯心轴直径 D)，做好标志，用手摇扳子弯第二个垂直箍角。

(3) 依成型轴右边的外皮向左量箍筋的另一个长边所需要的尺寸（减去一个弯心轴直

径 D)，做好标志，用手摇扳子弯箍口第一个 135°箍角。

(4) 箍子向外翻转 180°，对好标志，弯制与第三步相同的箍子长边，成型第三个直角箍角。

(5) 对好标志弯制与第三步相同的箍子短边，成型箍口第二个 135°箍角，到此箍筋弯曲制作完成。

以上为量度外包尺寸时的弯曲方法。当配料单以量度内皮尺寸为加工依据时，其弯曲制作步骤是完全相同的，但标志的定位方法有所差别。

箍筋量度方法，如图 3-39 所示。

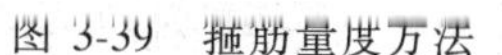

图 3-39　箍筋量度方法

2. 弯起钢筋的弯曲成型

弯起钢筋是粗钢筋弯曲操作过程中较有代表性的一种，一般分为六步成型。成型步骤如图 3-40 所示。

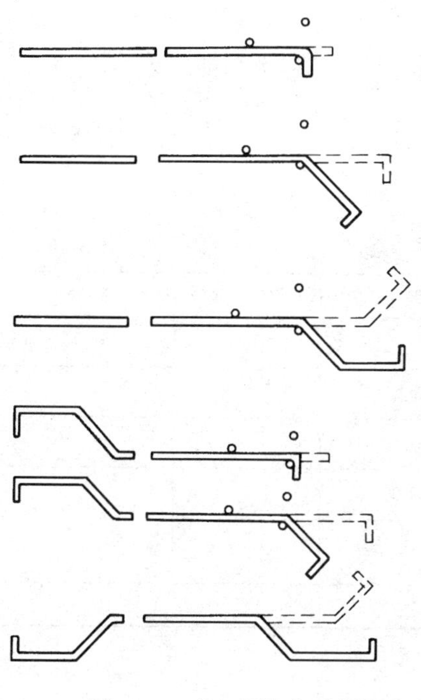

图 3-40　弯起钢筋成型步骤

弯起钢筋一般比较长，在成型时调头工效低，可以在工作台两端设置卡盘，分别在工作台两端完成成型工序。

在钢筋弯曲成型时，注意最后一个弯曲程序的安排（如端头弯钩）这样可以将配料、断料中的某些误差留在弯钩内，不致影响成型钢筋的外形尺寸。

(四) 钢筋的弯曲成型的要求

前面在钢筋翻样时，虽然已按规范要求，确定了弯曲钢筋的弯弧内直径（弯曲直径）及弯钩平直部分长度，并计算在下料长度之中，但是，在制作操作中还是容易出现这一部分不能满足规范要求的问题，这样就会影响结构工程的质量。

因此，钢筋弯曲时应认真检查钢筋弯弧内直径的大小，弯钩平直部分长度，保证质量。

通常检查以下内容：

(1) HPB235 级钢筋末端应作 180°弯钩，其弯弧内直径不应小于钢筋直径的 2.5 倍，弯钩的弯后平直部分长度不应小于钢筋直径的 3 倍；

(2) 当设计要求钢筋末端需作 135°弯钩时，HRB335 级、HRB400 级钢筋的弯弧内直径不应小于钢筋直径的 4 倍，弯钩的弯后平直部分长度应符合设计要求；

(3) 钢筋作不大于 90°的弯折时，弯折处的弯弧内直径不应小于钢筋直径的 5 倍；

(4) 除焊接封闭环式箍筋外，箍筋的末端应作弯钩，弯钩形式应符合设计要求；当设计无具体要求时，应符合下列规定：

1) 箍筋弯钩的弯弧内直径除应满足以上各条规定外，尚应不小于受力钢筋直径；

2) 箍筋弯钩的弯折角度：对一般结构，不应小于 90°；对有抗震等要求的结构，应为 135°；

3）箍筋弯后平直部分长度：对一般结构，不宜小于箍筋直径的5倍；对有抗震等要求的结构，不应小于箍筋直径的10倍。

六、钢筋加工成品的存放管理

钢筋加工制作顺序及数量（每批）应符合总体施工进度安排的要求，并符合堆放场地的大小，对占用场地相对较小的箍筋可提前一定时间制作，总体布置符合现场平面布置。

钢筋制作成品检验合格宜棚内挂牌堆放。

现场钢筋加工制作应由专人负责，并根据进度安排人员分时、段给钢筋绑扎班组按施工段或构件分、发配套齐全的成品钢筋。对个别差缺的钢筋，查明原因，及时解决，保证工程进度。

场外加工钢筋或商品钢筋应设立专门供应部门，根据现场进度要求，随时联系供应钢筋，保证正常生产秩序。

七、钢筋加工制作考核

（一）题目

用 $\phi6$ 钢筋制作 412mm×162mm（外皮尺寸）箍筋5只，箍口平直部分长 $5d$。

（二）要求　独立完成下料和制作。

（三）考核评分

箍筋制作考核评分表见表3-10。

钢筋箍筋制作考核评分表　　　　**表 3-10**

序	考核内容	单项配分	要　　求	考核记录	得分
1	下料长度尺寸，正确	20	正确		
2	箍筋外形尺寸	25	偏差符合规范要求		
3	箍筋方正度	15	符合要求		
4	箍口	20	平直尺寸准确		
5	安全生产、文明施工	10	安全无事故 无材料浪费		
6	综合印象	10			

班组：　　　　　　　　　姓名：　　　　　　　　　考评员

八、钢筋加工质量要求与安全技术

（一）质量要求

钢筋的加工质量直接影响绑扎的质量。钢筋加工的形状、尺寸应符合设计要求，其偏差应符合表3-11要求。

钢筋加工的允许偏差　　　　**表 3-11**

项　　目	允许偏差（mm）
受力钢筋顺长度方向全长的净尺寸	±10
弯起钢筋的弯折位置	±20
箍筋内净尺寸	±5

（二）安全技术要求

（1）钢筋工现场要做到文明生产，一切原材料、成品或废料均应按序堆放。电气线路、气路、水路按有关规定布设。运输道路要通畅，生产工艺流程要合理，并有合理的工作面。

（2）一切钢筋加工机械，应有熟悉其设备性能的人员管理和操作，并按规定要求进行维护和保养。电源闸刀应入箱加锁，电动设备均应接地，接地电阻不大于4Ω。调整机械设备（如变换变压器级次）应首先切断电源，机械设备不许“带病”运转，不准超负荷作业，不准在运行中维修保养。

（3）在钢筋冷拉前应检查一切钢筋冷拉设备，如地锚、倒链、卷扬机、测力计、限位或信号装置、钢丝绳、滑轮组、钢筋夹具、保护装置等是否完好，动作是否灵敏，运转是否正常；并且应严格按照规定操作程序和信号进行作业，以保证冷拉过程的安全。

冷拉区域应有围护装置和警戒标志，操作人员在冷拉操作时间应站在围护区域外，严禁跨越或触动正在冷拉的钢筋。

（4）钢筋放盘或调直机调直，要注意钢筋在盘架上放圈情况，防止钢筋尾部甩出伤人。

（5）钢筋除锈、平直、弯曲和切断作业时的铁末铁屑不允许口吹、手抹，操作人员应佩戴必要保护用品。

（6）钢筋切断机断料作业时，应将钢筋握紧、掌握好时机将钢筋放入刀口，防止钢筋摆动和蹦出；不允许将长度短于30cm的钢筋用手送入切断，不得切断超过规定直径、根数和硬度的钢筋（钢材）。

（7）手工弯曲粗钢筋，脚要站稳，不要用力过猛，防止钢筋突然断裂或脱板。钢筋弯曲机旁应设置电源闸门，防止弯曲机倒顺开关失灵以便及时停止；弯曲机应按程序操作；弯箍机操作，手持钢筋部位要正确，动作要敏捷。

第五节　钢筋的绑扎与安装

一、钢筋绑扎与安装前的准备工作

（一）熟悉施工图纸核对钢筋配料单

钢筋工程是和其他分项工程一起，分层、分段交替进行施工，施工绑扎人员在每一施工段（单元）开始前，要认真阅读施工图，了解设计意图和注意事项。核对配料单的翻样内容符合设计要求，注意接头位置的组合、细部构造处理、代换情况等能满足施工操作要求。最后将该段钢筋供料时间通知给钢筋加工车间，以便准备。

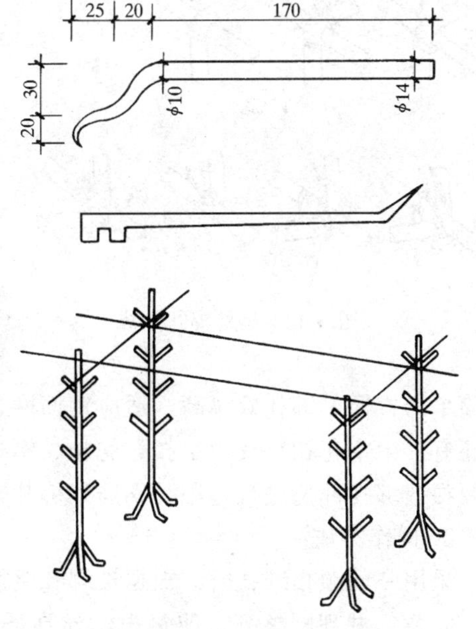

图3-41　钢筋绑扎常用工具

（二）领料、分料和清料

由绑扎班组和制作班组人员，按配料单的顺序，分规格清理每一个构件的钢筋，查对料牌，钢筋规格、数量、外形尺寸全部符合配料单要求，并即时组织人员从车间外运，进行制作与绑扎的领料交接工作。

（三）施工工作面和相关工种配合

施工前应对工作场地进行清理：作好钢筋绑扎安装与临时堆放区域的准备。钢筋绑扎安装所需要的架子提前搭设验收，使用的控制线、

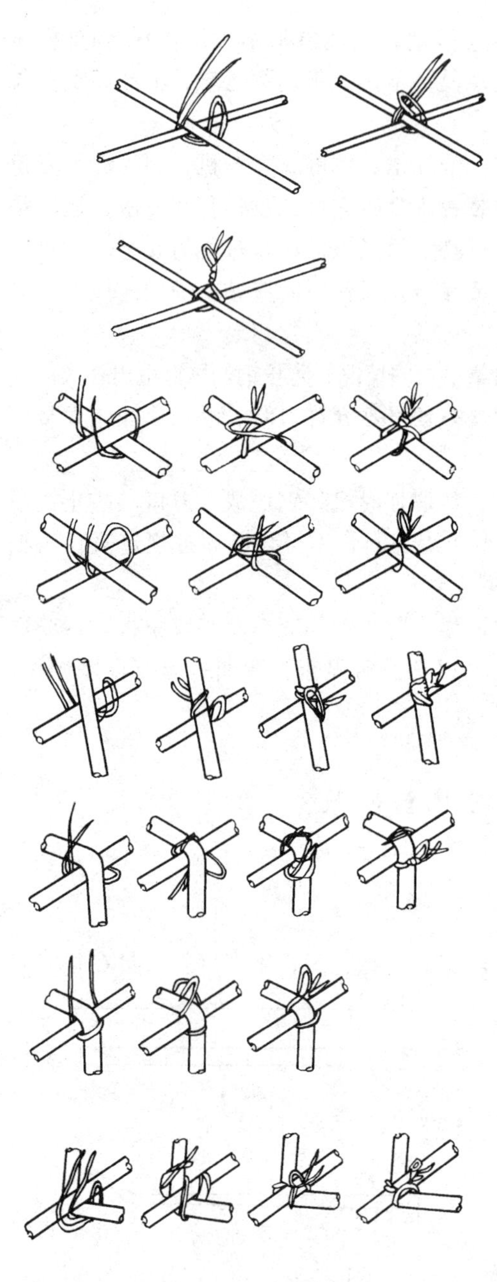

图 3-42　钢筋绑扎方法

标高、洞口等位置标注明确。对和相关工种交叉使用的场地协条好使用时间，互相创造施工条件。

钢筋工程不是一项独立的工程，要和模板、混凝土、水、电设备安装预埋等工序密切联系，统筹施工、保护产品。如钢筋网、架表面不能走人，或搁置重物，钢筋绑扎安装位置一定要准确，主筋上不能焊接固定管件等等，都应提前考虑准备。

（四）钢筋施工顺序的设计

钢筋绑扎安装工程施工，是按设计构件逐件完成，在结构中，各构件是相互连接的，这样，钢筋绑扎安装是单个构件的完成过程，也是各构件钢筋交织连接成整体的过程。因此，在施工前要仔细研究钢筋安装的步骤，讨论方法，明确交底。

在比较复杂的钢筋安装工程中，钢筋安装的顺序是否合理，往往是钢筋质量保证、安装能否顺利进行的关键。有时整个钢筋已基本安装完了，但漏掉一个或几个编号钢筋却安装不进去，只能将已安装好的部分拆掉，再把这几个编号钢筋安装进去，既延误了工期，又浪费了劳动力。

二、钢筋绑扎安装的基本方法

（一）常用绑扎安装工具

钢筋绑扎安装工具比较简单，主要有铅丝钩、带扳口的小撬杠、绑扎架和钢筋运输车等，如图 3-41 所示。

（二）钢筋绑扎方法

1. 绑扎形式

如何把钢筋用绑扎铅丝绑在一起，最为通用的是一面顺扣操作法，这种方法具有操作简单，方便、绑扎效率高，适应钢筋网、架各个部位的绑扎，扎点也比较牢靠。除此之外还有：十字花扣、反十字扣、兜扣、缠扣、兜扣加缠、套扣等各种绑扎方法，这些方法主要根据绑扎部位进行选用。钢筋的绑扎方法，如图 3-42 所示。

2. 操作方法

采用一面顺扣绑扎时，根据被绑扎钢筋的直径切割合适长度的绑扎铅丝，在中间折合成 180°弯，并理顺整齐，使每根铅丝在操作时很容易抽出，绑扎时，执在左手的铅丝靠近钢筋绑扎点的底部，右手拿铅丝钩，食指压在钩前部，用钩尖端钩着铅丝底扣处，并紧靠铅丝开口端，绕铅丝拧转 2 到 2 圈半，松紧适宜，松手取钩，完成一绑点的绑扎。

3．注意问题

提高工效的关键在于铅丝抽出快，拧扣点位合适，铅丝钩拧转速度快，初学者通过反复练习，达到要求。

当采用一面顺扣绑扎钢筋网、架时，每个绑扎点进铅丝和方向要求变换 90°，这样绑出的钢筋网、架整体性好，不易发生歪斜变形，如图 3-43 所示。

（三）绑扎铅丝

绑扎钢筋所用的铅丝，主要使用 20～22 号镀锌铅丝或绑扎钢筋专用的火烧丝。

当绑扎直径 12mm 以下钢筋时，宜用 22 铅丝；绑扎直径 12mm 以上钢筋宜用 20 号铅丝。

绑扎铅丝长度合适，一般是以用铅丝钩拧 2～3 圈后，铅丝出头长度留 20mm 左右为好。采用一面顺扣的操作方法，钢筋绑扎所需要铅丝长度可参考表 3-12。

铅丝供应是成盘的，习惯按每盘铅丝的周长几分之一来切断，所以铅丝的切断长度，只需与表中数值相近即可。

铅丝长度要适宜，长了既浪费了铅丝，有时还因外露在混凝土表面而影响构件质量。

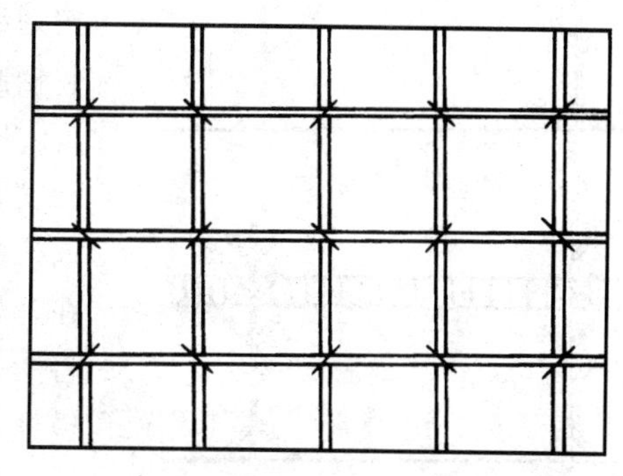

图 3-43　钢筋网一面顺扣绑扎法

三、钢筋网、架预制绑扎及安装

（一）预制钢筋网的绑扎

按设计要求在安装部位以外进行钢筋网的预制绑扎，可加快进度，改善劳动条件，保证施工质量。凡可能预制钢筋的构件，优先进行预制绑扎钢筋的施工方法。

预制时，按设计钢筋间距进行纵横划线，分清上下（或前后）钢筋位置，进行排筋绑扎预制。当钢筋网用在单向主筋的楼板、墙中时，将外围两行的交叉点每点绑扎，其中间部分可每隔一根相互成梅花式绑扎，但必须确保受力钢筋的位置正确。双向受力的钢筋，相交点必须全部扎牢。

绑扎铅丝长度参考表　　**表 3-12**

钢筋直径 mm / 铅丝长度 cm / 钢筋直径 mm	6	8	10	12	16	18	22	25	28	32	38
6	14	15	16	18	21	23	25	28	30	32	34
8		18	19	20	22	24	26	29	32	34	36
10			19	21	23	25	28	30	33	35	38
12				22	24	27	29	31	34	36	
16					27	29	31	33	35		
18						30	32	34			
22							34				

注：上表举指两根钢筋相绑所需铅丝长度，如 8mm 与 12mm 各一根相绑，铅丝长为 20cm。

为防止在运输，安装过程中发生歪斜、变形时，在网片中另加细钢筋斜向拉结。

(二) 预制钢筋骨架的绑扎

对可进行预制绑扎的固架钢筋，在钢筋预制场地上设置三角形钢筋绑扎架注意要使横杆间距依骨架配筋情况确定，一般不超过 4m，横杆的高度以适合操作为准。

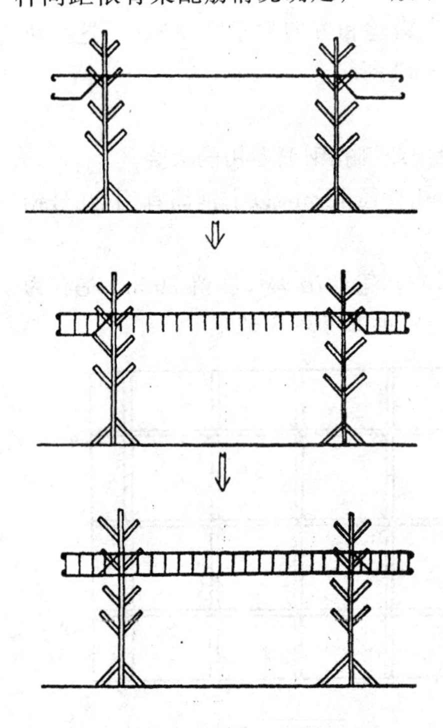

图 3-44　钢筋骨架预制绑扎顺序

现以一根简支梁的钢筋骨架为例，说明其绑扎步骤和方法，如图 3-44 所示。

首先，将梁的受拉钢筋和弯起钢筋搁在横杆上，受拉钢筋的弯钩和弯起钢筋的弯起部分朝下，端头整齐共面。按箍筋设计间距，从中间向两边拉通尺丈量分隔箍筋间距。当成批预制时可设划线样尺，控制箍筋间距。

其次，将全部所需的箍筋从钢筋的一端套入，按划线间距摆开，箍口四角均分，将受拉钢筋、弯起钢筋和箍筋这一面全部绑扎完毕。

第三，绑扎架立钢筋。为了有一个合适的操作高度，可将钢筋骨架随横杆向上抬高一步，而后穿入架立钢筋，并进行与箍筋的绑扎。架立钢筋也可在开始时一次和受拉钢筋等搁上横杆，第三步时仅将受拉和弯起钢筋随横杆抬高一步，架立钢筋离开横杆落入箍筋内。待绑扎点全部绑扎完毕，抽去横杆，梁落地，翻身，即完成梁的钢筋骨架的全部绑扎工作。

在预制绑扎时，柱和梁中的箍筋应与主筋垂直，箍角与主筋全部绑扎，箍筋直段部分和钢筋的相交点可成梅花式交错绑扎。箍口应按四角错开绑扎，且不要绑扎在同一根主筋上。钢筋骨架的绑扣，在相邻的两个绑扎点应成八字形，以防止骨架发生歪斜。

在预制绑扎时，要根据工程设计中对钢筋骨架安装的具体要求，确定好钢筋骨架哪一部分可以预制绑扎，哪一部分不能预制绑扎以及骨架节点部分的预制程度。

(三) 预制钢筋网、架的安装

预制钢筋架的安装要注意结构平面图中构件的代号和构件图中钢筋骨架的型号，要“对号入座”，按号入模。

有些构件的外形规格相同，而配筋往往因部位而异，极易造成错号安装，以致造成质量事故。

由于要求绑扎好的网架是不允许变形的，这就需要在运输、吊装过程中采取保证措施，如使用专用钢筋运料车，增加骨架吊点等等。

钢筋网片、骨架的预制件各自相连处的位置，接头数量，接头连接长度以及现场补增的分布筋、箍筋间距、规格数量、保护层尺寸等应满足设计及施工规范要求。

四、钢筋现场绑扎与安装

(一) 钢筋的现场绑扎安装

钢筋的现场绑扎安装就是把按设计要求加工制做好的钢筋，运至现场工作面，按设计位置进行交织、连接、绑扎固定、就位的施工工序过程。

钢筋现场绑扎安装是现浇钢筋混凝土结构工程施工的主要工序之一。在绑扎前，一定要仔细研究绑扎程序，确定绑扎方法这样才能提高工效，保证绑扎质量。

绑扎钢筋架，先把长（主）钢筋就位，再套上箍筋，初步绑成骨架，最后完成各个绑扎点。现浇整体式结构中，先竖向构件，后水平构件，即一般先绑柱、墙筋，再绑主梁、次梁，最后绑板。结构复杂、种类繁多、形状复杂的钢筋，应结合具体情况，按钢筋编号研究的顺序进行绑扎，以防错绑、漏绑或因钢筋穿不进去或操作难下手而造成返工。

现场钢筋绑扎安装的种类很多，一般按构件位置和名称分为：基础钢筋绑扎、柱子钢筋绑扎、墙体钢筋绑扎、梁钢筋绑扎、板钢筋绑扎、楼梯钢筋绑扎以及阳台、雨篷、挑檐、拦板等等。

（二）基础钢筋绑扎

1. 施工工艺程序

垫层清理→弹、找控制线→划分钢筋排列线→领、运基础成品钢筋→按施工方案排料、布料→钢筋绑扎就位→安放、检查保护层垫块→工完场清→质量检查。

2. 操作要点及注意事项

（1）独立柱基础

独立柱基础钢筋由钢筋网片和柱子插筋组成。施工时先绑扎网片钢筋，后绑柱子插筋。在绑扎基础钢筋前，应找出基础底和柱子中心线。基础网片划线从基础中线开始，按钢筋间距要求往两边分，把线划在基础垫层上。摆放钢筋时，注意纵横向钢筋的上下位置符合设计要求，对线摆筋，先固定几点定位，然后再逐点交叉绑扎，若绑扎Ⅰ级钢筋时，要注意将弯钩朝上，不要倒向一边。

在绑扎柱子插筋时，先将插筋绑扎成短骨架，按柱中心线或边框线位置，立在网片上，插筋下端90°弯钩与网片绑牢。找正位置后，固定牢靠，以防止在浇捣混凝土时发生偏移，如图3-45所示。

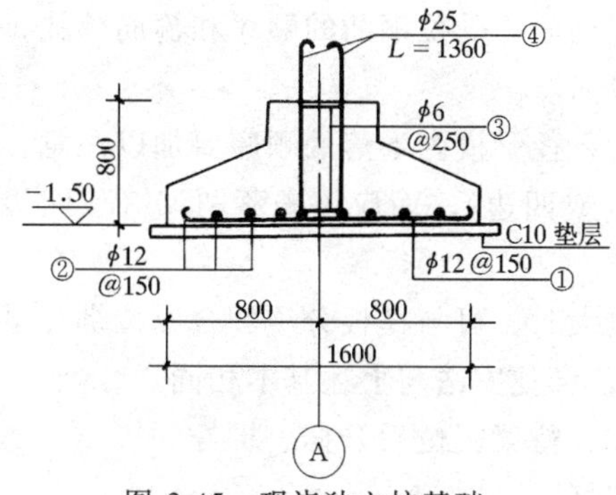

图 3-45　现浇独立柱基础

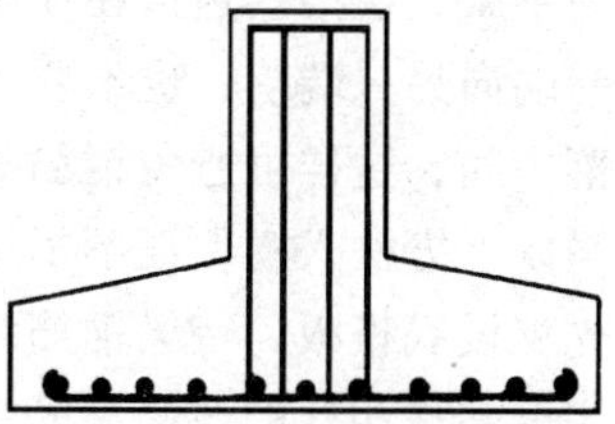

图 3-46　条形基础钢筋骨架

（2）条形基础

条形基础钢筋，一般由底板钢筋网片和基础梁钢筋骨架组成，如图3-46所示。底板钢筋网片的绑扎与独立柱基础网片绑扎基本相同。基础梁钢筋骨架，可就地绑扎，或先绑扎骨架，就地安装。绑扎时，先将上纵钢筋和弯起钢筋用马架支起。如图3-47所示，按设计箍筋间距划出分格线，套上全部箍筋，按线逐个就位和上纵向钢筋全部绑扎，注意箍筋

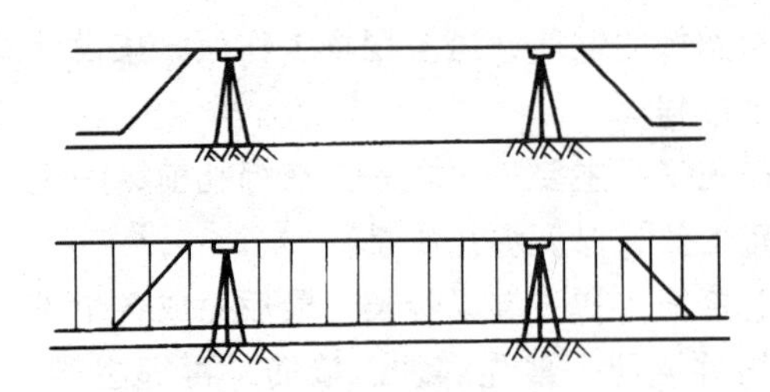

图 3-47 条形基础钢骨的绑扎

自然垂直向下。接着将下纵向钢筋穿入箍筋内，然后逐个和下纵向钢筋全部绑扎。骨架全绑好后，抽出马架，使骨架落在底板钢筋网片上，核对位置，将骨架与网片绑扎成整体。

（三）柱子钢筋绑扎

1. 施工工艺程序

准备工作→找控制线→调正柱头钢筋→施工架子搭设检查→领、运钢筋→竖向主筋连接→划分箍筋绑扎位置→柱箍筋绑扎成型→整理、安绑保护垫块→安绑各种柱插筋→质量检查验收。

2. 操作要点及注意事项

当设计采用搭接接头的柱钢筋可采用先预制绑扎，后安装的方法，减少高空作业，提高工效。

设计接头为机械或焊接接头时柱钢筋只能在现场绑扎完成。先连接主筋（机械、焊），再绑箍筋。绑扎前先整理柱子主筋，并在其上划出箍筋间距，从上将箍筋套下，逐层向上绑扎，若有内套箍时，先内箍后外箍，箍口相互错开，绑扎到角，箍筋成型水平，绑扣相互间成八字形，挂好垫块形成主筋保护层。

（四）现浇梁钢筋绑扎

1. 施工工艺程序

工作面清理→柱头整理→领、运钢筋→主筋排布→箍筋绑扎→柱头处理→垫块安放→质量检查。

2. 操作要点及注意事项

在现浇框架中，主梁钢筋一般先预制后安装，也可在楼板模板上用预制的方式进行绑扎，然后入模。次梁如采用预制的方法，则两端将穿不进主梁，只得在模内绑扎。

操作时，首先将主梁需穿进次梁的部位稍稍抬高（架起），再在次梁梁口搁两根横杆，把次梁的长钢筋铺在横杆上，按箍筋间距划线，套入箍筋并按线距摆开，抽换横杆，将下部纵向钢筋落入箍筋内后，就可按架立钢筋、弯起钢筋、受拉钢筋的顺序和箍筋绑扎，绑扎完毕，将梁骨架稍抬起，抽掉横杆，缓慢落入模内。

当主梁、次梁、边梁在模板上绑扎组合好之后，往梁模内下落的顺序要加以注意，不应从一端向另一端落，也不要先落中间后落两端（或四边），而应该先落两端（或四边），最后落中间，这样可避免钢筋放不下去的情况发生。

当以上方法入模保证不了钢筋位置或梁高度较大时，可与模板分项配合原位绑扎梁钢筋（先支设底模板，待梁钢筋绑完后再封侧模板）。绑扎方法与上述基本相同。

主梁和柱相交的核心箍筋绑梁前加够绑成一捆，待梁就位后开捆、绑好。

主梁主筋和柱主筋的位置关系在穿梁筋时确定好。

梁就位前，预先放好保护层垫块。梁受拉区如果有两层钢筋，为了保持两层钢筋间有一定间距，并使上层钢筋位置正确，可用Φ25 短钢筋作为垫筋，垫在两层钢筋间。

梁钢筋主筋的纵向接头，无论形式如何，其位置底筋在支座处，上筋在跨中处。

（五）板筋绑扎

1. 施工工艺程序

准备→梁钢筋验收→划线排间距→领、运钢筋→下层网片绑扎→加安保护层垫块→上层网片绑扎、加撑→质量检查验收。

2. 操作要点及注意事项

有梁板钢筋的绑扎在梁钢筋绑完后，在底模板上，按钢筋间距划好线，先摆底板受力钢筋（一般短方向），后摆分布钢筋，再绑扎支座处的负筋。在绑扎支座处的钢筋时，要防止踩弯钢筋。

（六）墙体钢筋绑扎

1. 施工工艺程序

准备→弹、找墙体位置线→整理出墙钢筋→领、运钢筋→竖向钢筋接长临时固定→划线、安绑水平钢筋、加拉接S钩→加、安保护层垫块→检查验收。

2. 操作要点及注意事项

墙体钢筋有单层和双层之分。

单层钢筋网片绑扎时，在立好一侧模板后，先将底部或楼层预埋插筋扳直，在相隔1m左右的位置立一根纵筋，其下端与插筋绑扎牢固，并在2m高处扎结在模板上的固定处(木模可钉钉子固定，钢模可在板缝中穿铅丝拉结)，接着绑扎一根横筋或环筋，将几种纵筋连接起来，如图3-48所示。然后再立其余纵筋，分别与插筋、横筋或环筋绑扎成网片骨架，使钢筋位置基本固定。最后自上而下逐一将横筋或环筋一一绑好。

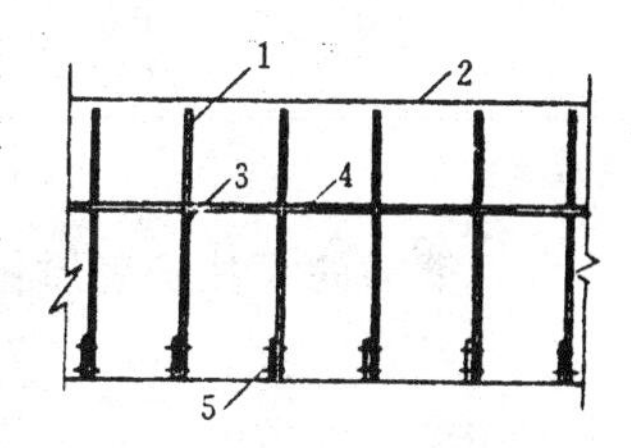

图3-48 墙板钢筋网片的绑扎

1—纵筋；2—模板；3—铁钉；4—横筋；5—插铁

双层网筋墙板，在绑扎好一层网筋后，用同样程序绑扎另一层网筋。两层网筋之间随绑随用撑铁连接牢固，间距双向约800～1000mm，成梅花布置。撑铁用6～10mm钢筋制成，长度按设计的两层钢筋间的距离。

五、钢筋绑扎实习训练及考核

（一）板钢筋绑扎训练及考核

1. 题目

3.3m×4.5m钢筋预制网片绑扎，(ϕ8@200、双向配筋)。

2. 要求

二人一组，先练习，再考核，2小时完成。

3. 考核评分

预制网片考核评分见表3-13。

预制网片考核评分表 **表3-13**

序	考核内容	单项配分	要　　求	考核记录	得分
1	长、宽外形尺寸	20	允许偏差10mm		
2	网眼尺寸	30	允许偏差±20mm		
3	绑扣牢靠，钢筋顺直	20			
4	工效	10	按时完成		
5	综合印象	20			

班组：　　　　　　姓名：　　　　　　考评员

(二) 预制构造柱训练及考核

1. 题目

练习绑扎一根 3m 高构造柱。4ϕ10，ϕ6@250。

2. 要求

二人一组，先练习，再考核。2 小时完成。

3. 考核评分

预制构造柱考核评分见表 3-14。

预制构造柱考核评分表 **表 3-14**

序	考核内容	单项配分	要　　求	考核记录	得分
1	长、宽、高	25	符合要求		
2	箍筋间距	25	允许偏差 ±20mm		
3	绑扣牢靠	20			
4	工效	10	按时完成		
5	综合印象	20			

班组：　　　　　　　　姓名：　　　　　　　　考评员

六、钢筋的绑扎安装质量要求及安全技术

(一) 质量要求

钢筋绑扎安装时，受力钢筋的品种、级别、规格和数量必须符合设计要求。

钢筋绑扎安装位置的偏差应符合表 3-15 的要求。

钢筋安装位置的允许偏差和检验方法 **表 3-15**

项　　目			允许偏差(mm)	检验方法
绑扎钢筋网	长、宽		±10	钢尺检查
	网眼尺寸		±20	钢尺量连续三档，取最大值
绑扎钢筋骨架	长		±10	钢尺检查
	宽、高		±5	钢尺检查
受力钢筋	间距		±10	钢尺量两端、中间各一点，取最大值
	排距		±5	
	保护层厚度	基础	±10	钢尺检查
		柱、梁	±5	钢尺检查
		板、墙、壳	±3	钢尺检查
绑扎箍筋、横向钢筋间距			±20	钢尺量连续三档，取最大值
钢筋弯起点位置			20	钢尺检查
预埋件	中心线位置		5	钢尺检查
	水平高差		+3，0	钢尺和塞尺检查

注：1. 检查预埋件中心线位置时，应沿纵、横两个方向量测，并取其中的较大值。

2. 表中梁类、板类构件上部纵向受力钢筋保护层厚度的合格点率应达到 90% 及以上，且不得有超过表中数值 1.5 倍的尺寸偏差。

（二）安全生产技术

在高空绑扎和安装钢筋，须注意不要将钢筋集中堆放在某一部位，保证施工安全，特别是悬臂构件，更要检查支撑是否稳固。

在脚手架上不要随便放置工具、箍筋或短钢筋，避免放置不稳，工具、钢筋滑下伤人。

在高空安装预制钢筋骨架或绑扎圈梁钢筋时，不允许站在模板或墙上操作，操作地点应搭设脚手架。

应尽量避免在高空修整，扳弯粗钢筋。在必须操作时，要带好安全带，选好位置，人要站稳，防止脱板而人被摔倒。

绑扎筒式结构（如烟囱、水池等）、剪力墙、柱等竖向构件，不准踩在钢筋骨架上操作或上下。

要注意在安装钢筋时不要碰撞电线，在深基础或夜间施工需要移动式照明时，最好选用低压（36V以下）安全电源，避免发生触电事故。

思　考　题

3-1　钢筋的分类方法有哪些？

3-2　钢筋进场如何进行检验？

3-3　保护层的作用？无设计时，混凝土保护层如何选取？

3-4　钢筋的连接方法有哪些？

3-5　什么是钢筋的“量度差值”？

3-6　钢筋冷拉的作用如何？

3-7　钢筋下料长度应考虑哪些因素？

3-8　钢筋加工有哪些主要工序？

3-9　钢筋调直的作用是什么？

3-10　手工弯曲钢筋的操作要点有哪些？

3-11　柱子和梁相交处的核心箍筋如何绑扎？

3-12　现浇肋形楼盖的绑扎顺序怎样？

3-13　钢筋绑扎质量要求如何？

3-14　钢筋加工弯曲时，弯弧内直径有哪些要求？

3-15　箍筋弯后平直部分长度有何要求？

第四章　混　凝　土　工

混凝土工程是建筑施工中一个重要的分项工程。从如何根据设计要求确定混凝土原材料开始，到试验、搅拌、运输、入模浇筑、养护等结束，是混凝土施工的主要内容，其工艺流程见表 4-1：

混凝土工程施工工艺流程　表 4-1

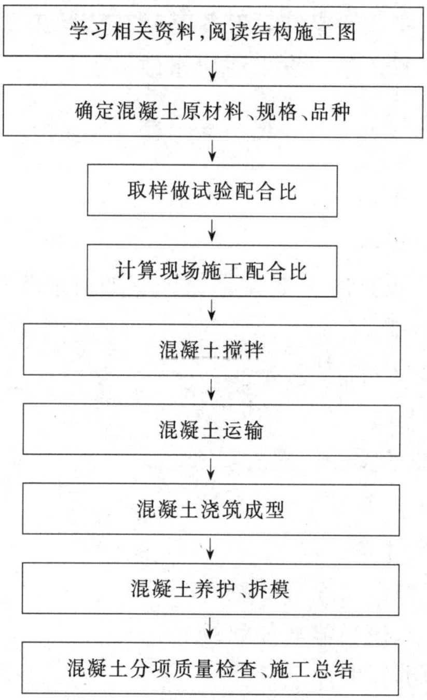

学习相关资料,阅读结构施工图
↓
确定混凝土原材料、规格、品种
↓
取样做试验配合比
↓
计算现场施工配合比
↓
混凝土搅拌
↓
混凝土运输
↓
混凝土浇筑成型
↓
混凝土养护、拆模
↓
混凝土分项质量检查、施工总结

第一节　混凝土的基本知识

一、混凝土的组成与分类

（一）混凝土的组成

混凝土是以胶凝材料，粗、细骨料和水（或其他液体）按适当比例配合、拌制而成的混合物，经一定时间硬化而成的人造石材。

为改善混凝土性能，采用了外掺混凝土外加剂的方法。可将外加剂视为混凝土的一种组成材料。

混凝土没有特殊说明，可认为是普通混凝土，即由水泥、砂、石和水所组成。

（二）混凝土的分类

（1）混凝土按其胶凝材料不同，可分为水泥混凝土、沥青混凝土，水玻璃混凝土等。

(2) 混凝土按其表观密度可分为重混凝土、普通混凝土、轻骨料混凝土等。

(3) 混凝土按其用途不同可分为结构混凝土、道路混凝土、水工混凝土、特种混凝土等。

(4) 混凝土按其流动性可分为塑性混凝土、低流动性混凝土、干硬性混凝土和特干硬性混凝土等。

二、混凝土的特点与技术性质

(一) 混凝土的特点

1. 优点

(1) 具有很高的强度，能承受较大的荷载，在外力作用下变形小。

(2) 混凝土凝结以前具有良好的可塑性，可根据设计几何形状浇捣成型。

(3) 可以就地取材。

(4) 耐久性、耐火性好。

2. 缺点

(1) 本身重量大，构件的运输和安装比较困难。

(2) 浇筑后自然养护时间较长。

(3) 现场浇筑易受气候条件（低温、曝晒、雨季等）影响。

(4) 加固修理比较困难。

(二) 混凝土的技术性质

1. 混凝土的强度

(1) 混凝土强度包括抗压、抗拉、抗弯、抗剪等。其中以抗压强度为最大，抗拉强度为最小，在建筑工程中，主要是利用混凝土的抗压强度。

(2) 混凝土的抗压强度是以采用标准方法做成 150mm×150mm×150mm 的立方体试块，在标准条件下养护 28 天后进行抗压试验，测得的抗压强度值，用符号 C 表示，单位为兆帕。根据抗压强度，混凝土划分为 C7.5、C10、C15、C20、C25、C30、C40、C50、C60 等几个强度等级。

不同工程或不同部位的混凝土，应采用不同强度等级的混凝土。

(3) 影响混凝土强度的因素很多，如水泥强度等级、水灰比、混凝土龄期、养护条件、砂石级配、砂石颗粒形状及表面状况、杂质含量、石子本身强度以及混凝土施工技术等等。

2. 混凝土的和易性

(1) 混凝土的和易性，是指混凝土混合物在搅拌、运输、振捣过程中便于施工的性质。

(2) 混凝土的和易性根据其干稀程度不同，测定方法也不同。对于塑性混凝土、低流动性混凝土，可用坍落度来测定，如图 4-1 所示。对于干硬性混凝土和特干硬性混凝土，可用维勃稠度来测定。

(3) 影响混凝土和易性的因素很多，主要有水泥品种及用量、水灰比、砂石级配、含砂率、混凝土外加剂等等。

3. 混凝土的密实度

混凝土的密实度是指混凝土硬化后本身的密实程度，即其中孔隙愈少则愈密实，表示

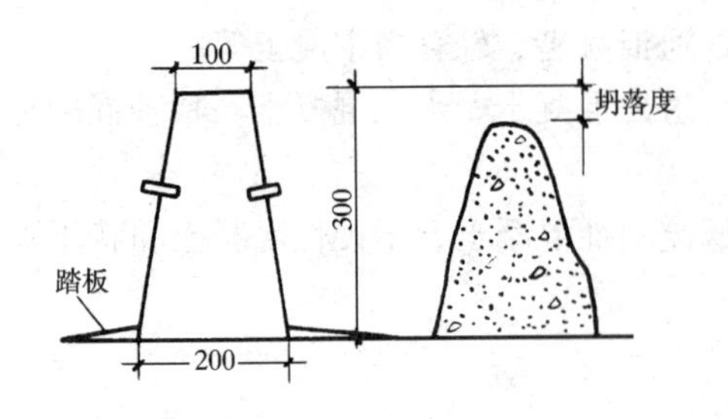

图 4-1　混凝土坍落度的测定

密实度高。

4. 混凝土的抗渗性

（1）混凝土的抗渗性是指混凝土抗水、油等液体在压力作用下渗透的性能。

（2）混凝土的抗渗性主要决定于混凝土的密实度及混凝土内毛细孔道的分布情况。混凝土的密实度愈高，则其抗渗性愈好。

（3）混凝土的抗渗性用抗渗等级表示。按其所受水压力大小的不同，抗渗等级分为 P6、P8、P10、P12 等。抗渗等级是以混凝土抗渗标准试件所能承受的最大水压力（MPa）来确定的，例如，P8 即表示混凝土抗渗标准试件所能承受的最大水压力为 0.8MPa。

5. 混凝土的抗冻性

混凝土的抗冻性是指混凝土在饱水状态下遭受冰冻时，抵抗冰冻破坏作用的性能。抗冻性用抗冻等级表示。常用 F50、F100、F150 及以上等指标。抗冻性主要决定于混凝土的密实度、孔隙形状及分布情况。经常受到潮湿并遭受冻结的结构，特别是在严寒地区位于水位变化部分的结构，要求混凝土具有一定的抗冻性。

6. 混凝土的收缩与膨胀

（1）混凝土在凝结硬化过程中，由于其内部自由水分蒸发及水泥石在水化过程中产生的体积变化而引起混凝土的干缩。

（2）混凝土长期在水中硬化时，由于水泥水化充分，混凝土不产生收缩而略有膨胀。

三、混凝土的组成材料

（一）水泥

1. 混凝土的常用水泥

混凝土中常用水泥有硅酸盐水泥、普通硅酸盐水泥、矿渣硅酸盐水泥、火山灰质硅酸盐水泥、粉煤灰硅酸盐水泥等。

2. 混凝土常用水泥的工程特性

（1）硅酸盐水泥　早期及后期强度都较高，在低温下强度增长比其他水泥快，抗冻、耐磨性都好，但水化热较高，抗腐蚀性较差。

（2）普通硅酸盐水泥　是在硅酸盐水泥熟料中，加入少量混合材料和适量石膏，磨成细粉而制成的水硬性胶凝材料。普通水泥除早期强度比硅酸盐水泥稍低外，其他性质接近硅酸盐水泥。

（3）矿渣硅酸盐水泥　早期强度较低，在低温环境中强度增长较慢，但后期强度增长快，水化热较低，抗硫酸盐侵蚀性较好，耐热性较好，但干缩性和析水性较大，抗冻、耐磨性较差。

（4）火山灰质硅酸盐水泥　早期强度较低，在低温环境中强度增长较慢，在高温潮湿环境中强度增长较快，水化热低，抗硫酸盐侵蚀性较好，但抗冻、耐磨性差，拌制混凝土需水量比普通水泥大，干缩变形也大。

（5）粉煤灰硅酸盐水泥　早期强度较低，水化热比火山灰水泥还低，和易性比火山灰水泥要好，干缩性也较小，抗腐蚀性能好，但抗冻、耐磨性较差。

3. 混凝土常用水泥的应用范围

(1) 硅酸盐水泥　适用快硬早强工程；配制高强度混凝土。不适用大体积混凝土工程和受化学介质侵蚀及压力水作用的结构工程。

(2) 普通硅酸盐水泥　可配制地上、地下及水中的混凝土、钢筋混凝土及预应力混凝土结构。可配制砌筑砂浆等。不适用大体积混凝土工程和受化学介质侵蚀及压力水作用的结构工程。

(3) 矿渣硅酸盐水泥　适用大体积混凝土工程、蒸汽养护的结构构件、一般地上及地下和水中的混凝土、配制耐热混凝土、配制砌筑砂浆；不适用早期强度要求高的工程、严寒地区并在水位升降范围内的混凝土工程。

(4) 火山灰质硅酸盐水泥　适用大体积混凝土和一般混凝土工程、抗渗混凝土工程、蒸汽养护的工程结构构件、配制砌筑砂浆；不适用早期强度要求高的工程、干燥环境的混凝土工程、耐磨性要求高的工程、严寒地区并在水位升降范围内的工程。

(5) 粉煤灰硅酸盐水泥　适用一般和大体积混凝土工程、蒸汽养护的结构构件、配制砌筑砂浆等；不适用早期强度要求较高的工程、抗碳化要求高的工程、严寒地区并在水位升降范围内的工程。

4. 水泥技术性质

(1) 密度和表观密度　普通水泥密度为 3.0～3.2g/cm^3，通常采用 3.1g/cm^3；表观密度为 1300～1600kg/m^3，通常采用 1300kg/m^3。

(2) 细度　水泥细度就是水泥颗粒的磨细程度，一般颗粒愈细，凝结硬化愈快，水泥的强度也愈高。水泥的细度用筛分法确定，用 0.08mm 方孔筛筛余数量不得超过 12%。

(3) 强度　水泥的主要技术指标，也是确定水泥强度等级的依据，各种水泥品种不同强度等级也不同。硅酸盐水泥分为 42.5、42.5R、52.5、52.5R、62.5、62.5R 六个强度等级，其中 R 表示早强型，其他为普通型。普通硅酸盐等掺有混合材料的水泥分为 32.5、32.5R、42.5、42.5R、52.5、52.5R 六个强度等级。

(4) 凝结时间　水泥的凝结时间是指从水泥加水拌合到失去塑性的时间，分为初凝和终凝两个阶段。初凝是指水泥加水拌合后开始失去塑性的时间，终凝是指从加水拌合到水泥浆完全失去塑性并开始产生强度的时间。凝结时间对施工方案有着重大意义：初凝时间过快，施工时不能有充足的时间来完成混凝土或砂浆的搅拌、运输、浇捣和砌筑、抹灰等操作；终凝时间太迟，不利于混凝土或砂浆尽快地硬化和下道工序的即时进行。因此，国家标准规定：初凝时间不早于 45min，终凝时间不迟于 12h。国产水泥的初凝时间一般为 1～3h；终凝时间一般为 5～8h。

(5) 安定性　水泥的安定性是指标准稠度的水泥净浆在硬化过程中体积变化是否均匀的性质，它是水泥的重要性质之一。安定性不合格的水泥会在后期硬化过程中产生膨胀开裂现象。水泥安定性不良的原因一般是由于熟料中所含游离氧化钙或游离氧化镁过多造成的。按国家标准规定，水泥安定性试验必须合格。

(6) 水化热　水泥与水作用会不断放出热量，这种热称为水化热。它是以 1g 水泥发出的热量 (J) 来表示的。水泥的水化热对于大体积混凝土将产生不利影响；因为水泥水化热积聚在体积内部不易散发出来，产生内外温差形成内应力，使混凝土产生裂缝而遭破坏。

5. 水泥的运输和保管

(1) 水泥的运输　水泥具有很强的吸水性和吸湿性，受潮后的水泥会凝结成块失去使用价值。因此，水泥在运输时均应注意严密防水防潮。

(2) 水泥的保管　水泥仓库应保持干燥，屋面和外墙不得漏水。进场的水泥应按不同生产厂，不同品种、不同强度等级、不同批号分别存放，严禁混放。堆放包装水泥的地面应垫木板，垫板离地 30cm，四周离墙也应 30cm，堆放高度不宜超过 10 包。根据工程进度要求，确定好贮存数量，存期不宜超过三个月，做到先进仓的先用，后进仓的后用。

(二) 砂、石、水

1. 砂

(1) 砂的分类　混凝土用砂，一般以天然砂为主，粒径为 0.15～5mm，是由岩石风化后形成的，以石英为主要成分。

砂按其产源不同，分为河砂、江砂、海砂及山砂四种。混凝土用河砂或江砂为好。

砂按其平均粒径和细度模量分为粗、中、细、特细四类。配制混凝土以中、粗砂为好。

(2) 砂的技术要求　砂子的颗粒级配表示砂子中各级尺寸颗粒的组合分配情况。砂的级配最好是粗粒砂空隙中粒砂填充，中粒砂空隙再由细粒砂填满。砂的粗细程度与颗粒级配是评定砂质量的重要指标：用细度模数表示砂子的粗细，用级配区表示砂子的颗粒级配。

在天然砂中，常可能含一些对混凝土有害的杂质。如黏土、有机物、云母片等。这些杂质的存在，会妨碍混凝土的硬化，并影响混凝土的强度，也可能使混凝土遭受严重损害。因此，这些有害杂质有一定的限制条件。

2. 石

(1) 石的分类　在混凝土中凡粒径大于 5mm 的骨料称为粗骨料，一般多用卵石与碎石。卵石可分河卵石、海卵石、山卵石。碎石是各种硬质岩石经人工或机械破碎而成的，比卵石干净，表面粗糙多棱角与水泥粘结牢固。高强度混凝土宜用碎石。

石按其最大粒径分为粗、中、细三类。

细石　最大粒径 5～20mm；

中石　最大粒径 20～40mm；

粗石　最大粒径 40～100mm。

石子粒径的选取受混凝土构件断面尺寸、钢筋间距和施工条件等的限制。

(2) 石的技术要求　颗粒级配应符合混凝土对石子颗粒级配的要求。石中针、片状颗粒含量和含泥量也应符合规范要求。强度可用岩石立方体强度和压碎指标两种方法表示。均符合混凝土对其强度和指标的要求。

3. 水

凡是能饮用的自来水及清洁的天然水，都可以作为配制混凝土的用水，非饮用水配制混凝土时应符合下列要求。

(1) 水中不应含有影响水泥正常凝结与硬化的有害杂质或油脂、糖类等。

(2) 污水、pH 值小于 4 的酸性水和含硫酸盐量按 SO_4 计超过水重 1% 的水，均不能用于拌合混凝土。

(3) 在钢筋混凝土和预应力混凝土结构中不得用海水拌制混凝土。

四、混凝土配合比

1. 混凝土的配合比定义

混凝土的组成材料之间用量的比例关系。一般以水:水泥:砂:石表示(重量比),以水泥为基数1。

配合比的选择,是根据工程要求、组成材料的质量、施工方法等因素,由试验室通过理论计算及试配后加以确定的,通常称它为试验配合比。在施工现场通过换算成施工配合比使用。

2. 混凝土配合比的计算

进行混凝土配合比计算时所有骨料数值均以干燥状骨料为基准。

(1) 混凝土配合比的计算步骤

1) 根据工程图纸设计的混凝土强度等级,施工单位的混凝土强度标准差,计算配制强度 $f_{cu,0}$。

2) 根据规范给定的公式求出相应的水灰比。

3) 选取每立方米混凝土的用水量。

4) 计算出每立方米混凝土的水泥用量。

5) 选取砂率。

6) 计算粗骨料和细骨料的用量,并提出供试配用的计算配合比。

7) 进行试拌及试压,选择调整最后确定混凝土配合比。

(2) 各计算步骤的方法

1) 混凝土配制强度应按下式计算

$$f_{cu,0} \geqslant f_{cu,k} + 1.645\sigma$$

式中 $f_{cu,0}$——混凝土配制强度(MPa);

$f_{cu,k}$——混凝土立方体抗压强度标准值(MPa);

σ——施工单位的混凝土强度标准差(MPa)。

2) 混凝土强度等级小于C60级时,混凝土水灰比宜按下式计算:

$$\frac{W}{C} = \frac{\alpha_a \cdot f_{ce}}{f_{cu,0} + \alpha_a \cdot \alpha_b \cdot f_{ce}}$$

式中 α_a、α_b——回归系数;

f_{ce}——水泥28天抗压强度实测值(MPa)。

3) 每立方米混凝土用水量对干硬性和塑性混凝土按规范选取或通过试验确定;对流动性和大流动性混凝土亦可按规范选取或通过公式计算。

4) 混凝土砂率根据坍落度要求、粗骨料品种、粒径及水灰比按规范或试验确定。

5) 粗骨料和细骨料用量可按重量法(假定每立方米混凝土拌合物重量为2350~2450kg)或体积法(各种材料的总体积为1m^3)进行计算。

6) 对计算出的混凝土进行试拌,以验证其和易性、表观密度和强度是否符合要求,必要时进行调整,以确定正式配合比。

3. 泵送混凝土配合比有关问题

(1) 泵送混凝土配合比,除必须满足混凝土设计强度和耐久性的要求外,尚应使混凝土满足可泵性要求。

(2) 泵送混凝土的水灰比宜为0.4～0.6。

(3) 泵送混凝土的砂率宜为38%～45%。

(4) 泵送混凝土的最小水泥用量宜为300kg/m^3。

(5) 泵送混凝土应掺加适量外加剂，外加剂的品种和掺量宜由试验确定，不得任意使用。

五、混凝土施工常用机具

(一) 汇总表 (表4-2)。

混凝土施工常用机具汇总表 表4-2

序	机具名称	主要用途	备注
1	混凝土搅拌机	搅拌混凝土	
2	混凝土配料机	称量、配置各种混凝土材料	
3	机动翻斗车	混凝土原材料、混凝土水平运输	
4	混凝土吊料斗	吊运混凝土	配塔吊
5	混凝土拖式泵	通过水平、垂直管道连续输送混凝土	
6	混凝土搅拌输送车	水平运送商品混凝土	
7	混凝土输送泵车	通过臂架水平、垂直管道连续输送摊布混凝土	
8	混凝土布料机	通过水平、垂直管道工作面上摊布混凝土	
9	插入式振动器	振捣混凝土密实（内部）	
10	平板式振动器	振捣混凝土密实（外部）	
11	附着式振动器	振捣混凝土密实（模板）	

(二) 混凝土搅拌机械

1. 用途及分类

(1) 用途　混凝土搅拌机是将一定配合比例的原材料（水泥、砂、石子、水和外加剂），按规定要求进行充分拌合的机械。使用搅拌机拌制混凝土可以提高混凝土的质量和生产率，减轻劳动强度。

(2) 分类　混凝土搅拌机的种类很多，性能也各不相同，但按其搅拌原理可分为自落式和强制式两大类。

混凝土搅拌机已系列化，其型号由机型代号和额定出料容量组成，额定出料容量一般为进料容量的5/8左右。搅拌机型号的表示方法如下：

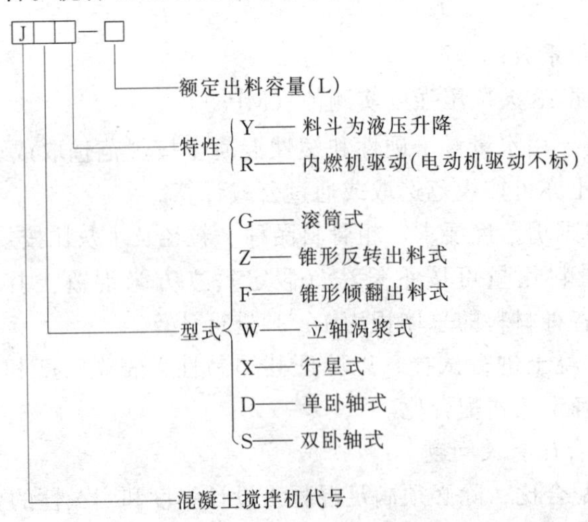

例如：JZR-250 型混凝土搅拌机为柴油机驱动，额定出料容量为 250L 的锥形反转出料式混凝土搅拌机。JS-500 型混凝土搅拌机为电动机驱动，额定出料容量为 500L 的双卧轴式混凝土搅拌机。

2. 主要技术性能参数

混凝土搅拌机选用时，应使搅拌机的技术性能参数，满足现场条件和施工工艺对机械的配置要求。

常用供选取的搅拌机技术性能参数有：出料容量（L）、进料容量（L）、最大生产率（m^3/h）、电动机功率（kW）、外型尺寸等等。

3. 搅拌机的使用安全

（1）操作人员必须进行岗位培训并取得合格资格，持上岗证上岗操作。

（2）固定式搅拌机应安装在牢固的台座上。移动式搅拌机的停放位置应选择平整坚实的场地，周围应有良好的排水沟渠。就位后，应放下支腿将机架顶起达到水平位置，使轮胎离地。当使用期较长时，应将轮胎卸下妥善保管，轮轴端部用油布包扎好，并用枕木将机架垫起支牢。

（3）对需设置上料斗地坑的搅拌机，其坑口周围应垫高夯实，应防止地面水流入坑内。上料轨道架支承稳固，防止变形。料斗最低位置，加设缓冲垫木。

（4）操纵台按要求位置设置，使操作人员能看到各部位工作情况，台面垫有橡胶板或干燥木板。安装完毕，进行空载试机合格待用。

（5）作业前重点检查电压、保护接零或接地、传动机构、工作装置、制动器、齿轮箱的油质和油量等符合规定。再启动搅拌机空载运转，提升料斗，观察并确认离合器、制动器灵活可靠。检查并校正配水系统的指示水量与实际水量的一致性。检查骨料规格与搅拌机性能相符。

（6）搅拌机启动后，应使搅拌筒达到正常转速后进行上料，上料时及时配合加水。每次加入的拌合料不得超过搅拌机的额定容量并应减少物料粘罐现象，加料的次序为石子——水泥——砂子或砂子——水泥——石子。

（7）进料时，严禁将头或手伸入料斗与机架之间。运转中，严禁用手或工具伸入搅拌筒内扒料、出料。当料斗升起时，严禁任何人在料斗下停留或通过；当需要在料斗下检修或清理料坑时，应将料斗提升后用铁链或插入销锁住。

（8）作业后，应对搅拌机进行全面清理；当操作人员需进入筒内时，必须切断电源或卸下熔断器，锁好开关箱，安排专人在外监护。

4. 维护保养

（1）搅拌机在定人、定机的基础上，按机械使用说明书要求，每班要做好日常保养工作。

（2）做好搅拌机使用台班记录，每隔 100h 要进行一级保养；每隔 700h 进行二级保养。

（3）搅拌机在工作中若有故障或异常现象，必须停机检查，及时调整修理、排除故障或更换机件，绝不可勉强使用或“带病”工作。

（三）混凝土振动机械

1. 用途及分类

(1) 用途　利用振动机械所产生的高频振动，使混凝土的所有颗粒都处于受迫振动之中，从而使颗粒间的粘着力松弛，摩擦力减小，颗粒互相挤紧、消除孔隙、排出气泡，达到内实外光的要求。使用振动机械，不仅能提高混凝土的强度、保证质量，而且能减轻劳动强度、提高工作效率，广泛应用于建筑工地。

(2) 分类　振动机械的种类很多，分类方法也不尽相同。一般按传递振动的方式可分为插入式振动器、附着式振动器和平板式振动器三种。振动器的型式如下：

1) 电动软轴行星式振动器　主要型号有 ZN35、ZN50、ZN70 型等，其中 ZN50 型适应性较强，应用最广泛。

2) 电动软轴偏心式振动器　主要型号有 ZNP18、ZNP25、ZNP35、ZNP50 型等。

3) 外部振动器　主要型号有 ZB5、ZB11、ZB15、ZB22 型等。

2. 主要技术性能参数

振动器选用时，应使其类型、主要技术参数满足现场条件和施工工艺对机械的配置要求。常选用的内容有插入式或平板式振动器、振动棒头直径 (mm)、软管长度 (mm)、平板底板尺寸、电动机功率 (kW) 等等。

3. 振动器的安全使用

(1) 使用前检查各部分连接是否牢固，漏电保护装置、接地或接零应安全可靠。

(2) 电缆线应满足操作所需的长度。电缆线上不得堆压物品或让车辆挤压，严禁用电缆线拖拉或吊挂振动器。

(3) 操作人员经过安全教育，作业时应穿戴绝缘胶鞋和绝缘手套。

(4) 作业时，振动棒软管的弯曲半径不得小于 500mm，并不得多于两个弯，操作时应将振动棒垂直地沉入混凝土，插入深度不应超过棒长的 3/4，不宜触及钢筋、芯管及预埋件。

(5) 平板振动器由二人操作，拉绳要干燥、绝缘。移动和转向时，注意摆顺供电电缆线，禁止将电缆拖放在混凝土中，避免受潮、擦破而漏电。

(6) 作业停止时，应先关闭电动机，再切断电源。作业完毕，应将振动器清理干净，保养入库存放。

4. 维护保养

(1) 每班常规保养(每次作业前、作业中、和作业后进行)应检查各部并确认连接牢固，电路、开关、漏电保护等符合要求。检查轴承及电动机温度，不应高于 60℃。用完后清除机体和棒头等部件表面的灰尘和污物，并放置在干燥处保管。

(2) 每隔 50～100 工作小时进行一级保养。如拆检软轴、轴承补加润滑油等。

(3) 每隔 300 工作小时进行一次二级保养。如拆检软轴、棒头、电机，拆检轴承，测试绝缘电阻值等。

第二节　混凝土基本施工工艺

一、混凝土浇筑前准备工作

(一) 模板检查与技术复核

(1) 模板的平面轴线位置、竖向标高位置、截面大小尺寸等项目应符合设计要求和《混凝土结构工程施工质量验收规范》(GB 50204—2002) 对现浇结构模板安装允许偏差要求，见表4-3。

现浇结构模板安装的允许偏差及检验方法　　表4-3

项　　目		允许偏差（mm）	检　验　方　法
轴线位置		5	钢尺检查
底模上表面标高		±5	水准仪或拉线、钢尺检查
截面内部尺寸	基　　础	±10	钢尺检查
	柱、墙、梁	+4，−5	钢尺检查
层高垂直度	不大于5m	6	经纬仪或吊线、钢尺检查
	大于5m	8	经纬仪或吊线、钢尺检查
相邻两板表面高低差		2	钢尺检查
表面平整度		5	2m靠尺和塞尺检查

注：检查轴线位置时，应沿纵、横两个方向量测，并取其中的较大值。

（2）模板及其支架应具有足够的承载能力、刚度和稳定性，能可靠地承受浇筑混凝土的重量、侧压力以及施工荷载。

（3）模板接缝严密，不漏浆。

（4）安装现浇结构的上层模板及其支架时，下层楼板应具有承受上层荷载的承载能力，或加设支架，上、下层支架的立柱应对准，并铺设垫板。

（5）选择适宜的模板隔离剂和正确的涂刷方法，保证不沾污钢筋、混凝土接槎处和污染混凝土外表面。

（6）模板内的杂物清理干净；大跨度梁、板起拱、预埋件等都是检查验收的内容，全部要求模板检查的项目验收合格，填写工程技术复核资料，记录在案。

（二）钢筋隐蔽验收

（1）纵向受力钢筋的品种、规格、数量、位置符合设计和施工质量验收要求。

（2）钢筋的连接方式、接头位置、接头数量、接头面积百分率符合设计和施工质量验收要求。

（3）箍筋、横向钢筋的品种、规格、数量、间距等符合设计和施工质量验收要求。

（4）预埋件的规格、数量、位置等符合设计和施工质量验收要求。

（5）钢筋安装位置的允许偏差和检验方法见表4-4。

钢筋安装位置的允许偏差和检验方法　　表4-4

项　　目			允许偏差（mm）	检　验　方　法
绑扎钢筋网	长、宽		±10	钢尺检查
	网眼尺寸		±20	钢尺量连续三档，取最大值
绑扎钢筋骨架	长		±10	钢尺检查
	宽、高		±5	钢尺检查
受力钢筋	间　　距		±10	钢尺量两端、中间各一点，取最大值
	排　　距		±5	
	保护层厚度	基础	±10	钢尺检查
		柱、梁	±5	钢尺检查
		板、墙、壳	±3	钢尺检查
绑扎箍筋、横向钢筋间距			±20	钢尺量连续三档，取最大值
钢筋弯起点位置			20	钢尺检查
预埋件	中心线位置		5	钢尺检查
	水平高差		+3，0	钢尺和塞尺检查

(6) 钢筋隐蔽验收，按要求填写钢筋隐蔽验收资料。

(三) 资源准备

(1) 原材料准备　主要是检查其质量是否符合规定，品种及规格是否与试验配合比中相同，其储存数量是否满足本次浇筑混凝土的需要。

(2) 机具设备准备　主要是检查其运转是否正常，规格、数量是否满足需要。

(3) 劳动力准备　根据施工方案要求安排准备的施工作业班次，每班劳动组合人数及合理搭配，满足施工需要。

(4) 采用商品混凝土施工方案时，材料、机具、劳动力资源准备作相适应的调整，满足施工需要。

(四) 施工、安全技术交底

施工技术交底主要包括本次浇筑混凝土的工程量、强度等级、部位、主要技术参数(坍落度、骨料规格等)、施工顺序流向、方法及施工缝留置位置，操作要求、难点、重点及质量控制点具体要求、劳动力的组织与重点岗位的人员分工等。力求达到操作层次人人心中有数，忙而不乱。

对混凝土施工全过程各项安全设施，逐项认真检查其是否安全可靠、有无潜在隐患。重点检查操作架子、运输道、机械使用、指挥、联络信号、夜间照明等内容。对于重要、特殊的施工部位安全要求应更加详细、重点专项交底。

(五) 现场工作面准备

对于运输道路、浇筑部位操作场地是否平整、畅通方便施工，满足操作人员所需的最小工作面积。采用泵送施工时，管线系统安拆泵管方便。

(六) 其他保证措施

(1) 混凝土浇筑施工是一项连续不断多方协作的工作，每次混凝土浇筑前，应安排各相关部门（如生产、材料、水电机修、试验、机械、后勤服务等）值班，随时配合作业层很好的完成任务。

(2) 施工前及时与水、电等部门联系，防止供应中断，影响施工。

(3) 了解天气预报，准备好防雨、雪，防冻及防高温曝晒等设施。

(4) 根据工程特点提出有针对性的措施。

(七) 实际操作练习及考核

(1) 题目　结合现场一个混凝土浇筑分项准备过程，独立参与模板、钢筋的自检验收、编写施工技术文件，填写各种技术资料等各项准备工作，呈报监理部门验收审查，最终拿到允许浇筑混凝土的“浇筑令”。

(2) 要求　结合现场实习，在指导老师的指导下，参与浇筑混凝土的各项准备工作，熟悉工地管理程序。主要内容包括模板、钢筋的检查验收、施工方案、质量、进度、安全文明施工等方法措施、浇筑混凝土的材料、机具、人员准备安排、现场工作面准备、施工值班安排；技术交底会等。

(3) 考核评分

按以上要求内容，编写整理成册，由考评人员按考核评分内容进行考评成绩。见表4-5。

二、现场施工配合比换算

(一) 试验配合比

混凝土浇筑施工准备工作考核评分表 **表 4-5**

序	考 核 项 目	单项配分	要 求	得 分
1	模板复核	15	复核内容熟悉	
2	钢筋隐蔽验收	15	熟悉隐蔽验收内容	
3	资源准备	20	能计算出工程，提出合理的资源计划	
4	技术交底	20	编写方案，明确重点内容	
5	现场工作面准备	15	能提出现场工作面准备内容	
6	其他保证措施	15	能提出重点保证措施	

班组： 姓名： 总分：

根据混凝土设计强度等级、耐久性和工作性，现场确定的原材料等数据参数，按《普通混凝土配合比设计规程》（JGJ55）的有关规定，提前一周以上，送作试验配合比并出试验配合比报告单，作为现场施工配合比换算的依据。

（二）现场施工配合比

由于试验配合比中每立方米混凝土中干燥原材料的含量和各材料之间的重量比例关系等，不能直接在现场使用。现场使用时应根据试验配合比结合现场即时测定的砂、石含水率、水泥计量方法（袋供或散供）、搅拌机一次的搅拌容量等计算出适用的施工配合比，提出施工配合比通知单使用。

（三）施工配合比计算

1. 方法步骤

(1) 每工作班前测定现场砂、石含水率；

(2) 计算施工时每立方米混凝土中各种材料用量；

(3) 根据搅拌机容量计算每次（盘）各种材料用量，并提出配合比通知单。

2. 应用举例

某工程 C40，混凝土试验室配合比（重量比）为水:水泥:砂:石:粉煤灰:膨胀剂＝0.47:1:1.95:4.15:0.28:0.15，塌落度 30mm，每立方米水泥用量为 300kg，现场测得砂、石含水率分别为 2.6%和 1.2%。

求：施工配合比及每立方米混凝土各种材料用量；搅拌机出料容量为 $0.5m^3$ 时，每盘各种材料用量。

解：1. 施工配合比

$$1:1.95(1+2.6\%):4.15(1+1.2\%):0.28:0.15$$
$$=1:2:4.2:0.28:0.15$$

每立方米混凝土各组成材料用量

水泥：300kg

砂：300×2＝600kg

石子：300×4.2＝1260kg

用水量：　$0.47\times300-1.95\times300\times2.6\%-4.15\times300\times1.2\%$

$=141-15.21-14.94=110.85kg$

粉煤灰：$300\times0.28=84kg$

膨胀剂：$300\times0.15=45kg$

2. 每盘各种材料用量

水泥：$300\times0.5=150kg$

砂：$600\times0.5=300kg$

石子：$1260\times0.5=630kg$

用水量：$110.85\times0.5=55.43kg$

粉煤灰：$84\times0.5=42kg$

膨胀剂：$45\times0.5=22.5kg$

(四) 实际操作练习及考核

(1) 题目　结合现场一个混凝土浇筑分项的配料程序过程，完成由拿到试验配合比到按要求加料进入搅拌机为止的操作过程

(2) 要求　在实习老师的指导下完成以下内容并按考核表分项考核。

1) 配合试验人员了解砂、石含水率的测定方法并计算施工配合比，每盘材料用量；

2) 初步掌握配料机方案的计量、配料、校正、控制程序和方法；

3) 掌握单、双轮车配料方案的皮重、净重、称量方法，衡器的检验及常规校正方法。能按要求称量出每盘材料用量。

4) 待搅拌机搅拌成混凝土后，观察检验混凝土质量，能分析判别是否存在配料程序的原因。

(3) 考核评分　见表4-6。

混凝土浇筑配料工作考核评分表　　表4-6

序	考核项目	单项配分	要求	得分
1	砂、石含水率测定	10	了解程序，配合试验人员完成	
2	施工配合比计算	20	会将试验配合比换算成施工配合比	
3	每次（盘）材料加入量计算	20	用机械容量，确定计算加入量	
4	计量衡器校验、使用	20	能称量出材料重量	
5	加入材料的称量	30	重量偏差符合规范要求	

班组：　　　　姓名：　　　　　　　　考评员：

三、混凝土搅拌

(一) 搅拌方法

混凝土有人工拌合和机械搅拌两种。

(1) 人工拌合　人工拌合质量较差，水泥耗量多，只有在工程量很小时采用。人工拌合一般用“三干三湿”法，即先将水泥加入砂中干拌两遍，再加入石子翻拌一遍，此后，

边适量加水，边反复湿拌三遍。操作要点：先将砂倒在灰盘上，再将水泥倒在砂上，用铁锨反复翻拌均匀，直到颜色一致。再将石子倒入，然后渐渐加入适量的水湿拌三遍，拌到全部颜色一致，石子与水泥砂浆没有分离与不均匀的现象为止。或者将干拌均匀的水泥和砂，堆成圆形，中间呈凹窝状，把石子倒入凹窝中，再注入2/3左右的拌合水，一边搅拌，一边将砂浆往石子堆上盖。在搅拌过程中，不要使稀浆往外流，当拌合到砂浆与石子基本混合后，便进行翻拌，边翻拌过洒水，干处多洒，湿处不洒或少洒，把剩余的拌合水洒完。翻拌时，同时用铁耙来回拉扒，要求做到翻锨要搭接，每锨要锨通，拉扒要圆通，浇水要定量，拉扒跟铁锨，浇水跟拉扒，以达到拌合均匀的目的。

(2) 机械搅拌　采用机械方法对组成混凝土原材料拌合均匀的方法。混凝土搅拌机按其搅拌原理分为自落式搅拌机和强制式搅拌机两类。根据其构造的不同，又分为若干种不同类型。自落式搅拌机宜用于搅拌塑性混凝土，强制式搅拌机的搅拌作用比自落式搅拌机强烈，多用于搅拌干硬性混凝土和轻骨料混凝土。

选择搅拌机型号，按施工组织设计要求，根据工程量大小、混凝土的坍落度和骨料尺寸等确定。既要满足技术上的要求，亦要考虑经济效果和节约能源。

（二）搅拌制度

为了保证混凝土的拌合质量，满足环保、机械使用要求等，必须正确地确定搅拌制度。

(1) 搅拌时间　从全部拌合材料进入搅拌筒起，到搅拌成混凝土开始卸料为止的持续时间。

搅拌时间与搅拌质量密切相关。搅拌时间过短，混凝土不均匀，强度降低、和易性不好；搅拌时间过长，搅拌机生产效率降低，不坚硬粗骨料破碎，还可能出现离析现象。

工程实践中，根据情况选择合理的搅拌时间，以保证混凝土的搅拌质量，发挥充分利用混凝土搅拌机的效率。现场搅拌时，可通过混凝土搅拌质量的观察试验来确定搅拌时间；商品混凝土可和运输设备（如混凝土搅拌运输车、翻斗车等）一并考虑确定搅拌时间；也可按表4-7确定混凝土搅拌的最短时间。

混凝土搅拌的最短时间（s）　　**表4-7**

混凝土坍落度（mm）	搅拌机机型	搅拌机出料量（L）		
		＜250	250～500	＞500
≤30	强制式	60	90	120
	自落式	90	120	150
＞30	强制式	60	60	90
	自落式	90	90	120

注：1. 掺有外加剂时，搅拌时间应适当延长。
2. 全轻混凝土宜采用强制式搅拌机搅拌，砂轻混凝土可采用自落式搅拌机搅拌，但搅拌时间应延长60～90s。
3. 采用强制式搅拌机搅拌轻骨料混凝土的加料顺序是：当轻骨料在搅拌前预湿时，先加粗、细骨料和水泥搅拌30s，再加水继续搅拌；当轻骨料在搅拌前未预湿时，先加1/2的总用水量和粗、细骨料搅拌60s，再加水泥和剩余用水量继续搅拌。

(2) 投料顺序　即混凝土拌合材料加入搅拌筒的次序。投料顺序应从保证混凝土的搅拌质量，提高强度，节约水泥；减少混凝土拌合物与搅拌筒壁、部件磨损及粘连；减少水泥飞扬改善工作环境，做到文明施工等方面综合考虑确定。常用一次投料法、二次投料法和水泥裹砂法等。

1）一次投料法　它是将砂、石、水泥和水等拌合材料一起同时加入搅拌筒中进行搅拌的方法。施工简单方便，目前普遍采用。此方法常用投料顺序是先倒砂子（或石子），再倒水泥，然后倒入石子（或砂子），将水泥夹在砂、石之间进入搅拌筒，随即加水进行搅拌。

2）二次投料法　它又分为预拌水泥砂浆法和预拌水泥净浆法。

预拌水泥砂浆法是先将水泥、砂和水加入搅拌筒内进行充分搅拌，成为均匀的水泥砂浆后，再加入石子搅拌成均匀的混凝土；预拌水泥净浆法是先将水泥和水充分搅拌成均匀的水泥净浆后，再加入砂和石搅拌成混凝土。

试验表明，二次投料法搅拌的混凝土与一次投料法相比较，混凝土强度可提高约15%。在强度等级相同的情况下，可节约水泥约15%～20%。

3）水泥裹砂法　又称为SEC法，用这种方法拌制的混凝土称为造壳混凝土（又称SEC混凝土）。其投料顺序是先将处理后的砂子、水泥和部分水进行第一次搅拌，使砂子周围形成粘着性很强的水泥糊包裹层。再加入剩余水、石子，搅拌成均匀的混凝土。

采用SEC法制备的混凝土与一次投料法相比较，强度可提高20%～30%，混凝土不易产生离析现象，泌水少，工作性好。

（3）进料容量　进料容量是将搅拌前各种材料的体积累加起来的体积之和，又称干料容量。进料容量约为出料容量的1.4～1.8倍（通常取1.5倍）。进料容量超过规定容量的10%以上，就会使材料在搅拌筒内没有充分的空间进行搅拌，影响混凝土拌合物的均匀性；反之，装料过少，不能充发发挥搅拌机的效率。

施工时，利用“出料容积”或“进料容量”等技术参数，根据配合比、水泥供应方式等条件计算每次（盘）进料重量，再进行试搅拌最后确定进料各材料的重量。

（4）搅拌操作要求。

1）严格控制混凝土施工配合比，混凝土原材料每盘进行称量，并宜做记录，不得随意加减用量。每盘称量偏差，不得超过表4-8中允许偏差。

混凝土原材料称量的允许偏差（%）　　**表4-8**

材料名称	允许偏差	材料名称	允许偏差
水泥、混合材料	±2	水、外加剂	±2
粗、细骨料	±3		

注：1. 各种衡器应定期校验，保持准确。

2. 骨料含水率应经常测定，雨天施工应增加测定次数。

2）混凝土搅拌前，应预先加水空转数分钟，使搅拌筒内壁充分润湿，然后将多余水放出排干。

3）搅拌第一盘混凝土时，考虑到筒壁上粘附砂浆的损失，石子用量应按配合比规定减半。

4）当拌合料投入搅拌筒后，应即时打开水箱控制器，加入拌合水拌合，严禁无计量加水。

5）搅拌好的混凝土要每盘卸尽，在混凝土全部卸出之前，不得再投入拌合料。禁止采取边卸料边进料的方法搅拌混凝土。

6）混凝土搅拌完毕或预计停歇1h以上时，应将混凝土全部卸出，加入石子和清水，搅拌数分钟把粘在料筒上的砂浆冲洗干净后全部卸出，进行机械保养。

（三）实际操作练习及考核

1. 题目

人工拌合0.25～0.5m^3混凝土。

2. 要求

根据称量出人工拌混凝土的各种材料用量，二人一组人工拌合混凝土。

3. 考核评分 （表4-9）

人工搅拌混凝土考核评分表 **表4-9**

序	考核项目	单项配分	要求	得分
1	操作程序	20	正确	
2	操作手法、熟练程度	20	熟练、流畅	
3	搅拌质量	25	均匀、颜色一致	
4	工效	10	45min完成	
5	工完场清	10	符合要求	
6	综合印象	15		

班组： 姓名： 考评员：

四、混凝土运输

（一）运输的一般要求

混凝土自搅拌机中卸出后，应及时运送到浇筑地点。为保证混凝土的质量，对混凝土运输的要求是：

(1) 保证混凝土保持良好的均匀性，不离析、不漏浆；

(2) 保证入模时混凝土坍落度符合设计要求；

(3) 满足施工方案对混凝土供应数量的要求，保证混凝土能够连续施工；

(4) 保证混凝土在初凝前浇筑完毕。

（二）混凝土运输工具

混凝土运输是指由混凝土搅拌地点到浇筑入模地点的空间运输，包括水平和垂直运输两个方面，按工艺分解为地面运输、垂直运输和操作楼面运输三种。

地面运输工具有双轮手推车、机动翻斗车、混凝土搅拌运输车和自卸汽车等。

楼面运输可用双轮手推车、塔式起重机、混凝土泵、混凝土布料机等。

混凝土垂直运输可采用塔式起重机、混凝土泵、井架、施工电梯等。

选择合适的机具是解决好混凝土运输工序的关键。主要取决浇筑混凝土分项对运输工序的具体要求，如施工方案、供应量要求、运输成本等等，选择时进行比较确定。常用混凝土运输机具见表4-10。

混凝土运输机具一览表 **表4-10**

序	名称	用途	特点
1	单、双轮手推车	水平、现场短距离运输	通用、方便
2	机动翻斗车	水平、现场短距离运输	通用、方便
3	自卸汽车	水平、坍落度较小的远距离运输	运输量大、速度快

续表

序	名　　称	用　　途	特　　点
4	混凝土搅拌运输车	水平、远距离运、拌混凝土	运输量大、速度快、商品混凝土采用
5	混凝土拖式泵	现场通过水平、垂直管道连续运送混凝土	运输量大、速度快，高层应用
6	混凝土泵车	自带臂架水平、垂直运送混凝土	操作灵活、适应性强，特别在基础，多层工程上应用
7	混凝土布料机	在工作面上水平、垂直摊布混凝土	可与拖式泵配合，高层点式方便施工。
8	塔式起重机	水平　垂直运送混凝土	通用、方便，料斗配合
9	井架	垂直运送混凝土	通用、方便，单、双轮车配合
10	施工电梯	垂直运送混凝土	通用、方便，单、双轮车配合
11	溜槽、串桶、管	垂直、短距离、水下运送混凝土	工作面上，防止离析

（三）混凝土运输时间

搅拌的混凝土应以最少转运次数，在尽可能短时间内，由搅拌地点运至浇筑工作面，并在初凝前浇筑完毕。混凝土从搅拌机中卸出后到浇筑完毕的延续时间不宜超过表 4-11 规定。

混凝土从搅拌机中卸出到浇筑完毕的延续时间（min）　　**表 4-11**

混凝土强度等级	气温		混凝土强度等级	气温	
	＜25℃	≥25℃		＜25℃	≥25℃
≤C30	120	90	＞C30	90	60

注：1. 对掺用外加剂或采用快硬水泥拌制的混凝土，其延续时间应按试验确定。
2. 对轻骨料混凝土，其延续时间应适当缩短。

当满足不了以上延续时间要求时，做配合比时掺外加剂进行调整，并试验确定运输延续时间，施工时严格掌握。

（四）混凝土运输道路

场内运输道路要求平坦、主运输道应尽可能硬化，以减少运输时的振动，避免造成混凝土分层离析。运输线路要短、直环形设置，避免车辆互相拥挤阻塞。

工作面上的运输道搭设的宽度要根据单行或双行及车辆宽度而定。浇筑基础时，可采用单向运输主道和单向运输支道的布置方式；浇筑柱、墙等竖向构件时，可采用来回运输主道与盲肠支道的布置方式；浇筑梁、板等水平构件时，可采用来回运输主道和单向运输支道结合的布置方式。

（五）实际操作练习及考核

1. 题目

观察、测算分析运输方案中、混凝土的供应能力。

2. 要求

用4h（0.5班次）观察记录一个施工现场，塔式起重机加料斗运输方案浇筑梁、板结构或井架加双轮车运输方案浇筑圈梁结构的台班运送混凝土数量，分析影响运输速度的主要因素，提出提高运量的保证措施，编写一份混凝土运送数量分析报告（观察记录、保证措施小结）。

3. 考核评分

根据分析报告的可信性，保证措施的可行性，分析原因的准确性等进行评分。

五、混凝土浇筑成型

混凝土浇筑成型是混凝土施工工艺的一项重要的程序，主要包括混凝土的下料或布料摊平、振捣密实和表层抹面修整等工序。它对混凝土的密实性和耐久性、结构的整体性和外形正确性等都有重要影响。

（一）混凝土浇筑成型工艺流程

模板湿润──→下、布铺底混凝土──→振捣起浆──→下、布混凝土浇筑──→振捣密实──→再次下、布混凝土；振捣密实循环完成全部──→表面抹面处理。

（二）下料、布料混凝土浇筑

1. 一般规定

（1）混凝土浇筑前不应发生初凝和离析现象，已初凝的混凝土不能进行浇筑；发生离析的混凝土可进行重新搅拌，使混凝土恢复流动性和黏聚性后再进行浇筑。

（2）依照配合比控制好入模前的塌落度。

（3）为了保证混凝土下料、布料时不产生离析现象，对竖向结构（如墙、柱）或混凝土自高处倾落时的自由倾落高度超过2m，应采取必要的防止离析措施。如设下料口、用溜槽或串筒等等。

（4）为了使混凝土各部位都能振捣密实，混凝土必须分层浇筑，每层浇筑厚度与捣实方法、结构配筋等因素有关，一般不应超过表4-12的规定。

混凝土浇筑层厚度（mm）　　**表4-12**

捣实混凝土的方法		浇筑层的厚度
插入式振捣		振捣器作用部分长度的1.25倍
表面振动		200
人工捣固	在基础、无筋混凝土或配筋稀疏的结构中	250
	在梁、墙板、柱结构中	200
	在配筋密列的结构中	150
轻骨料混凝土	插入式振捣	300
	表面振动（振动时需加荷）	200

（5）浇筑混凝土应尽可能连续进行。当施工必须间歇时，其间歇时间应尽量缩短，并要在前层混凝土凝结之前，将次层混凝土浇筑完毕，否则应留置施工缝。混凝土运输、浇筑及间歇的全部时间不得超过表4-13的规定。

混凝土运输、浇筑和间歇的允许时间（min）　　**表4-13**

混凝土强度等级	气温		混凝土强度等级	气温	
	不高于25℃	高于25℃		不高于25℃	高于25℃
不高于C30	210	180	高于C30	180	150

注：当混凝土中掺有促凝或缓凝型外加剂时，其允许时间应根据试验结果确定。

2. 施工缝的留设与处理

(1) 施工缝的留设

由于技术上的原因或设备、人力等条件的限制，混凝土的浇筑不能连续进行，则应留置施工缝。施工缝的位置应在混凝土浇筑之前确定，并宜留置在结构受剪力较小且便于施工的部位。

常见构件施工缝留置的位置，柱子的施工缝宜留在基础的顶面、梁或吊车梁牛腿的下面、吊车梁的上面、无梁楼板柱帽的下面；与板连成整体的大截面梁，留置在板底面以下20～30mm处。当板下有梁托时，留置在梁托下部；单向板，留置在平行于板的短边的任何位置；有主次梁的楼板宜顺着次梁方向浇筑，施工缝应留置在次梁跨度的中间1/3范围内；墙施工缝留置在门洞过梁跨中1/3范围内，也可留在纵横墙的交接处；双向受力楼板、大体积混凝土结构、拱、穹拱、薄壳、蓄水池、斗仓、多层刚架及其他结构复杂的工程，施工缝的位置应按设计要求留置。

(2) 施工缝的处理

已浇筑的混凝土当其抗压强度达到或超过1.2N/mm^2，时，才能在施工缝处继续浇筑混凝土。混凝土强度达到1.2N/mm^{2}的时间决定于水泥的强度等级、配合比及平均气温，可以根据同条件养护试验确定，也可以参考有关试验资料。

在施工缝处浇筑混凝土之前，应除去施工缝表面的水泥薄膜、松动的石子和软弱的混凝土层。并加以充分湿润和冲洗干净，不得积有明水，浇筑时，施工缝处宜先铺水泥浆(水泥:水=1:0.4)或与混凝土成分相同的水泥砂浆一层，厚度为10～15mm，也可采用“减半石混凝土”，以保证接缝的质量。浇筑混凝土过程中，施工缝应仔细捣实，使新旧混凝土紧密结合。

3. 混凝土捣实

(1) 混凝土入模后状态　混凝土浇入模板后，由于材料之间的粘结力、摩擦力和拌合物与模板之间的摩阻力，使混凝土处于不稳定的平衡状态。其内部是疏松的，试验证明，里面含有占混凝土体积5%～20%的空隙与气泡。而混凝土的强度、抗冻性、抗渗性、耐久性等一系列技术性质，都与混凝土的密实程度有关。因此，必须采用适当的方法在混凝土初凝之前对混凝土进行捣实，以保证其密实性。

(2) 捣实方法、分类　混凝土捣实分人工捣实和机械振实两种方式。

人工捣实是用人力采用捣杆的冲击（夯或插）来使混凝土密实、成型。一般只有在采用塑性混凝土，而且在缺少机械或工程量不大的情况下，才用人工捣实，实践证明，增加插捣次数比加大插捣力的效果要好。捣实时要注意插匀、插全，控制好主钢筋下面、钢筋密集处、石子多的地点、模板阴角处、钢筋与侧模之间的插捣质量。

机械振实是将振动器的振动力传给混凝土使之发生强迫振动而密实成型，效率高、质量好，施工时优先采用。混凝土振动机械按其工作方式分为内部振动器、表面振动器、外部振动器和振动台等，如图4-2所示。

(3) 操作使用要点

内部振动器的使用：内部振动器又称插入式振动器。由电动机、传动软轴、振动棒头三部分构成。常用以振实梁、柱、墙等构件和大体积混凝土。使用前应先检查电动机，通电试运转、转向与所标方向一致，再安装棒头试运转，起振即可。使用振动器时，应使振

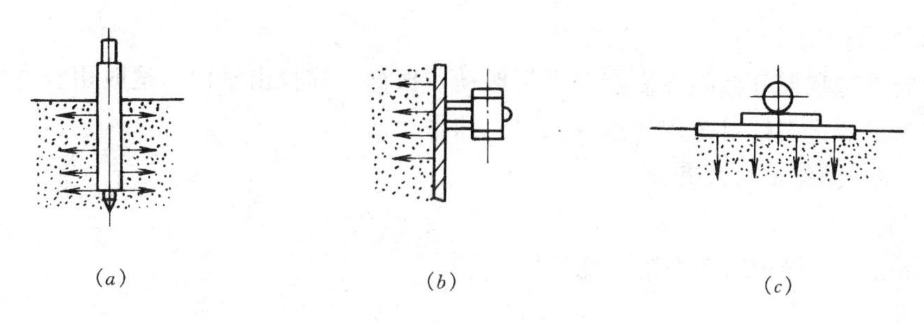

图 4-2 振动机械按传递振动的方式分类
(*a*) 插入式振动器；(*b*) 附着式振动器；(*c*) 平板式振动器

动棒垂直，自然地沉入混凝土中，切忌与钢筋、模板等硬物碰撞。此外，还应将振动棒深入下一层混凝土中5cm以上，以保证上下层混凝土结合密实。如图4-3所示每次振动时需将振动棒上下抽动，以保证振捣均匀，当混凝土表面已经平坦，无显著坍陷，有水泥浆出现，不再冒气泡时，则表明混凝土已经捣实，可慢慢拔出振动棒。过长时间的振捣会使混凝土产生离析现象而影响其质量。移动振动器时，应保证不致出现"死角"。插点间距：当插点呈方格行列式排列时，不超过1.5R；当插点为交错形排列时，不超过1.75R。R为振动棒作用半径，如图4-4所示。软轴式振动器使用时，软管弯曲半径不宜小于50cm，其弯曲不能多于两处，以免损坏软轴。振动器使用中温度过高，应停机降温。经常保养电动机、软管、振动棒。

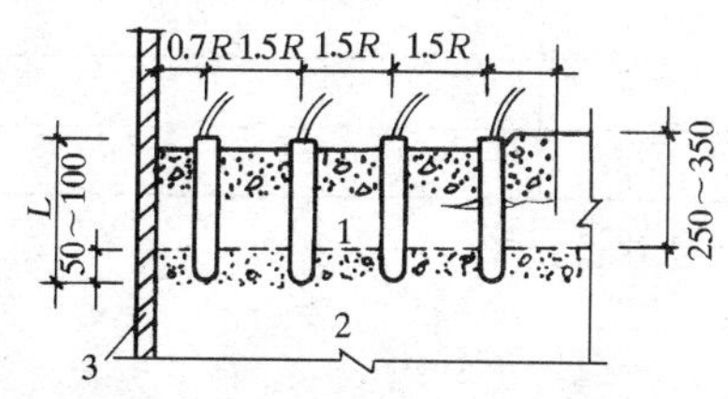

图 4-3 插入式振动器插入深度
1—新浇灌的混凝土；2—下层已振捣但尚未初凝的混凝土；3—模板
R—有效作用半径；L—振动棒长度

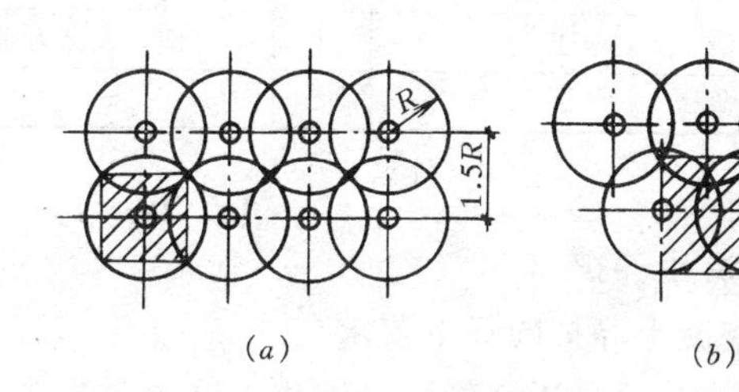

图 4-4 插点布置
(*a*) 行列式；(*b*) 交错式
R—振动棒作用半径

表面振动器的使用：表面振动器又称平板振动器，是将附着式振动器固定在一块底板上而成。常用于振实楼地面、板形构件等。每次振实厚度不大于250mm，在同一位置连续振动一定时间，待混凝土面均匀出现浆液，两人成排依次托捣前进，前后位置和排与排之间相互搭接100mm，避免漏振。最好进行两遍，第一遍和第二遍的方向要互相垂直，第一遍主要使混凝土密实，第二遍则使其表面平整。整个操作过程必须注意用电安全。

（三）混凝土表面处理

1. 竖向结构构件

对柱、墙等竖向结构构件，混凝土的水灰比和坍落度，随浇筑高度的上升，可酌予递减。当接近标高时，控制好下料数量，浮浆聚集较多时注意调正用料比例，加入一定数量的同粒径的洁净石子，防止因表面砂浆过厚产生龟裂。振捣自然平整，适时进行表面整理及搓毛。

2. 水平结构构件

布料振捣时掌握好标高控制点，平板振动器振捣，拖拉出平面，适时用长木抹子或托板抹平，为了防止裂纹可采用二遍（二次）抹平表面。

（四）实际操作练习及考核

1. 题目

6m×6m 见方梁板结构混凝土浇筑。

2. 要求

用塔式起重机配料斗浇筑梁板方案，劳动组合下布料 4 人；振捣 3 人；表面平整收头 4 人，分工协作共同完成。操作时间要求，4h 完成。机械振捣。

3. 考核评分 （表 4-14）

浇筑梁、板混凝土考核评分表 **表 4-14**

序	考核项目	单项配分	要求	得分
1	基层浇水湿润，保护层检查	10	无明水；保护层厚度符合要求	
2	混凝土下、布料顺序、方法	15	合理	
3	振捣方法	15	正确	
4	标高控制、表面平整	15	正确、有效	
5	工效	10	按时完成	
6	作业小组配合、协调	10	有序	
7	工完场清、文明施工	10	清洁、安全无事故	
8	综合印象	15		

班组： 姓名： 考评员：

六、混凝土养护

（一）混凝土养护的基本要求

混凝土浇捣后，逐渐凝固、硬化，这个过程主要由水泥的水化作用来实现，而水化作用必须在适当的温度和湿度条件下才能完成。因此，为了保证混凝土有适宜的硬化条件，使其强度不断增长，必须对混凝土进行养护。并且有可行的施工技术方案和有效的养护保证措施。

混凝土浇筑完毕后，应在 12h 以内对混凝土加以覆盖并保湿养护；干硬性混凝土应于浇筑完毕后立即进行养护。对采用硅酸盐水泥、普通硅酸盐水泥或矿渣硅酸盐水泥拌制的混凝土，不得少于 7 天，其他水泥拌制的混凝土养护时间应根据所采用水泥的技术性能确定；对掺用缓凝型外加剂或有抗渗要求的混凝土，不得少于 14 天；浇水次数根据施工现场的温度、湿度环境能保持混凝土处于湿润状态为准，养护水与拌制用水相同，并注意节约用水，减少浪费；采用塑料薄膜覆盖养护的混凝土，其敞露的全部表面应覆盖严密，并随时检查保持塑料薄膜内有凝结水（混凝土表面湿润）；当日平均气温低于 5℃ 时，不得浇水；混凝土表面不便浇水或使用塑料薄膜时，宜涂刷养护剂；对大体积混凝土的养护，应根据气候条件按施工技术方案采取控温措施。

总之，混凝土养护的核心在于一定时间内，必须保持新浇筑的混凝土能处在一个湿润状态的环境中。

（二）养护方法

混凝土养护方法，一般常采用自然养护和蒸气养护。

混凝土的自然养护是指在平均气温高于+5℃的条件下于一定时间内使混凝土保持湿润状态。自然养护分浇水养护和喷洒塑料薄膜养生液养护等方法。洒水养护是用吸水保温能力较强的材料（如草帘：麻袋、毡垫等）将混凝土覆盖，浇水次数以能保持混凝土处于湿润状态为宜，实践证明，一般气候条件下，混凝土浇捣后最初三天内，白天每隔两小时浇水一次，夜间每隔4h浇水一次；在以后的养护期中，每昼夜不少于四次。在干燥的气候条件下，浇水次数应适当增加。喷洒塑料薄膜养生液养护是将塑料溶液喷洒在混凝土表面上，待溶液挥发后，塑料在混凝土表面结成一层薄膜，使混凝土表面与空气隔绝，封闭混凝土中的水分不再被蒸发，而完成水化作用，此种养护方法适用于大面积混凝土施工或浇水养护困难的构件。对于表面积大的水平构件（如地坪、楼板、屋面、路面等），也可用湿土、湿砂覆盖，或沿构件周边用粘土等围住，在构件中间蓄水进行养护。对于表面积大的竖直构件（如挡土墙、剪力墙等），也可用喷淋循环水进行养护。

蒸汽养护就是将浇筑成型的混凝土构件置于一定固定形式的养护坑(或窑)内,然后按一定的程序通以蒸汽,使混凝土在较高的温度和湿度的条件下迅速凝结、硬化,达到要求的强度。蒸汽养护能大大加快模板的周转,缩短整个生产过程的周期,但消耗能源较大。

（三）实际操作练习及考核

1. 题目

编写一个单位工程混凝土的养护方案。

2. 要求

根据单位工程的结构特点，施工方案，施工条件独立编写一份养护方案。主要内容包括组织管理、养护方案、保证措施等内容。

3. 考核评定

实习指导老师从组织严密、保证质量、方案可行、节能环保、文明施工等方面分别评定，给出成绩。

七、混凝土泵送施工工艺

在泵压作用下，通过管道输送的混凝土，称为泵送混凝土。泵送混凝土除具有普通混凝土的性能外还应满足可泵性要求。

（一）混凝土泵送施工工艺程序

泵送混凝土原材料选择⟶泵送混凝土配合比确定⟶泵送混凝土的组织供应（搅拌和运输）⟶混凝土泵送设备的选择及管道的布置⟶混凝土的泵送与浇筑⟶泵送混凝土的振捣、表面处理⟶泵送混凝土的养护。

（二）各施工工艺程序技术要求、操作要点

1. 泵送混凝土原材料选择

水泥宜选用普通硅酸盐水泥、火山灰质硅酸盐水泥和粉煤灰水泥；砂子宜用中砂；碎石最大粒径与输送管内径之比，宜小于或等于1:3，卵石宜小于或等于1:2.5。

2. 泵送混凝土配合比确定

用选择的原材料，通过试验确定配合比。为满足可泵性要求常加入适量粉煤灰掺合料和改变其他性能的外加剂。并根据混凝土原材料、混凝土运输距离、混凝土泵与混凝土输送管径、泵送距离、气温等具体施工条件试配。必要时，应通过试泵送试验来确定泵送混凝土配合比。常用泵送混凝土的技术参数：水泥最小用量宜为300kg/m^3，混凝土最大水泥用量不宜大于550kg/m^3，水灰比宜为0.4～0.6，砂率宜为38%～45%，坍落度对不同泵送高度有不同要求。入泵时混凝土的坍落度，可按表4-15选用。

不同泵送高度入泵时混凝土坍落度选用表 **表4-15**

泵送高度（m）	30以下	30～60	60～100	100以上
坍落度（mm）	100～140	140～160	160～180	180～200

3. 泵送混凝土的组织供应

根据施工进度需要，编制泵送混凝土供应计划，加强通讯联络、调度，供料应确保连续均匀、准确用量。泵送混凝土宜采用预拌混凝土，也可在现场设搅拌站，供应泵送混凝土。泵送混凝土泵前现场外运输采用专用混凝土搅拌运输车运送，泵前现场搅拌站采用溜槽运送。运送量应符合施工方案和泵送机械对运送量的要求。

混凝土搅拌运输车装料前，湿润拌筒并将积水倒净。预计调正好运输过程中的坍落度损失，现场严禁往拌筒内加水。

混凝土泵体进料斗上，应安设网筛由专人监管喂料。

4. 混凝土泵送设备的选择及管道的布置

混凝土泵的选型，应根据混凝土工程特点、现场施工条件、要求的最大输送距离、最大输出量及混凝土浇筑计划确定。一个单位工程，可以选一泵到底，也可分段选择泵的型号。混凝土泵设置处，应场地平整坚实，道路畅通，供料方便，距离浇筑地点近，设置高度与配管高度吻合，设有专用排水沉坑，供水、供电方便。当高层建筑采用接力泵泵送混凝土时，接力泵的设置位置应使上、下泵的输送能力匹配。设置接力泵的楼面应验算其结构所能承受的荷载，必要时应采取加固措施。

混凝土输送管的布置，应根据工程和施工场地特点、混凝土浇筑方案进行，尽量缩短管线长度，少用弯管。输送管线的铺设要保证安全施工，便于清洗管道、排除故障和装拆维护。

地面水平管长度不宜小于垂直管长度的1/4，且不宜小于15m。

混凝土输送管固定牢靠，不能直接支承在钢筋、模板及预埋件上，设置专用固定点。

炎热季节施工，要用湿罩布、湿草袋等遮盖混凝土输送管，避免阳光照射。严寒季节施工，用保温材料包裹混凝土输送管，防止管内混凝土受冻，并保证混凝土的入模温度。

5. 混凝土的泵送与浇筑

混凝土泵送施工现场，应有统一指挥和调度。混凝土泵、搅拌运输车和搅拌站与浇筑地点之间的通讯联络明确畅通。

混凝土泵的操作人员必须经过专门培训，持证上岗。混凝土泵启动前，按所用混凝土泵操作使用说明书的要求进行全面检查，符合要求后开机进行空运转。混凝土泵启动后，先泵送适量水以湿润混凝土泵的料斗、活塞及输送管的内壁等直接与混凝土接触部位。再向料斗内加入一定数量与混凝土配比相同的水泥砂浆（或1:2水泥砂浆），随即可开始泵送混凝土。润滑用的水泥砂浆应分散布料，不得集中浇筑在同一部位。

泵送速度，应先慢后快，逐步加速。观察各系统运转正常后，方可以正常速度进行泵送。混凝土泵送应连续进行，如必须中断时，其中断时间不得超过混凝土从搅拌至浇筑完毕所允许的延续时间。

泵送将结束时，应正确计算混凝土管道内和料斗内储存的混凝土量及浇筑工作面所需用的混凝土量，以便决定拌制混凝土量。泵送完毕时，立即将混凝土泵和输送管清洗干净，进行机械保养维护。

根据工程结构特点、平面形状和几何尺寸、混凝土供应和泵送设备能力、劳动力和管理能力以及周围场地大小等条件,预先划分好混凝土浇筑区域。一般的浇筑顺序原则是:先远后近;先竖向结构后水平结构;分层连续浇筑。水平结构的混凝土表面,应适时用木抹子磨平搓毛两遍以上。必要时,还可先用铁滚筒压两遍,以防止产生收缩裂缝。泵送混凝土砂率大,水泥用量多,宜进行蓄水养护,或覆盖湿草袋、麻袋、毡垫等物,以减少收缩裂缝。

八、轻质混凝土施工

(一) 分类、特点

1. 分类组成

轻骨料混凝土、泡沫混凝土、加气混凝土等。

轻骨料混凝土是由水泥、轻粗骨料、轻细骨料和水等配制而成的混凝土，其干密度不大于 1900kg/m^3。

泡沫混凝土是由水泥、水和泡沫剂配制而成的混凝土，表观密度约为 400～600 kg/m^3。

加气混凝土是由水泥（或部分代用品）和含硅材料（如粉煤灰）经过磨细并与发气剂和其他材料按比例配合，再经过料浆浇注，发气成型，静停硬化、坯体切割与蒸汽养护等工序制成的一种轻质多孔建筑材料。

2. 特点

重量轻，多孔保温性能好。原材料（骨料）表观密度小，吸水率大。抗渗性及抗冻性良好。

(二) 施工操作要点

为了保证轻骨料混凝土的质量，在施工中除遵守普通混凝土有关规定外，还应注意以下几点要求：

(1) 因骨料密度小，应采用强制式搅拌机进行搅拌，先加细骨料、水泥和粗骨料，搅拌约 1min，再加水继续搅拌不少于 2min。也可对轻骨料进行预湿处理，一般提前一天对骨料进行淋水预湿，然后滤去水分进行投料。

(2) 掺有外加剂时，先将外加剂在有效用水量中溶解均匀，待轻骨料已预湿后，再加含外加剂的水进行搅拌。

(3) 轻骨料混凝土搅拌后，应立即浇筑。混凝土从搅拌机卸料到浇筑入模的延续时间不宜超过 45min。

(4) 轻骨料混凝土应采用机械振捣成型。时间不宜过长，以防轻骨料上浮。

(5) 振捣成型后应及时覆盖喷水养护，以免表面失水太快而产生裂纹，养护时间不少于 7 天。

泡沫混凝土的施工主要分为泡沫剂的配制、泡沫浆的配制、泡沫混凝土形成。

泡沫剂配制　泡沫剂是由一定量的松香、碱和胶，并加适量的水配制而成。分别用两个专用熬锅熬制松香碱液和胶液，冷却至 50℃左右时，将胶液徐徐加入松香碱液中急速地搅拌，到表面有漂浮的小泡为止，即成泡沫剂。

泡沫浆的配制　将所需的泡沫剂称好，用热水稀释，与冷水一起（泡沫剂:热水:冷水＝1:4:40）倒入泡沫搅拌筒中，搅拌5min，即成白色泡沫浆。

泡沫混凝土　将搅拌好的泡沫浆和0.48水灰比的水泥浆（先成浆）一起倒入泡沫混凝土搅拌筒中混合搅拌5min，即成泡沫混凝土。

泡沫混凝土多采用蒸汽或蒸压养护，这样可以缩短养护时间并提高强度。

第三节　基槽土方与基础垫层的施工

基槽土方施工与基础垫层的施工，常由混凝土工种组织完成。

一、基槽土方施工

土方施工包括土的开挖、填筑和运输等主要施工过程，以及排水、降水和土壁支撑等辅助施工过程。

土方按开挖和填筑的几何特征不同，分为场地平整、挖基槽、挖基坑、挖土方、回填土等。基槽是土方施工常见的一种类型，一般泛指挖土宽度在3m以内，且长度等于或大于宽度3倍者。

1.基槽开挖前的准备工作

（1）现场勘查，熟悉实地情况。主要有地形、地貌、水文、地质、河流、地下埋设物、管线、洞穴、水电供应等，考虑好合理的施工方法与施工技术措施，准备好常用的机具设备，如抽水机、临时支撑工具等，保证基槽开挖顺利完成。

（2）场地平整，清除地面上及地下的障碍物。做好建筑物四周地面排水措施，以免基槽积水。

（3）做好施工现场平面布置、材料及设备进场计划、堆放地点、运输线路布置。

（4）测量放线。根据定位轴线、设计基槽宽度与深度、土质情况、选用放坡或支撑方案等因素，放出基坑（槽）的开挖边线，洒灰标记。根据导线点确定好开挖控制的水平标志。复核测量放线成果，无误后，方可进行挖土施工。

（5）根据施工方案（如机械、人力等）准备配套的施工机械，辅助施工人员或人力土方施工的劳动力。

2.施工工艺程序

机械施工主要程序　选择机械进场——→调试检查——→确定开挖线路——→挖、运土方——→辅助劳动力整理基槽——→测量、控制质量（标高、宽度）——→人工清底——→槽基检验及处理——→分层、分段回填土方——→验收转入下一个施工程序。

人力施工主要程序　分段安排人员就位——→开挖基槽——→向外翻、运土方——→槽边整理——→质量（标高、宽度）控制——→清底——→槽基检验及处理——→分层、分段回填土方——→验收转入下一个施工程序。

3.主要工序操作要点及注意事项

（1）土方工程工程量大，劳动强度大，施工条件复杂，不可预见的因素多，应优先采用机械施工方案。选择时注意各类机械效率的配套，充分发挥效能，降低工程成本。

（2）基槽开挖及回填应保证机械、人力有足够的工作面，连续进行，尽快完成。槽壁边坡或支撑应符合要求。

(3) 施工中应采取措施，防止地面水流入坑槽内。当地下水位高于开挖深度时，应有排降水方案，实施措施配合施工。

(4) 认真做好标高的测量，控制工作，严防基槽超挖。

(5) 雨期施工或基槽挖好后不能及时进行下一工序施工时，要在基底以上留置 15～30 厘米一层不挖，待下一工序开始时再挖除。冬期施工，基槽底应防止冻结，应尽量减少工序间隔时间。

(6) 槽边弃土时，弃土坡脚距槽开挖边缘不得小于 0.8m，弃土堆置高度不得超过 1.5m，并需经常检查边坡的稳定性，防止塌方。

(7) 施工中如发现有文物，古墓或不易鉴别之物，应妥善保护，并报请当地有关部门处理后，方可继续施工。

(8) 基槽挖好后应进行验槽、钎探、有问题的地基局部处理，进行隐蔽验收。

(9) 隐蔽验收后，及时进行回填，优先选取原开挖土回填，先低后高，分层分段，虚铺厚度符合夯实方法的要求，调整好填土的含水率，环刀法取样检查回填土的压实程度，达到设计要求。

二、基础垫层施工

设计基础垫层的类型很多，如灰土垫层、砂垫层和砂石垫层、碎石垫层和碎砖垫层、三合土垫层、炉渣垫层和水泥混凝土垫层等。

1. 灰土垫层

灰土垫层是用石灰和粘性土拌合均匀，然后分层夯实而成。

(1) 准备工作　选择土料在试验室做击实试验确定施工及质量检验参数；土、灰原材料过筛准备，调正含水率和颗粒大小符合现行规范要求；根据结构特点，回填厚度确定分段位置分层厚度；准备好质量检查验收仪器设备；人员及机械配备能满足进度要求等。

(2) 施工工艺程序

准备工作──→灰、土拌合均匀──→虚铺灰土──→多遍夯、压密实──→质量检查验收交活──→转入下道工序施工。

(3) 操作要点

铺打灰土前，对验槽发现的问题即时进行处理，并夯排底夯不少于三遍。

将准备好的灰和土，在槽外按设计比例(一般为 3:7 或 2:8，体积比)准确过斗，搅拌均匀，拌到颜色一致。应适使控制其含水量，简单鉴定的方法，以用手紧握成团，两指轻捏即碎为宜。如灰土料水分过多或不足时可以晾干或洒水润湿。拌好后应及时下坑铺设夯实。

灰土的虚铺厚度，可根据不同夯实机具参照表 4-16 确定。各层厚度都应预先在基槽侧壁设水平桩签标定。每层灰土的夯打遍数，应根据设计要求的控制干密度或压实系数在现场试验确定。

灰土虚铺厚度参考表　　**表 4-16**

夯实机具种类	夯　重	灰土虚铺厚度 (cm)	说　明
人力夯	5～10kg	15～20	落距不小于 60cm
轻型夯实机械		20～25	蛙式夯、垂直冲击夯
压路机	机重 6～10t	20～30	

在地下水位下基槽内施工时，应采取排水措施，并用碎砖夯填到高出地下水位15cm，再铺夯灰土。夯实后的灰土在三天内不得受水浸泡。

灰土分段施工时，留槎位置最好在窗台下，不得在墙角、柱基及承重墙下接槎。每步所铺虚土应从留槎处往前挖伸，搭接长不少于50cm，再与同步留槎相接。上下相邻两层灰土接槎间隔距离不得小于50cm。

灰土打完后，必须清边铲平，及时修建上部基础和回填基槽，否则应作临时遮盖，防止日晒雨淋。干热气候时，还需洒水湿润。

雨季施工时，应采取防雨及排水措施，以保证灰土在槽内无积水状态下施工。冬期施工时，不得采用冻土或夹有冻土块的土料作灰土。槽底、槽侧面应采取保温防冻措施，灰土应随拌随用，下槽后应随即夯实，并用保温材料覆盖。

(4) 质量要求及注意事项

土料尽量采用原槽中挖出的土，并符合规范对土料的要求，过15mm筛。石灰应采用生石灰（新进块灰不应小于70%）提前1～2天洒水熟化，过5mm筛，现场不能进行石灰熟化时，可采用磨细生石灰代替，质量符合有关规定。

灰土拌合比例准确，拌合均匀，颜色一致。

灰土每完成一步，按要求用环刀取样测定其干容重或压实系数，数值符合设计要求或试验要求。

灰土标高、宽窄尺寸、表面平整度应符合现行规范要求。

灰土表面无松散、裂纹等现象。

2. 砂石垫层

根据设计要求，用压（夯）实的砂石垫层替换基础下部一定厚度的软土层，以提高地基承载力，减少沉降，加速软土层的排水固结作用。

(1) 准备工作　根据工程量大小，准备砂、石材料，一般宜采用中砂、粗砂、砾砂、碎（卵）石，石屑或其他工业废粒料。砂、石材料不得含有草根垃圾等有机杂物，含泥量不宜超过3%。石粒最大粒径不宜大于50mm。配备足够的机械设备和施工劳动力。

(2) 主要施工工艺程序

准备工作⟶验槽清理⟶拌合砂石铺填捣实⟶分层质量验收。

(3) 操作要点

施工前应先行验槽。浮土应清除，边坡必须稳定，防止塌方。槽底和两侧如有孔洞、沟、井和墓穴等，应在未做垫层前加以处理。

人工级配的砂、石材料，应按级配拌合均匀，再进行铺填捣实。

垫层的底面宜铺设在同一标高上，如设计深度不同时，按先深后浅程序进行施工，深浅过度处，基槽底面应挖成踏步或斜坡进行搭接。搭接处应加强振捣密实。

同层分段施工时，接头位置留在结构次要部位并做成斜坡，上、下层接头位置应错开0.5～1m，并应充分捣实。

为防止基槽底面的表层软土发生局部破坏，应在基槽底部及四周侧面先铺设砂层，再铺碎石垫层。

冬期施工时，不得采用夹有冰块的砂石作垫层，并应采取措施防止砂石内水分冻结。

砂石垫层的捣实，方法很多，不同捣实方法，每层铺设厚度及施工方法也各不相同，施工时可参照表 4-17 选用。

砂石垫层每层铺设厚度及最佳含水量 **表 4-17**

捣实方法	每层铺设厚度（mm）	施工时最佳含水量（%）	施　工　说　明	备　　注
平振法	200～250	15～20	平板式振捣器往复振捣，每行平移振捣时应搭接进行	不宜使用细砂或含泥量较大的砂铺垫层
插振法	振捣器插入深度	饱和	1. 用插入式振捣器，间距根据机械振幅大小确定 2. 底层不应插入下卧粘性土层振捣完的孔洞，应用砂填实 3. 应有控制地注水和排水	不宜使用细砂或含泥量较大的砂铺垫层
水撼法	250	饱和	1. 注水超过铺设面层，有控制的排水和注水 2. 用四齿钢叉摇撼捣实，插点间距为 100mm，叉齿间距 80mm，长 300mm，木柄长 900mm	湿陷性黄土膨胀土地区不得使用
夯实法	150～200	8～12	1. 用木夯或机械夯 2. 木夯重 40kg，落距 400～500mm 3. 一夯压半夯，全面夯实	适用于砂石垫层
碾压法	150～350	8～12	6～10t 压路机往复碾压	适用于大面积的砂石垫层，不宜用于地下水位以下的砂垫层

施工时应分层进行，厚度用样桩控制，在下层密实度验收合格后，方可进行上层施工。

（4）质量要求

根据质量取样要求在每层砂石中设置纯砂检查点取样，用容积不小于 200cm^3 的环刀取样测定其干密度，以不小于通过试验所确定的该砂料在中密状态时的干密度数值为合格。中砂在中密状态的干密度，一般为 1.55～1.60g/cm^3。

第四节　现浇混凝土结构构件的施工

一、基础

（一）杯形基础

1. 施工准备

（1）材料　按配合比要求的品种、规格、产地，结合本次基础浇筑的工程量，准备充足数量、质量符合要求的原材料（水泥、砂、石、水、掺合剂、外加剂等）。

（2）机具　准备能够满足基础浇筑的机具规格和数量，如搅拌机、振捣机具，单、双轮车等。

(3) 劳动力　落实劳动班次及每班次劳动组合、分工。

(4) 作业条件　模板分项检查验收合格；钢筋隐蔽验收合格；施工技术、质量保证、安全文明施工具体要求已进行交底；现场运输道路，浇筑部位操作面已检查合格；各相关配合部门人员已落实到位。

2. 操作工艺

(1) 施工工艺程序

准备工作检查⟶浇水湿润⟶混凝土配料、搅拌、运输（或供应）⟶混凝土分层下料⟶分层浇筑振捣⟶表面整理⟶养护⟶检查交活

(2) 各主要工艺程序操作要点

检查施工准备工作的落实到位情况，补作施工准备工作的不足（如混凝土保护层垫块，模板加固，运输道架子，清理等)。

基础垫层表面、模板面洒水湿润，无明水。

测定砂、石含水率，计算设置配合比标志牌，明确每盘各种材料用量及车皮重量，检查调试磅秤，保证计量准确。按机械操作要求和搅拌程序加料搅拌，首次使用的配合比鉴定其工作性需满足设计配合比的技术指标要求。搅拌好的混凝土及时用翻斗车、手推车等运至浇筑地点。采用预拌混凝土，一般由预拌厂商负责浇筑地点以前各工序的技术质量管理，但要协调好供应能力以满足浇筑要求。

整个杯形基础要一次浇筑完成，不允许留设施工缝。先下阶、后上阶部分，分层下料，每层操作铺料厚度按杯底距地板垫层尺寸，下、上阶模板高度结合工艺要求下料厚度(250～300mm）等综合因素确定。下料顺序是先边角后中间，杯口周围对称，一次一层卸足混凝土。再按常规振捣方法分层振捣，逐层向上，直至完成。

配合浇筑适时进行斜面、台阶的铲填、抹光工作。铲填由低处向高处铲高填低，并用直尺检查斜坡是否准确，直到外形符合要求为止。接着用铁抹拍抹表面，把凸起的石子拍平，然后由高处向低处加以压光。拍一段，抹一段，随拍随抹完一段。局部不足，随时补足混凝土。

浇筑完毕 12h 以内对混凝土加以覆盖并保湿养护 7～14 天，检查转入下一道施工程序。

3. 质量要求

(1) 主控项目

混凝土所用的水泥品种、级别、包装或散装仓号、出厂日期等进行检查,并应对其强度、安定性进行复验,其质量必须符合现行国家标准。水泥出厂超过三个月(快硬硅酸盐水泥超过一个月)或对水泥质量有怀疑时,应进行复验,并按复验结果使用。严禁使用含氯化物的水泥。

混凝土中掺用外加剂的质量及应用技术应符合现行国家标准和有关环境保护的规定。

按要求取样、留置的标准养护试件的结构混凝土的强度等级必须符合设计要求。

结构拆模后的外观质量不应有露筋、蜂窝、孔洞、夹渣、疏松、裂缝等方面的严重缺陷。不应有影响结构性能和使用功能的尺寸偏差。

(2) 一般项目及允许偏差

砂、石、水等原材料符合试验配合比要求。并应测定砂、石含水率及时调整材料用量，提出施工配合比。

混凝土连续浇筑，一次完成，不留施工缝，浇筑完毕后12h内开始养护。

结构外观质量不宜有烂根、孔洞、裂缝等方面的一般缺陷。

拆模后的尺寸偏差应符合表4-18。

现浇杯形基础结构尺寸偏差和检验方法 **表4-18**

项目	允许偏差（mm）	检验方法	项目	允许偏差（mm）	检验方法
轴线位置	10	钢尺检查	表面平整度	8	2m靠尺和塞尺检查
杯底标高	0，－10	水准仪	预埋件中心线位置	10	钢尺检查
截面尺寸	+8，－5	钢尺检查			

4．注意事项

当浇筑到斜坡时，为减少或避免下阶混凝土“返浆”落入基坑，四周200mm范围内可不必摊铺混凝土，上阶振捣完毕后如有不足再进行补加。

为防止台阶交角处出现“烂根（吊脚）”现象，不能在浇筑上阶混凝土后再振下台混凝土。

杯口底混凝土先振密实，再捣杯口模四周外的混凝土，振动时间尽可能缩短，注意对称浇筑振捣，保证杯口位置尺寸正确。

（二）厚大体积基础

1．施工准备

（1）材料　依配合比检验报告要求的品种、规格、产地等准备原材料（如低水化热水泥、砂、石等），当工程量大储量不足时，必须组织好原材料的供应工作，确保工程连续进行。

（2）机具　准备充足的混凝土施工机具，并有多余的储备数量应急施工不测。

（3）劳动力　每班次劳动组合充足，安排三个班次交替接班连续施工。

（4）作业条件　熟悉图纸，编制厚大体积混凝土施工方案，对施工班组进行详细交底；模板、钢筋、各种埋件等按设计要求安装完毕，并经隐蔽验收检查合格；埋设好降温，测温装置，保降、温养护材料已落实到位；夜间施工照明已经落实，必要时准备好防雨设施；安排管理值班表，各相关配合部门值班人员在岗就位。

2．操作工艺

（1）施工工艺程序

准备工作检查──→浇水湿润──→混凝土配料、搅拌、运输（或供应）──→混凝土浇筑方案分层下料、分层振捣──→表面整理──→混凝土测温养护──→检查交活。

（2）各主要工艺程序操作要点

检查各项准备工作，保证开始浇筑后各工序的顺利进行。浇筑前洒水湿润，特别注意电梯井、集坑等加深部分无明水。雨季施工时，若有需要可专门设计集水、排水方案，保证混凝土入模质量。

各种材料按施工配合比计量投料，计量控制在允许偏差内，及时运送混凝土到浇筑地点，供应数量应满足连续浇筑的要求。

大体积混凝土浇筑应在设计要求的区段内，连续浇筑。浇筑时，应根据整体性要求、体积大小、钢筋疏密、混凝土供应量等情况合理分层分段确定浇筑方案，通常采用三种浇筑方案中的一种，如图 4-5 所示。全面分层方案适合基础平面不太大，施工时从短边开始，沿长边进行较合适；分段分层适合厚度不太大而面积或长度较大的基础，斜面分层适合长度超过厚度三倍的基础。分层的厚度一般为 250～350mm。下、布料时应配合浇筑面积、速度，混凝土坍落度大小和混凝土摊平能力，一般采用交错式点位下料，有利于混凝土的摊平，也可用插入式振动器协助摊平混凝土。在混凝土摊平完毕后，其表面应大致保持水平，以便随即进行振捣。交替进行布料摊平、振捣，直至完成混凝土的浇筑。

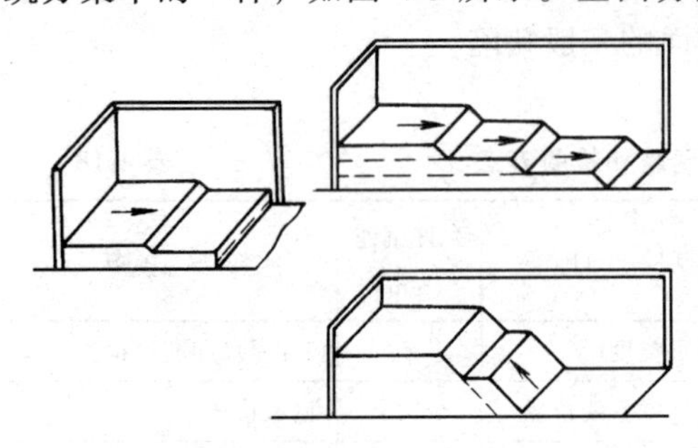

图 4-5　大块体基础浇灌方案

当振捣结构最上一层混凝土时，注意拉线找平，表面用托板托平，适时安排专人二次表面用木抹搓毛搓平。

混凝土浇筑完毕 12h 以内，用湿润保水材料（麻袋、毡垫等）进行覆盖养护，需要保温时采用塑料薄膜覆盖，覆盖物搭接缝不少于 100mm，上、下层错开，安排专人养护。

大体积混凝土浇筑后，必须进行内、外温度监测，即专人检测表面温度与结构中心温度，测温时间根据温差大小确定，一般不少于 14 天，前 7 天每隔 2～4h 测温一次，后 7 天每隔 6～8h 测温一次，测温过程中如发现温差大于 25℃ 的区域增加测温次数，采取有效措施，如覆盖保温等。避免温差过大，而容易造成的结构裂缝。

3. 质量要求

(1) 主控项目

混凝土所用的水泥、外加剂的质量必须符合质量验收规范中的强制要求。

混凝土的强度等级必须符合设计要求。拆模后现浇基础结构的外观质量不应有严重缺陷。

(2) 一般项目及允许偏差

结构外观质量不宜有露筋、蜂窝、孔洞、夹渣、疏松、裂缝、连接部位缺陷、外形缺陷、外表缺陷等方面的一般缺陷。

拆模后的尺寸偏差应符合表 4-19。

现浇厚大基础结构尺寸偏差和检验方法　　　　**表 4-19**

项　目		允许偏差（mm）	检验方法
轴线位置	墙、柱	8	钢尺检查
	剪力墙	5	
标　高		±10	水准仪或拉线、钢尺检查
截面尺寸		+8，-5	钢尺检查
电梯井	井筒长、宽对定位中心线	+25，0	钢尺检查
	井筒全高（H）垂直度	H/1000 且≤30	经纬仪、钢尺检查

续表

项　　目		允许偏差（mm）	检 验 方 法
表面平整度		8	2m 靠尺和塞尺检查
预埋设施中心线位置	预埋件	10	钢尺检查
	预埋螺栓	5	
	预埋管	5	
预留洞中心线位置		15	钢尺检查

4. 注意事项

大体积混凝土浇筑完毕后，由于水泥水化热作用所放出的热量使混凝土内部的温度不断上升，混凝土表面和内部温差很大，超过 25℃ 时易出现混凝土的表面裂缝，影响结构质量。因此，根据测温结果，及时调整有效的降温或保温措施。

保温、降温的方法很多，可根据具体情况进行选择。如使用低水化热水泥；使用外加剂减少水泥用量；降低混凝土入模温度；搭设保温、遮阳棚；预设排热管、冷却水管；增加覆盖物层数；不用低温水（井水）直接养护等等。

大体积混凝土浇筑时，容易使钢筋产生位移，在浇筑混凝土过程中应随时复核柱、墙等钢筋的位置，并采取有效措施，保证钢筋位置。

（三）基础施工实际操作考核

1. 题目

独立柱基础混凝土浇筑，如图 4-6 所示。

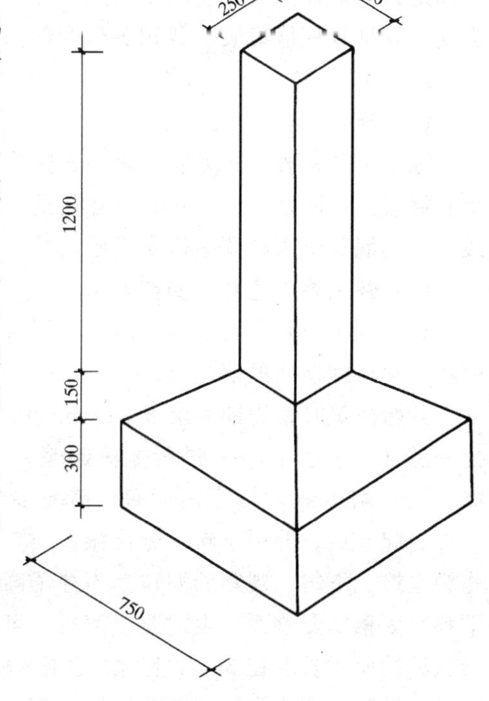

图 4-6　独立柱混凝土浇筑

2. 要求

三人组，人工搅拌，机械振捣，协作完成；工效时间 3 小时；工作内容有准备⟶混凝土配料、搅拌、运输⟶分层下料振捣⟶斜锥面整理⟶完工场地清理等。

3. 考核评分

见表 4-20。

独立柱基础混凝土浇筑考核评分表　　　**表 4-20**

序	考 核 项 目	单项配分	要　　求	得　　分
1	准备工作	15	充分	
2	混凝土的配料、搅拌、运输	15	方法正确	
3	混凝土浇筑振捣	20	内实、外光、无缺陷	
4	斜锥面整理	10	符合设计形状	
5	工效	10	按时完成	
6	工完场清，文明施工	10	整洁、无安全事故	
7	配合、协作、综合印象	20		

班组：　　　　　　姓名：　　　　　　　　　考评员：

二、柱、墙竖向结构构件

（一）柱混凝土浇筑

1. 施工准备

（1）资源准备　按工程量大小、配合比要求准备符合质量要求和足够数量的搅拌混凝土所需要的各种原材料。搅拌、运输、振捣机械可满足正常施工需要，振捣机械有一定的富余存量。准备有能胜任工作的劳动班组，落实关键岗位的技能人员（下料、振捣人员等）。

（2）作业条件　模板、钢筋已按设计要求安装完毕，并经隐蔽验收检查合格。操作面运输道路已搭设完成，夜间施工照明已经落实。施工方案已确定，并对施工班组进行详细交底。安排管理值班表，各相关配合部门值班人员在岗就位。

2. 操作工艺

（1）施工工艺程序

准备工作检查⟶浇水湿润⟶混凝土配料、搅拌、运输（或供应混凝土）⟶下减半石混凝土（砂浆）⟶下第一层混凝土振捣起浆⟶分层下料、分层振捣交替进行⟶最上一层混凝土浆料调整捣实至施工缝⟶混凝土养护检查交活

（2）各主要工艺程序操作要点

认真检查柱基是否清理干净，柱根模板是否严密，浇水湿润模板及钢筋，并使柱根无明水，封堵柱模底的清扫口。

开始浇筑时，先铺一层5～10cm厚的减半石混凝土或1∶2水泥砂浆，紧接着下混凝土一层（不超过40cm）进行振捣起浆。当柱截面小于450mm×450mm时可中间一点振捣，大于450mm×450mm时每层需要多点振捣，振捣时注意柱角振捣效果。

当起浆后，分层下料、分层振捣，交替上行，当柱高超过2m时，每隔2m留一洞口，作为振捣、下料、观察的洞口。当柱子高度超过3.5m，而又无法从柱侧下料时，为保证下料时因钢筋影响而产生混凝土离析，可从柱顶用串筒或麻袋溜子往柱子里下料。当振动器软轴的使用长度在3m以上时，在振捣过程中软管容易左右摇摆碰撞钢筋，为此在振动棒插入混凝土前应先找到需要振捣的部位，再合闸振捣。当混凝土不再塌陷，全部见浆，从上往下看有亮光后，即将振动棒拔出，随及拉闸停止振捣，然后慢慢地将振动棒取出柱外。

混凝土的水灰比和坍落度，宜随浇筑高度的上升，酌情递减。浇筑到顶部近施工缝，混凝土最上面积有一层相当厚的水泥砂浆，二次浇上面柱时施工缝处都预先铺上一层砂浆，因而柱施工缝截面的上下形成了一定厚度的砂浆层其抗压强度较低，故可在柱将浇到顶时，加入一定数量的同粒径的洁净石子或现场操作分拣调正一些多石混凝土，然后进行振捣。

柱顶表面应平整，浇筑完毕12h内进行养护，模板拆除后，应有保湿的养护措施。

3. 质量要求

主控项目和一般项目应符合《混凝土结构工程施工质量验收规范》（GB50204—2002）有关要求。允许偏差应与模板、钢筋分项配合共同保证，并符合表4-21规定。

4. 注意事项

（1）浇筑一排或一列多根柱子的顺序应从两端同时开始向中间推进，不可从一端开始

向另一端推进，以防产生水平推力，使后浇柱子模板变形，影响质量。

现浇柱结构尺寸允许偏差和检验方法 表 4-21

项目			允许偏差（mm）	检验方法
轴线位置			8	钢尺检查
垂直度	层高	≤5m	8	经纬仪或吊线、钢尺检查
		>5m	10	经纬仪或吊线、钢尺检查
	全高（H）		H/1000 且≤30	经纬仪、钢尺检查
截面尺寸			+8，－5	钢尺检查
表面平整度			8	2m 靠尺和塞尺检查
预埋件、插筋			10	钢尺检查

（2）若施工方案采取柱子与肋形楼板的混凝土一次浇筑，则应先同时浇捣几根柱子，以便柱子浇筑完毕有技术间歇时间和开始浇筑梁和板时有足够的工作面。

（二）墙体混凝土浇筑

1. 施工准备

（1）材料、机具、劳动力资源准备　按本次浇筑工程数量准备，满足正常施工需要。在工程施工前列出准备内容清单，逐一落实到位。

（2）作业条件　模板、钢筋已按设计要求安装完毕，复核实墙内预埋件，水电管线，盒、槽、预留孔洞的位置、数量及固定情况。检查模板整体的连接固定是否牢靠，板缝是否严密，浇筑高度标志明确。操作平台，运输道路（架）已搭设完成，夜间施工照明已准备充足。施工方案已确定，并对施工班组进行详细交底。安排管理值班表，各相关配合部门值班人员在岗就位。

2. 操作工艺

（1）施工工艺程序

准备工作检查⟶浇水湿润钢筋、模板⟶混凝土配料、搅拌、运输（或供应混凝土）⟶下减半石混凝土（或砂浆）⟶下第一层混凝土振捣起浆⟶分段、分层下料，振捣交替进行⟶调正出墙留置钢筋⟶最上一层混凝土振捣⟶墙顶面混凝土找平⟶混凝土养护检查交活。

（2）各主要工艺程序操作要点

做好墙体混凝土浇筑前的准备检查工作，完善准备工作内容，为顺利浇筑混凝土创造条件。

严格控制混凝土的配比准确，供应量满足需求，并保证坍落度符合要求。

墙体浇筑混凝土前洒水湿润模板、钢筋无明水，在新浇筑混凝土与下层混凝土结合处，均匀浇筑 5cm 厚减半石混凝土（1∶2 水泥砂浆或与墙体混凝土成分相同的水泥砂浆）。紧接着下浇第一层混凝土（不超过 40cm）进行振捣起浆。

墙体浇筑混凝土分段、分层浇筑。分段施工缝按设计位置留设，或设在门窗洞口上、内外墙交接处。分层浇筑厚度控制在 60cm 左右，一次浇筑高度不宜超过 1m。混凝土下料点应按墙、墙中暗柱分别考虑分散布置，不可随意下料。下料、振捣交替连续进行，上下层混凝土浇筑间隔时间，必须在混凝土初凝时间内，采用外加剂时，按试验时间确定。振捣器分区，垂直振捣，严禁随混凝土漂移。墙内洞口浇筑时，两边同时下料、同时振捣，防止洞口变形，大洞口下部模板应开口补充振捣。浇筑混凝土时，专门安排作业小组及时清理模板外撒落的混凝土。

混凝土墙体浇筑接近完毕时（还留一层混凝土），将上口留出的钢筋加以整理，保证上部钢筋连接和保护层符合要求，再完成混凝土的浇筑。

墙体混凝土浇筑高度，以模板上口或标高控制线为准，用木抹子将墙上表面混凝土找平。12h内进行养护，模板拆除后，应有保湿的养护措施。

3. 质量要求

主控项目和一般项目应符合现行质量验收规范有关要求。

允许偏差符合表4-22规定。

现浇墙体结构尺寸允许偏差和检验方法 表4-22

项目			允许偏差（mm）	检验方法
轴线位置	墙体		8	钢尺检查
	剪力墙		5	
垂直度	层高	≤5m	8	经纬仪或吊线、钢尺检查
		＞5m	10	
层标高			±10	水准仪或拉线、钢尺检查
截面尺寸			+8，-5	钢尺检查
电梯井墙长、宽对定位中心线			+25，0	钢尺检查
表面平整度			8	2m靠尺和塞尺检查
预埋设施中心线位置	预埋件		10	钢尺检查
	预埋螺栓、管		5	
预留洞中心线位置			15	钢尺检查

4. 注意事项

为提高混凝土表面质量、减少气泡过多，采用高频振捣器，每层振捣注意气泡排除。

墙带有暗柱时，浇筑应视为柱、墙两个构件，保证质量。

（三）柱子混凝土浇筑实际操作考核

1. 题目

现场一根600mm×600mm框架柱混凝土浇筑。

2. 要求

柱高3m。四人一组（两人下料；两人振捣）协作完成。工作时间为2小时。工作内容：洒水湿润⟶铺底起浆⟶分层浇筑⟶表面整理⟶工完场清。

3. 考核评分

见表4-23。

柱子混凝土浇筑考核评分表 表4-23

序	考核项目	单项配分	要求	得分
1	准备、洒水湿润	10	正确	
2	下料方法、技巧	15	较熟练	
3	铺底混凝土，起浆	15	程序正确到位	
4	分层下料浇筑，顺畅	15	振点、振捣时间控制合理	
5	表面整理	10	钢筋排距整齐，表面平整	
6	工效	10	按时完成	
7	工完场清，文明施工	10	操作场地整洁	
8	综合印象	15		

班组： 姓名： 考评员：

三、肋形楼盖水平结构件

（一）施工准备

（1）材料　按配合比检验报告所要求的材料品种、规格、产地等结合本次肋形楼盖浇筑的工程量,准备足够数量、质量合格的原材料(水泥、砂、石、水掺合剂、外加剂等)。

（2）机具　根据浇筑方案要求，准备好机具名称、规格，数量满足施工需求。振捣设备常准备两种，即插入式振捣器，平板振捣器。

（3）劳动力　落实好劳动班次及每班人数，进行操作程序小作业组分工。

（4）作业条件

当柱、墙和肋形楼盖分别浇筑时，柱、墙模板已拆除。浇筑混凝土层、段的模板、钢筋、预留洞、预埋铁件及管线全部安装完毕，验收合格，并办完隐蔽、复核、预检手续。施工技术，质量保证，安全、文明施工具体要求已进行班组交底。现场运输道路、走道支架、操作面等架子搭设完成检查合格。施工用水、电，夜间照明已经落实，根据气候准备必要的防雨、防晒材料和养护材料。安排施工过程管理值班表，各相关配合部门值班人员在岗就位。

（二）操作工艺

1. 施工工艺程序（包括前期）

熟悉图纸，确定原材料，委托做试验配合比→计算分部、分项混凝土浇筑工程量→提计划、施工准备→计算施工配合比→混凝土配料、搅拌、运送→分段浇筑混凝土→表面抹平处理→混凝土养护，检查交工。

2. 主要程序操作要点

浇筑前应将模板内的杂物及钢筋上的油污清除干净，检查保护层垫块及钢筋上网片支铁齐全，浇水湿润。

根据计算的施工配合比确定每盘各种材料用量及车辆重量，分别标定好水泥、砂、石的磅称标量、车车过磅，保证计量符合规范要求。

按装料顺序方案投料搅拌，控制好搅拌时间，混凝土卸出后及时运送到浇筑地点。

肋形楼板的混凝土应同时浇筑，浇筑方向宜沿次梁方向平行“回退”推进，每行摊布宽度取决于浇筑速度，混凝土初凝时间，结构形式等因素，浇筑时先将梁根据梁高分层浇筑成阶梯形，当达到板底位置时再与板的混凝土一起浇筑，随着阶梯形不断延长，梁板混凝土浇筑连续向前推进，如图 4-7 所示。

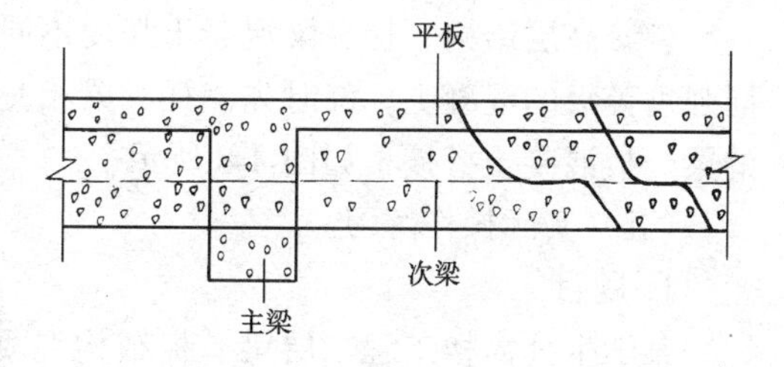

图 4-7　梁和板同时浇捣

浇筑板的虚铺厚度应略大于板厚，用平板振捣器垂直浇筑方向来回振捣，厚板可用插入式振捣器顺浇筑方向拖拉振捣，并不断移动标志或用铁插尺检查混凝土厚度。振捣完毕，用刮尺或拖板第一次抹平表面，适时用长木抹子二次抹平表面。

施工缝位置，当沿着次梁方向浇筑肋板，施工缝应留置在次梁跨度的中间 1/3 范围内。施工缝的表面应与梁轴线、底模板垂直，用木板或密钢丝网挡牢，不得留斜槎。

混凝土浇筑完毕，12h 以内加以覆盖和浇水养护，保持混凝土有足够的润湿状态，养护期一般不少于 7 昼夜，掺外加剂或有抗渗要求的混凝土不得少于 14 昼夜。

（三）质量要求

1. 主控项目

混凝土原材料必须符合施工规范及有关规定，检查出厂合格证或试验报告是否符合质量要求。

结构混凝土的强度等级必须符合设计要求，外观质量不应有严重缺陷。

2. 一般项目及允许偏差

混凝土内实外光，不宜有一般性缺陷，结构尺寸偏差应符合表4-24。

现浇肋形楼盖结构尺寸允许偏差和检验方法 **表4-24**

项目		允许偏差（mm）	检验方法
梁轴线位置		8	钢尺检查
梁、板标高		±10	水准仪或拉线、钢尺检查
截面尺寸		+8，-5	钢尺检查
表面平整度		8	2m靠尺和塞尺检查
预埋设施中心线位置	预埋件	10	钢尺检查
	预埋螺栓	5	
	预埋管	5	
预留洞中心线位置		15	钢尺检查

（四）注意事项

（1）当肋形楼盖与竖向构件（柱、墙）同时浇筑时，应在柱和墙浇筑完毕后停歇1～1.5h，使其初步沉实，再继续浇筑肋形楼盖混凝土。

（2）施工缝处须待已浇混凝土的抗压强度不小于1.2MPa时，才允许继续浇筑混凝土。浇筑前，施工缝表面应凿毛，清除水泥薄膜和松动石子，并用水冲洗干净后，先浇一层水泥浆，然后继续浇筑混凝土，应细致操作振实，使新旧混凝土紧密结合。

（3）高层结构、柱、梁混凝土强度不同时，采用两套混凝土浇筑班组，分别浇筑，不同强度等级的混凝土，浇时先浇柱、梁相交处高强度混凝土，在梁中一定位置与强度较低的梁、板混凝土搭接，如图4-8所示。

（五）实际操作练习

1. 题目

某学生公寓楼工程二层梁、板结构混凝土分为二段施工，第一施工段工程量150m^3，现场采用JS-350混凝土搅拌机，拖式泵方案施工，当日现场测定砂子含水率2.5%，石子含水率1.2%，混凝土试验配合比报告见表4-25。

2. 考核内容要求

作施工准备工作，主要包括提原材料计划，机械计划，劳动组合方案，计算施工配合比，计算每盘各材料用，用实习报告完成考核内容。

3. 考核评分

根据实习报告和评分内容，评定成绩，考核评分表见表4-26。

四、构造柱、圈梁、板缝混凝土浇筑

（一）施工准备

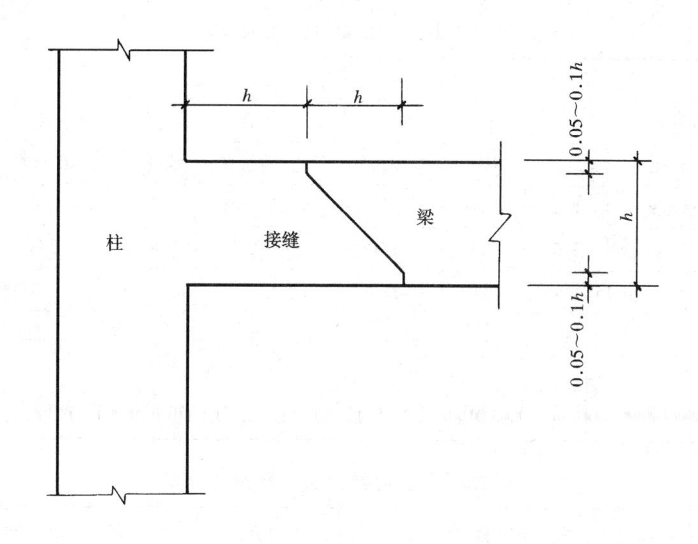

图 4-8　不同强度等级混凝土的梁柱施工接缝

1. 材料、机具、劳动力准备

按配合比检验报告所要求的材料品种、规格、产地等结合施工工程量准备材料，在配合比中构造柱、圈梁石子粒径 0.5～3.2cm，板缝用粒径 0.5～1.2cm。

机具满足施工需求量，作好操作平台的准备工作。安排有一个班次的劳动组合人员。

CMA　　　　　　　　建筑安装工程质量保证资料统一用表

标志印章　　　　　　**建筑安装工程质量保证资料**　　　　　　**表 4-25a**

预拌混凝土、现场拌制混凝土配合比报告

试验报告编号：2002 第 10 号　　　　　　报告日期：2002.4.3

单位工程名称	5 号学生公寓楼		建设单位			××建筑科技大学	
总承包企业	××建筑公司		施工单位			××建筑公司五公司	
工 程 部 位	二层梁板	强度等级	C30	抗渗等级		塌落度	16±2cm
搅拌、运输、浇捣、养护	机拌、机捣、泵送、标养						
水泥品种	P.O 42.5R 秦岭牌		批量编号		W623		
供 销 部 门 生 产 厂 家	耀县水泥厂		出厂日期		2002.2.6		
石子品种规格	5～31.5 卵石		石子产地			泾河	
砂 子 品 种	中砂		砂子产地			灞河	
掺 合 料	粉煤灰		外 加 剂			SNF-GN	
要求报告日期	2002.4.3						

取样人： ××× 2002 年 4 月 1 日	送样人： ××× 2002 年 4 月 1 日	送样委托人： ××× 2002 年 4 月 1 日	试验单位存档号 023（3－10）

混凝土配合比报单 表 4-25b

强度等级	抗渗等级	配合比							
		材料名称	水泥	砂	石子	掺合料	外加剂	水	水灰比
C30	—	品种规格	42.5R	中砂	5～31.5卵石	粉煤灰	SNF-GN	自来水	$\frac{W}{C+FA}=0.40$
		重量比	1.0	2.24	3.82	22.5%	2%	0.516	
		用量 kg/m^3	310	694	1183	90	8.0	160	
使用标准		JGJ55-2000			报告使用 有效期		2002.6.3		

负责人：	复 核：	计 算：	制 表：
×××	×××	×××	×××
2002年4月3日	2002年4月3日	2002年4月3日	2002年4月3日

肋形楼盖混凝土浇筑准备考核表 表 4-26

序	考 核 项 目	单项配分	要 求	得分
1	提出材料计划	20	能满足要求	
2	提出机械计划	20	能满足要求	
3	提出劳动组合方案	20	可实施	
4	计算施工配合比	20	正确	
5	计算每盘材料用量	20	正确，可实施	

2. 作业条件

砖砌体已浇水湿润。钢筋、模板、埋设管线完成，并验收合格。预制板找平坐浆安装就位，板缝调整均匀，缝内设有管线，钢筋已安装验收合格，宽缝时模板安装完毕。

（二）操作工艺

1. 施工工艺程序（总程序）

构造柱混凝土浇筑→圈梁混凝土浇筑（技术间歇）→安放楼板→板缝混凝土浇筑。

2. 操作要求

测定现场砂、石含水率，调整施工配合比，根据搅拌机容量，配置每盘材料用量，考虑车皮重量，做好水泥、砂、石每盘磅秤的标量。按加料顺序搅拌混凝土，保证搅拌时间及坍落度，混凝土自搅拌机卸出后，及时用翻斗车、手推车或吊斗运至浇筑地点，在规范要求时间内浇筑完毕。

构造柱浇筑前，先铺5cm厚与混凝土配合比相同的水泥砂浆或减石子混凝土。分层浇筑振捣，铁锨入模。振捣棒插入振捣位置，使其振动，随及下料，边下料边振捣，连续作业浇筑到顶。

浇筑圈梁混凝土时，先将混凝土运至操作平台的铁盘上、用铁锨扣锨入模，振捣棒与混凝土面应成斜角斜向振捣，不断伸长直至浇筑完成。按标高控制线或模板上平，用木抹子抹平。

浇筑板缝先清理干净、湿润，混凝土浇筑振捣应选用 ϕ30mm 小型振捣棒或带刀片的振动棒进行振捣，低于楼板面 10mm，木抹子压实、抹平。

各项混凝土浇筑完 12h 以内，浇水养护，保持湿润、养护时间不得少于 7 昼夜。

（三）质量要求

主控项目和一般项目应符合《混凝土结构工程施工质量验收规范》（GB 50204—2002）有关要求。允许偏差应与模板、钢筋分项配合共同保证；并符合表 4-27 规定。

构造柱、圈梁、板缝混凝土浇筑允许偏差和检验方法　　表 4-27

项　目	允许偏差（mm）	检　验　方　法
轴线位置（移）	8	钢尺检查
每层垂直度	8	经纬仪或吊线、钢尺检查
标高（层高）	±10	水准仪或拉线、钢尺检查
截面尺寸	+8，－5	钢尺检查
表面平整度	8	2m 靠尺和塞尺检查

（四）注意事项

（1）浇筑混凝土时，不得污染清水墙砖墙面。

（2）振捣构造柱混凝土时，振捣棒尽量靠近内墙插入。

（3）操作时不得踩碰钢筋，振动模板，保证质量。

（五）实际操作练习与考核

1．题目

混合结构构造柱混凝土浇筑。

2．要求

三人一组，浇筑一根构造柱。机拌、机捣。1h 完成。

3．考核评表（表 4-28）

构造柱浇筑考核评分表　　表 4-28

序	考核项目	单项配分	要　求	得分
1	准备工作、湿润模板	15	充分	
2	混凝土配料、搅拌、运输	20	符合要求	
3	分层下料、分层振捣	25	内实、外光	
4	工　效	10	按时	
5	工完场清，文明施工	10	干净、无事故	
6	综合印象	20		

班组：　　　　　　　　　　姓名：　　　　　　　　　　考评员：

五、楼梯、悬臂构件

（一）施工准备

1．材料、机具、劳动力准备

按配合比检验报告所要求的材料品种、规格，产地等结合施工工程量准备足够材料。机具和劳动力满足施工需求量。

2．作业条件

钢筋、模板、混凝土内埋设管线安装完成，并验收合格。浇筑混凝土用的架子已搭设完毕，验收合格。对作业班组已进行全面施工技术交底。水、电、照明设备检查落实。

（二）操作工艺

1. 施工工艺程序

（1）楼梯　清理→从下向上浇筑振捣→模板清理、踏面抹面→浇水养护交活。

（2）悬臂构件　清理准备→检查钢筋保护层→连续浇筑振捣→表面处理→浇水养护交活。

2. 主要操作要点

浇捣楼梯时工作面小，操作位置不断变化，通常以人工捣固为主，用插入式振动器配合，自下而上，先梯段梁、板再踏步面、踢面，连续浇筑完成。适时自下而上，用铁抹子逐一将踏步面抹平，并使其与踏步模板上口相平，清理模板上残余混凝土。

若上一层为现浇楼面同时又未浇捣时，可留置施工缝，其位置在楼梯梯段距度中间1/3范围内。

浇捣悬臂构件时，应连续进行一次完成，分段平行推进，控制好标高和板厚，根据结构形式选择振捣设备，下布料时，堆料不宜集中，振捣时严禁振动模板和钢筋，必须保证钢筋隐蔽时位置正确，浇筑完成后，表面用木抹子抹平。

混凝土浇筑完毕后，12h以内开始进行养护，保护混凝土表面湿润，养护时间不少于7昼夜。

（三）质量要求

主控项目和一般项目应符合《混凝土结构工程施工质量验收规范》（GB50204—2002）有关要求。结构外形尺寸允许偏差应与模板、钢筋分项配合共同保证，并符合表4-29规定。

楼梯、悬臂构件混凝土浇筑允许偏差和检验方法　　表4-29

项　目		允许偏差（mm）	检验方法
轴线位移		8	钢尺检查
标高（层高）		±10	水准仪或拉线、钢尺检查
截面尺寸		+8，-5	钢尺检查
表面平整度		8	2m靠尺和塞尺检查
预埋设施中线位置	预埋件	10	钢尺检查
	预埋螺栓	5	
	预埋管	5	
预留洞中心线位置		15	钢尺检查

（四）注意事项

（1）楼梯浇筑前模板必须浇水湿润，钢筋保护层正确。

（2）悬臂构件钢筋位置必须准确。

六、现浇结构外观质量缺陷及整修处理方案

（一）质量缺陷的认定

现浇结构的外观质量缺陷，应由监理（建设）单位、施工单位等各方根据其对结构性能和使用功能影响的严重程度，按表4-30确定。

（二）质量缺陷的整修处理

1. 处理原则

对已经出现的严重缺陷，应由施工单位提出技术处理方案，并经监理（建设）单位认可后进行处理。处理部位，重新检查验收。

对已经出现的一般缺陷，应由施工单位按技术处理方案进行处理，并重新检查验收。

2. 处理方法

（1）表面抹浆修补　面积较小且数量不多的蜂窝、麻面或露石的混凝土表面，先用钢丝刷或加压力水冲洗基层，充分湿润，再用1∶2～1∶2.5的水泥砂浆填满、抹面平整，并加强养护。

无害细小裂缝，可将裂缝处冲洗干净，用水泥浆抹补。

（2）细石混凝土填补，当蜂窝比较严重或露筋较深时，用錾子錾掉不密实的混凝土和突出的骨料颗粒，用清水洗刷干净并充分润湿后，再用比原强度等级高一级的细石混凝土分层填补，并仔细捣实，加强养护。

（3）影响结构性能的缺陷，必须会同设计单位和有关部门研究处理。

现浇结构外观质量缺陷　　表4-30

名　称	现　象	严重缺陷	一般缺陷
露筋	构件内钢筋未被混凝土包裹而外露	纵向受力钢筋有露筋	其他钢筋有少量露筋
蜂窝	混凝土表面缺少水泥砂浆而形成石子外露	构件主要受力部位有蜂窝	其他部位有少量蜂窝
孔洞	混凝土中孔穴深度和长度均超过保护层厚度	构件主要受力部位有孔洞	其他部位有少量孔洞
夹渣	混凝土中夹有杂物且深度超过保护层厚度	构件主要受力部位有夹渣	其他部位有少量夹渣
疏松	混凝土中局部不密实	构件主要受力部位有疏松	其他部位有少量疏松
裂缝	缝隙从混凝土表面延伸至混凝土内部	构件主要受力部位有影响结构性能或使用功能的裂缝	其他部位有少量不影响结构性能或使用功能的裂缝
连接部位缺陷	构件连接处混凝土缺陷及连接钢筋、连接件松动	连接部位有影响结构传力性能的缺陷	连接部位有基本不影响结构传力性能的缺陷
外形缺陷	缺棱掉角、棱角不直、翘曲不平、飞边凸肋等	清水混凝土构件有影响使用功能或装饰效果的外形缺陷	其他混凝土构件有不影响使用功能的外形缺陷
外表缺陷	构件表面麻面、掉皮、起砂、沾污等	具有重要装饰效果的清水混凝土构件有外表缺陷	其他混凝土构件有不影响使用功能的外表缺陷

七、混凝土施工的安全生产常识

使用振捣设备的作业人员，应穿胶鞋和戴绝缘手套。振捣设备应装有开关箱，并装有漏电保护器。

准备工作时，应仔细检查脚手架、工作台和马道是否绑扎牢固，脚手架应设保护栏杆。

水平运输用手推车向料斗内倒混凝土时，应有挡车措施，不得用力过猛或撒把。垂直运输采用井架运输时，手推车车把不得伸出笼外，车轮前后应挡牢，并要做到稳起稳落。

浇筑混凝土所使用的溜槽必须固定牢固，若使用串筒时，串筒接间应连接牢靠。在操作部位应设护身栏杆，严禁直接站在溜槽帮上操作。

浇圈梁、雨篷、阳台应有防护措施。浇筑梁、框架、柱的混凝土应设操作台，严禁直接站在模板或支撑上操作，以避免踩滑或踏断坠落。

泵送混凝土时，输送管道的接头应紧密可靠不漏浆，安全阀必须完好，管道的架子要牢固，输送前要试送，检修时必须卸压。

搅拌台上操作人员应戴口罩，搬运水泥人员应戴口罩和手套，有风时戴好防风眼镜，搅拌机应由专人操作，中途发生故障，应立即切断电源进行修理。

夜间施工应设装足够的照明，深坑和潮湿地点施工，应使用低电压安全照明。

思考题

4-1 拌合混凝土的水有无要求?

4-2 如何在施工现场测定坍落度?

4-3 浇筑混凝土的准备工作有哪些?

4-4 如何进行混凝土的配料?

4-5 混凝土搅拌的制度要求如何?

4-6 混凝土的振捣方法有哪些? 有何特点?

4-7 为什么要对混凝土进行养护? 如何养护?

4-8 柱子浇筑混凝土应注意什么问题?

4-9 试述施工缝留设原则、留设位置和处理方法。

4-10 常见混凝土的质量缺陷有哪些? 并分析其产生原因? 如何防治和处理?

4-11 使用插入式振动器时，为什么要快插慢拔、上下抽动?

4-12 为什么说混凝土的浇筑是保证施工质量的关键环节?

4-13 混凝土质量检查的内容包括哪些?

第五章 模 板 工

模板工程是钢筋混凝土结构建筑施工中量大面广的一个分项，约占钢筋混凝土结构工程费用的20％～30％，劳动量的30％～40％，工期的50％～60％。因此，掌握先进的模板技术在现代建筑施工中显得十分重要。

第一节 模板工手工工具及常用机械的基本操作

一、量具操作练习

操作中常用量具有：钢卷尺、角尺、三角尺、水平尺、线锤等。

1. 钢卷尺

钢卷尺是用薄钢制成，常用的尺有2m，长的可达15～50m，使用时将尺头的零位对准起始点拉开卷尺在终量处即可读出卷尺精确尺寸数，如图5-1所示。

2. 角尺

角尺又称曲尺、拐尺，有木制和钢制两种。一般木制角尺的尺翼长200～400mm，尺翼较薄，尺柄略厚。尺翼与尺柄用结合，互相成直角，如图5-2所示。

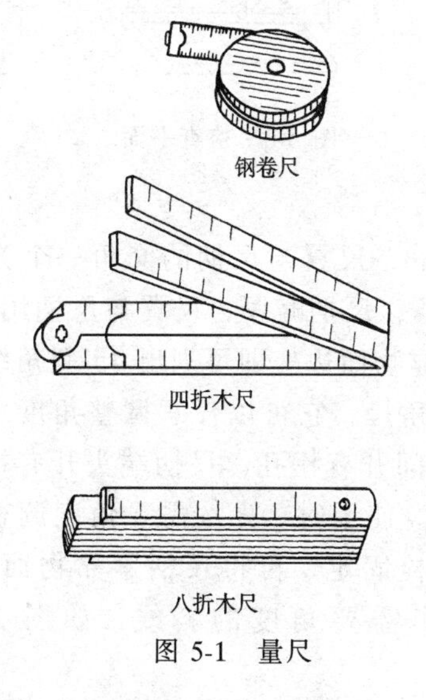

图5-1 量尺

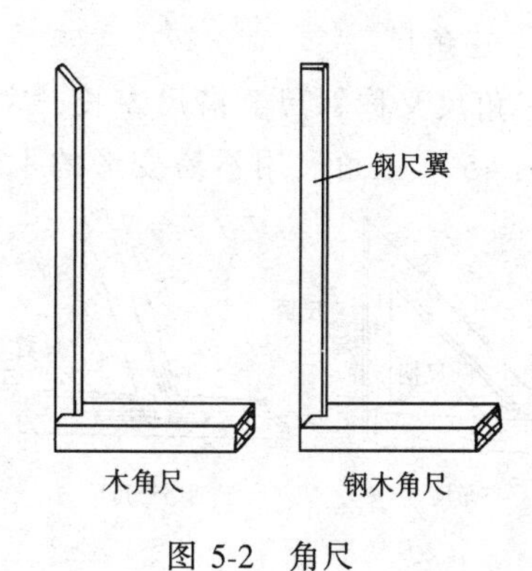

图5-2 角尺

角尺的应用：

(1) 卡方：在刨削过程中，要知道刨削的木料的相邻的两个面是否成直角时，可用右手捏住角尺尺翼的根部，左手握住木料的一段将其提起，把角尺的内角卡在木料的角上来回拖动，且视木料的相邻两个面是否全部紧贴，如图5-3所示。

(2) 画垂直线：左手握住角尺翼的中部，使尺翼的两边紧靠在木料的直边上，右手拿笔，沿尺柄的外边划线，即是与木料直边相垂直的线，如图 5-4 所示。

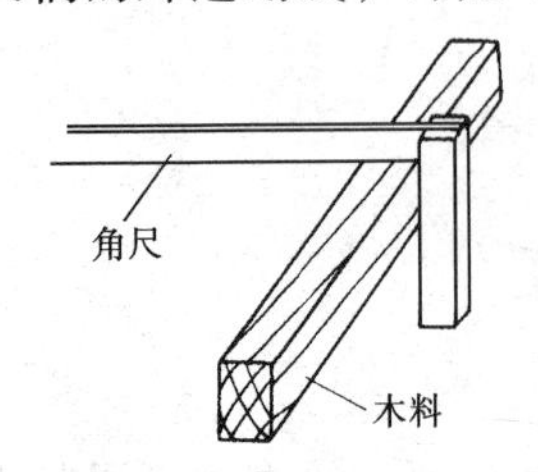

图 5-3 检查直角方法

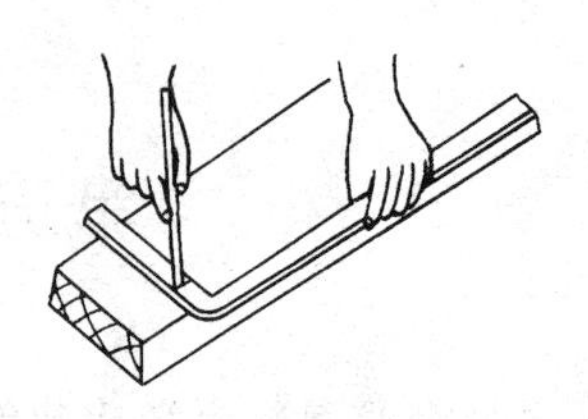

图 5-4 划垂直线

(3) 检查角的垂直度：当模板的角应成直角时，可用方尺检查是否符合要求。检查使用尺柄靠近一个边，用尺翼检查另一个边是否与尺翼平行。如果与尺翼平行说明此角符合要求。

(4) 划平行线：用左手握住角尺的尺翼，使中指甲卡在所需要的尺寸上，并抵住木料的直边，右手拿笔，使笔尖紧贴角尺外角部，同时用无名指和小指托住短尺边，两手同时用力向后拉划，即划出与木料直边相平行的直线，如图 5-5 所示。

(5) 检查平面：用角尺检查较宽模板的平面时，可用手捏住角尺的尺翼，将角尺立置在模板面上所要检查的部位，切视尺边与模板表面就知道凹凸了，如图 5-6 所示。

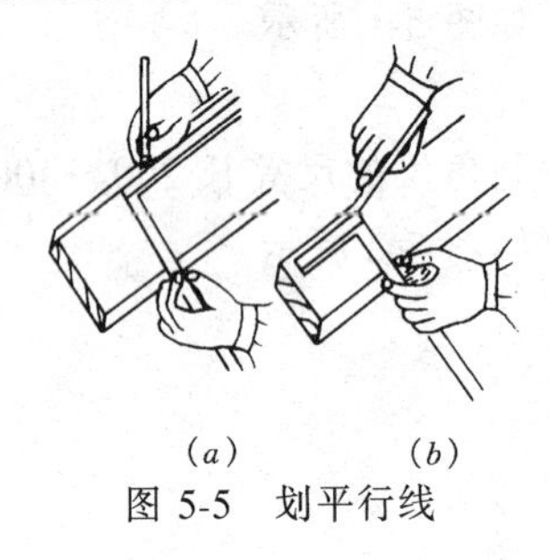

图 5-5 划平行线

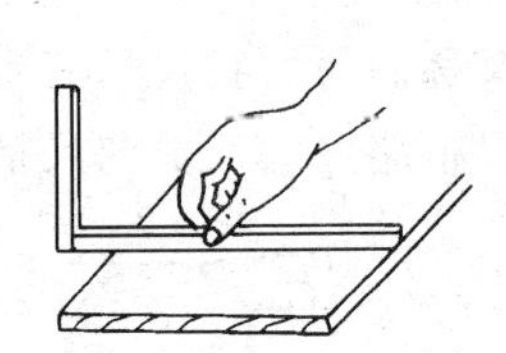

图 5-6 检查平面

3. 三角尺

三角尺又称斜尺，搭尺，长、宽均为 150～200mm，尺翼与尺柄的交角一个为 90°，一个为 45°。三角尺用不易变形的木料制成，尺翼较薄，尺柄略厚，尺翼与尺柄用结合。使用时将尺柄紧靠物面边棱即可划出 45°斜角线。另一种称为活络三角尺，它可以任意调整角度。尺翼长为 300mm，中间开有槽孔，尺柄端头开有槽，用螺栓与尺翼连接。使用时，先按需要角度调整好尺的角度，拧紧螺栓固定，再将尺柄紧靠物面边上，沿尺翼即可划出需要角度的斜线，如图 5-7 所示。

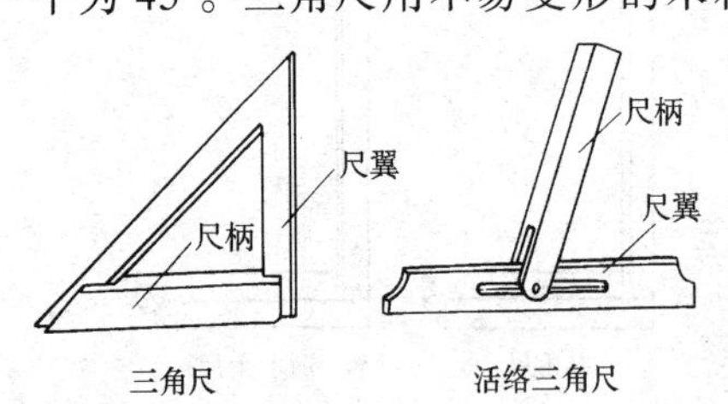

图 5-7 三角尺

4. 角尺、三角尺的校正方法

角尺、三角尺的直角边如果发生移动，就会使划出的直角线不准确。所以应该经常进行校正，发现误差进行纠正。校正时，在一条标准直线上正反两面翻转画出垂直线。正反画出垂直线重合为正确，否则不正确，就应该进行调整，直到两线重合再加以固定。

5. 水平尺

水平尺有木制和钢制两种，尺的中部和端部各装有水准管。水平尺用来校验模板面的水平或垂直。将水平尺置于模板面上，如果中部水准管内气泡居中，表示模板面呈水平，将水平尺一边紧靠模板的立面，如果端部水准管内气泡居中，表示该面垂直。

6. 线锤

线锤是用钢制成的正圆锥体，在其上端中设有带孔螺栓盖，可系一条线绳。使用时手持线的上端，锤体自由下垂，视线顺线绳来校验物面是否垂直，如果线绳到物面距离上下都一致，则表示物面成垂直。

二、画线　弹墨线操作练习

1. 划线笔

划线笔使用木工铅笔。木工铅笔的笔杆是椭圆形的，铅心有黑色、红色、蓝色数种。使用前将铅芯削成扁平形，划线时要用铅芯扁平面沿着尺顺划。

2. 墨斗

墨斗由圆筒、摇把、线轮和定针等组成。墨斗的圆筒内装有饱含墨汁的丝绵，筒身上留有对穿线孔，线轮上绕有线绳。一端拴住定针。弹线时，左手握住墨斗，右手先将线绳拉出一些，将定针扎在划分点上，随后用铅笔积压丝棉，使线绳饱含墨汁，将墨斗拉到另一端，用左手食指将线绳压在划分点上，同时拉紧线绳，用右手食指和拇指把线绳的中点提起，放手回弹，这根线绳在木料面上弹出一条墨线。弹线时，提起线绳要保持垂直，才能墨线弹得的正确。

3. 基础模板放线

首先要熟悉施工图。按施工图的要求确定放线的顺序。先放出作为基础基线的轴线，然后根据轴线放出条形基础及地梁位置线。各墨线端要延长 100～150mm，以便支模时容易辨认。基础墨线往往容易被土覆盖或水冲刷掉，故要用油漆等做标记。在柱基放线时，桩往往高出垫层，画轴线有困难，可先划一根离轴线一定距离的辅助线，然后据此放线。独立基础放模板线时，可将柱位置、有关的地梁及剪力墙位置线都弹出，以便校核。

4. 柱模板放线

柱模板放线，从下层向上层转移时，除采用经纬仪等仪器放线外，也可采用上层模板上预留孔洞。用线锤转移画线的方法。建筑物较大时，除四角预留校核孔洞外，在连线上预留校核孔洞以确保上层柱模板放线的准确性。为以后校核方便起见，可离轴线1000mm，弹出工作墨线，该线不会被柱、墙模板压盖，便于校核，如图 5-8 所示。

三、锯割工具和机械操作练习

1. 框锯

框锯又名架锯。它是由工字形木架和锯条等组成。木架一边装锯条，另一边装麻绳用绞片绞紧，或装钢串杆用蝶形螺母旋紧，框锯按用途不同分为顺锯和截锯。按其锯条长度及齿锯不同分为大锯、中锯、细锯等。

（1）料路又称锯路，是指锯齿向两侧倾斜的方式，料路一般有二料路和三料路两种。三料路又分左右中三料路和左右中中三料路，左右中三料路的锯齿排列是一个向左、一个向右、一个向中立相间，一般纵割锯都用这种料路；左中右中三料路的锯齿排列是一个向左、一个向右、一个中立相间。一般纵割潮湿木料或硬质木料是采用这种料路。二料路又

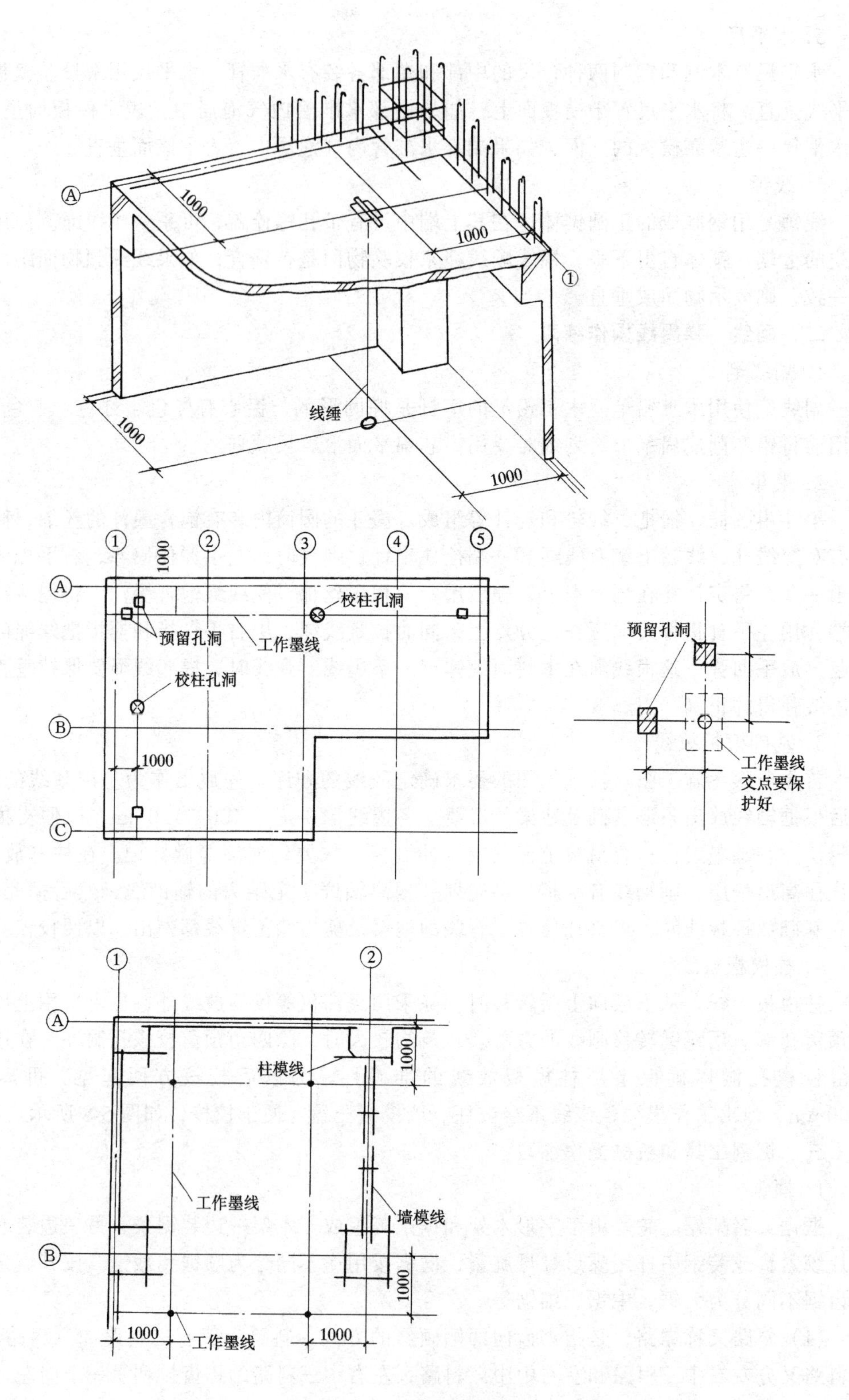
Ⓐ
1000
1000
①
线锤
1000
1000
① ② ③ ④ ⑤
1000
Ⓐ
校柱孔洞
预留孔洞
工作墨线
校柱孔洞
Ⓑ
1000
Ⓒ
预留孔洞
工作墨线
交点要保
护好
① ②
Ⓐ
1000
柱模线
工作墨线
墙模线
Ⓑ
1000
1000
工作墨线
1000

图 5-8 柱模板放线

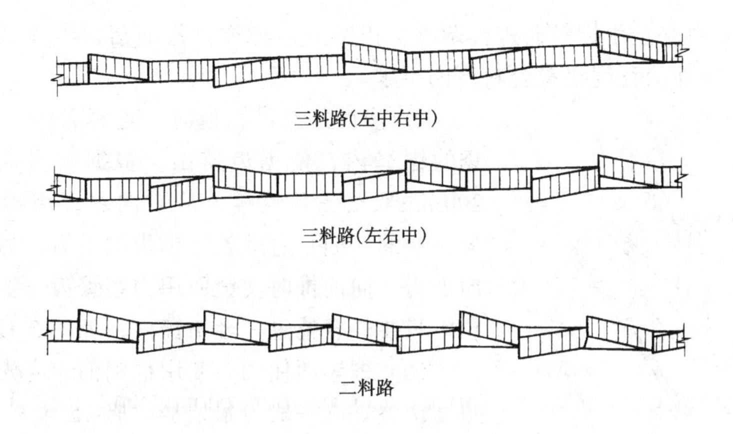

图 5-9　料路

名人字路，它的锯齿排列是一个向左、一个向右相间，一般横割锯都用这种料路。没有料路的锯条容易夹锯，不能使用，如图 5-9 所示。

(2) 料度又名路度，是指锯齿尖向两侧的倾斜程度，如图 5-10 所示。料度的大小取决于锯的用途及木料干湿程度：一般情况下，纵割锯的料度为其锯条厚度的 0.6～1 倍，横割锯的料度为其锯条厚度的 1～1.2 倍，如果锯割潮湿木料，则料度要适当加大。在拔料度时，最好拔成锯条中间的 2/3 段内略比两边大一些，这样的料度锯割进度较快而省力，也可将料度拔成上部较宽，下部略窄，这样的料度锯割进度较慢，但不容易跑锯。

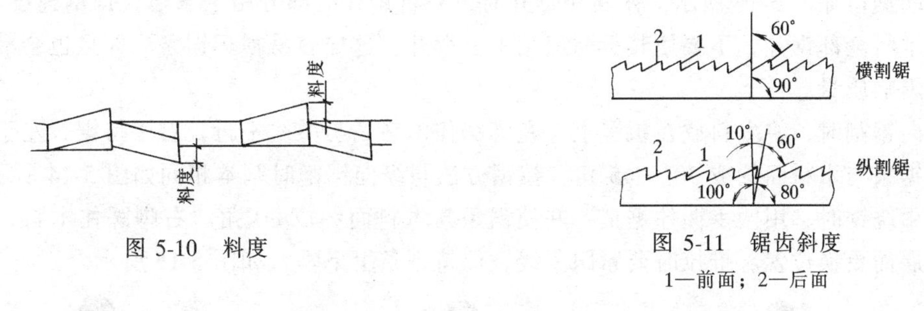

图 5-10　料度

图 5-11　锯齿斜度
1—前面；2—后面

(3) 斜度是指锯齿尖的前面与锯条长度方向的夹角，它的大小是根据锯的用途而定，一般纵割锯的斜度为 80°，横割锯的斜度为 90°，齿间夹角均为 60°，如图 5-11 所示。

(4) 使用框锯的操作要求；使用框锯前，应先将锯条角度调整好。一般与木架平面成 45°角。上方略俯，上下弯动，但不要左右摆动。下锯时，右手紧握锯把，左手按在墨线起始处，大拇指紧靠墨线，先使锯齿紧挨大拇指，轻轻推拉几下（注意锯条跳动时锯伤手指），带出现锯路后，左手立即舒展开，随即帮助右手继续握拉。送锯时要重，锯条保持垂直，紧跟墨线，不要左右扭歪，提锯时要轻，并可稍微抬高锯把，使锯齿离开上端锯口，推拉锯节奏要均匀。

横向锯割时，将木料放在板凳上。左脚踩住木料，与墨线平行，右手持锯，左手按住木料，拉锯方法与纵向锯割时基本相同，只是送锯比纵向锯割用力稍轻些。

(5) 锯的修理：锯割过程中，感到进度慢又费力，表明锯齿不利，需要锉伐；平直推拉感到夹锯，是料度受摩擦发热而退缩；总是向一方偏弯，表示料度不均，方进行拔料修理。锯齿修理，应先进行拔料，然后再锉锯齿。

1）拨料：料路是用拨料器进行调整。拨料时，将拨料器的槽口卡住锯齿，用力向左或向右拨开，拨开的程度要符合料度的要求。

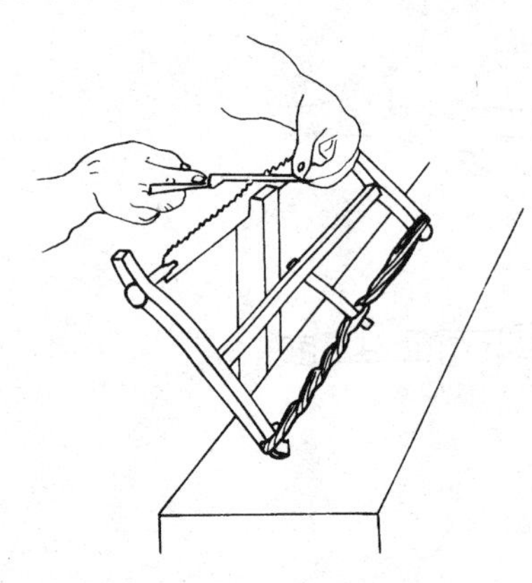

图 5-12　锉锯姿势

2）锉伐：锉伐锯齿时，把锯条卡住在桩顶上预先锯的锯缝内，使锯齿露出。根据锯齿大小，用 100～200mm 长的三角钢锉，从右向左逐齿锉阀，两手要均匀，锉的一面垂直地紧贴锯齿的下刃，另一面贴靠邻齿向上刃。向前推时使锉面用力磨锯齿，要锉点钢屑，回拉时只要轻轻拖过，轻抬锉面，如图 5-12 所示。

（6）框锯的使用　使用框锯前，应先将旋钮把锯条角度调整好（一般与木架平面成 45°角），并用绞片将麻绳绞紧（或旋紧蝶形螺母）使锯条绷直拉紧。

纵向锯割时，将木料放在板凳上，右脚踩住木料，并与墨线成直角，左脚站直，与墨线成 60°角，右手与右膝盖垂直，身体与墨线约成 45°角，上身略俯，上下弯动，但不要左右摆动。下锯时，右手紧握锯把，左手按在墨线起始处，大姆指紧靠墨线，先使锯齿紧挨大姆指，轻轻推拉几下（注意锯条跳动时锯伤手指），待出现锯路后，左手立即移开，随即帮助右手继续推拉。推拉时，锯条与木料面的夹角约 80°左右。送锯时要重，紧跟墨线，不要左右扭歪，开始用力小一些，以后逐渐加大，节奏要均匀。提锯时要轻，并可稍微抬高锯把，使锯齿离开上端锯口如图 5-13 所示。木料快锯开时，要将锯开的部分用手拿稳，锯割速度放慢，一直把木料全部锯开，不要使其折断或用手去掰开，这样容易损坏锯条，并且也会沿木纹撕裂，影响质量。

横向锯割时，将木料放在板凳上，左脚踩住木料，与墨线平行，右手持锯，左手按住木料，锯条与木料面约成 30°～45°角。拉锯方法与纵向锯割时基本相同如图 5-14 所示。

使用绕锯时，用两手握住锯把，并使锯条与木料面约成 80°角。右脚踩住木料，并随锯割进展而更换位置。推拉时要紧跟墨线，保持锯条上下垂直如图 5-15 所示。

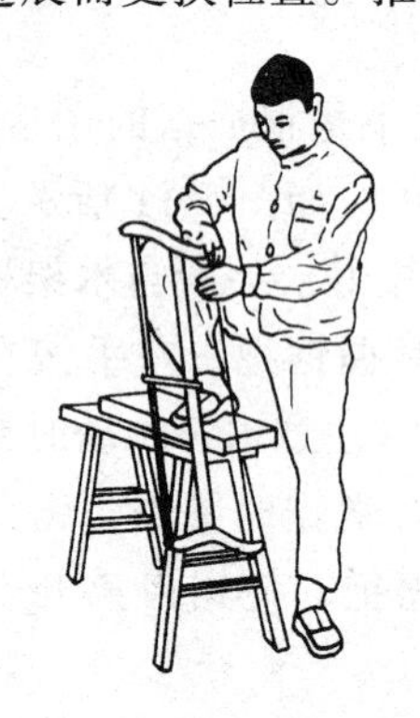

图 5-13　纵向锯割姿势

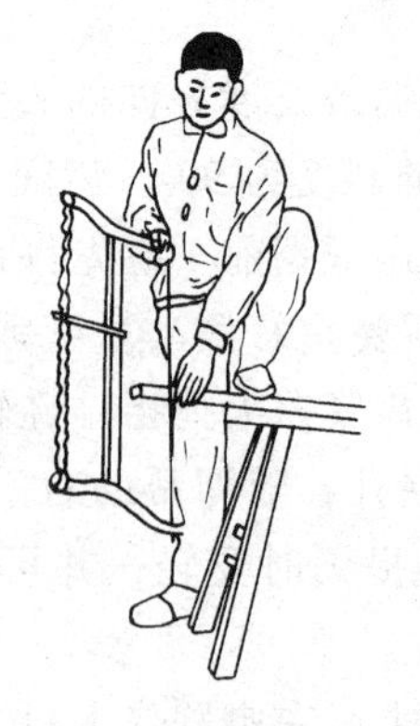

图 5-14　横向锯割姿势

图 5-15　绕锯使用姿势

框锯使用完毕，即把锯条放松，将锯挂起来，不要靠在墙上。锯齿上的木屑要清除干净，不要用锯条去清除板凳上的木屑。

2. 圆锯机的基本操作

圆锯机操作前，应检查锯片是否有断齿或烈口现象，然后安装锯片。锯片应与主轴同心，锯片内孔与轴的空隙不应超过0.15～0.2mm，否则会产生离心惯性力，使锯片旋转中摆动。要保持锯片安装牢固，并装好防护罩及保险装置。

操作时，要两人同时配合进行，上手推料入锯，下手接拉锯尽。上手掌握木料一端紧靠锯心，目视前方，水平移推入锯，步于夹正，照直线送料；下手等料锯出台面后，接拉后退，锯尽木料。两人步调一致，紧密配合。上手推料，距锯片300mm以外就要撒手，人站在锯片侧面，上手送木料时，要防止木料碰撞锯片，以免弹射伤人。

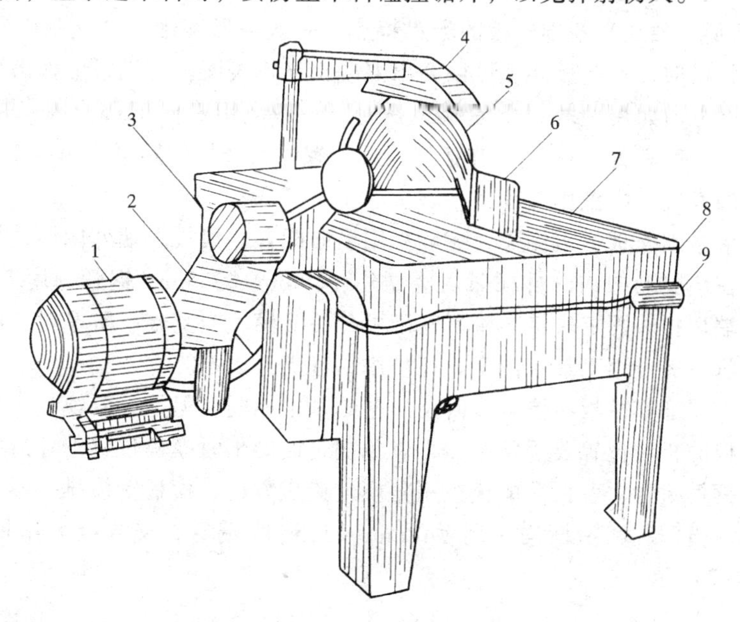

图5-16　MJ109型手动进料圆锯机

1—电动机；2—开关盒；3—皮带罩；4—防护罩；5—锯片；6—锯比；7—台面；8—机架；9—双联按钮

第二节　组合钢模板基础、梁、柱模板配制

组合的钢模板又称组合式定型小钢模，是目前使用较广泛的一种通用性组合模板。用它进行现浇钢筋混凝土结构施工，可事先按设计要求组拼成梁、柱、墙、楼板的大型模板，整体吊装就位，也可采用散装散拆方法，比较方便。

利用组合钢模板支模，首先要进行模板组合配制，绘制模板施工图，根据模板施工图的要求进行备料，安装，拆除。

一、组合钢模板的支模配制步骤

（1）根据施工组织设计对施工段的划分、施工工期和流水作业的安排。首先明确需要配置模板的层段数量。

（2）根据工程情况和现场施工条件，决定模板的组装方法，如在现场散装散拆或进行预拼装；制成方法是采用木方、钢管，还是采用桁架支撑等。

（3）根据已确定配模的层数数量，按照施工图纸中梁、柱等构件尺寸，进行模板组配设计。

(4) 明确支撑系统的布置、连接和固定方法。

(5) 进行加固和支撑件等的设计计算和选配工作。

(6) 确定预埋件的固定方法、管线埋设方法以及特殊部位（如预留孔洞等）的处理方法。

(7) 绘制模板施工图，列出材料需用数量表模板的配制。

二、条形、独立基础

(1)（条形、独立）基础模板的配置特点：一般条形基础、独立基础和厚度较小的筏基采用配模为横向，且配板高度可以高出混凝土浇筑表面。在模板上弹出混凝土浇筑厚度线。模板高度方向如用两块以上模板组拼时，一般应用竖向钢楞连固，其接缝齐平布置时，竖楞间距一般宜为750mm。当接缝错开布置时，竖楞间距最大可为1200mm。基础模板可以在基槽设置锚固桩作支撑。

(2) 条形基础模板两边侧模，一般采用横向配置，模板下端外侧用通长横楞固连，并与预先埋设在垫层上的锚固件楔紧。竖楞用 ϕ48mm×3.5mm 钢管，用 U 形钩与模板固连。竖楞上端用扣件固定对接。阶形基础可分层支模，当基础下阶厚时，可按计算设置对拉螺栓，上阶模板可用工具卡固定，亦可用钢管支架固定。

(3) 独立基础其模板布置与多阶条形基础基本相同。但是上阶模板应搁置在下阶模板上，各阶模板的相对位置要固定牢靠，以免浇筑混凝土时模板位移。杯形基础的芯模可用楔形木条与钢模组合。各台阶的模板用角模连接成方框，模板宜横排，不足部分改用竖排组拼。竖楞、横楞、和抬杠均采用 ϕ48mm×3.5mm 钢管，交界处采用钢管扣件连接固定，如图 5-17 所示。

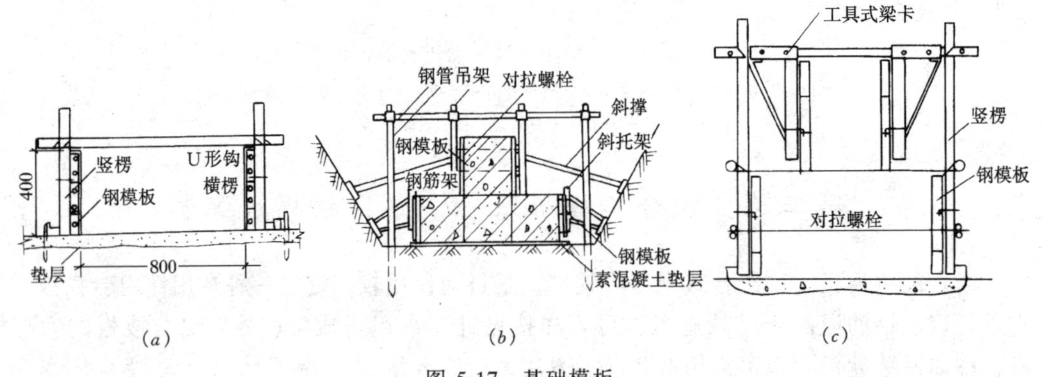

图 5-17 基础模板

三、柱模板的配制

柱模板的施工设计，首先应按单位工程中不同断面尺寸和长度的柱，所需配置模板的数量做出统计，并编号，列表。在进行每一种规格的柱模板的施工配制，其具体步骤如下：

(1) 根据柱子断面尺寸选用宽度方向的模板规格组配方案和根据柱子高度方向选用纵向长度的模板。

(2) 根据施工条件，确定浇筑混凝土的最大侧压力 F。

$$F = 0.22 \cdot r_c \cdot t_0 \cdot \beta_1 \cdot \beta_2 V^{1/2}$$

$$F = r_c \cdot H$$

式中 F——新浇混凝土对模板的最大侧压力（kN/m^2）；

r_c——混凝土的重力密度，取 $24kN/m^3$；

t_0——新浇混凝土的初凝时间（h），可按实测确定。当缺乏试验资料时，可采用 $t_0 = 200/(T+15)$ 计算（T 为混凝土的温度）；

V——混凝土的浇筑速度（m/h）；

H——混凝土侧压力计算位置处至新浇混凝土顶面的总高度（m）；

β_1——外加剂影响修正系数，不掺外加剂时取 1，掺具有缓凝作用的外加剂时取 1.2。

β_2——混凝土坍落度影响修正系数。当坍落度小于 30mm 时取 0.85；50～140mm 时取 1；160～180mm 取 1.15。

【例 1】 混凝土柱截面尺寸为 600mm×500mm，浇筑高度 3.2m，浇筑速度 4m/h，施工气温 25℃。混凝土没有掺外加剂。混凝土实测坍落度是 60mm。计算模板上最大侧压力。

解：根据公式(1) $F = 0.22 r_c t_0 \beta_1 \beta_2 V^{\frac{1}{2}}$

$= 0.22 \times 24 \times 200/(25+15) \times 1 \times 1 \times 4^{1/2}$

$= 52.8kN/m^2$

(2) $F = 24H = 24 \times 3.2 = 76.8kN/m^2$

取以上两式中的小值 $52.8kN/m^2$。

(3) 计算柱箍间距：柱箍直接支撑在钢模板上，承受钢模板传递的均布荷载，同时还承受其它两侧钢模板上混凝土侧压力引起的轴向拉力。

按抗弯强度计算柱箍间距：

$$l_1 \leqslant \frac{8fWA}{F(l_2^2 \cdot A + 4l_3 W)}$$

式中 F——混凝土侧压力（N/mm^2）。

按挠度计算柱箍间距：

$$l_1 \leqslant \frac{384[V]EI}{5F \cdot l_2^4}$$

l_1——柱箍间距（mm）；

l_2——长边柱箍跨距（mm）；

l_3——短边柱箍跨距=柱边宽+两侧钢模板肋高（mm）；

f——钢材强度设计值（N/mm^2）；

W——柱箍截面抵抗矩（mm^3）；

A——柱箍截面积（mm^2）；

I——柱箍惯性矩（mm^4）；

E——柱箍钢材的弹性模量（N/mm^2）；

［V］——柱箍的允许变形取 3mm；

b——为模板的宽度（mm）。

【例 2】 柱子尺寸和施工条件与例 1 相同，柱箍采用 ∟75×50×5，计算柱箍间距。

解： 模板侧压力 $F=52.8\times10^{-3}\text{N/mm}^2$ ∟75×50×5 角钢查表

$$A=6.13\times10^2\text{mm}^2 \quad I=35.09\times10^4\text{mm}^4 \quad W=6.87\times10^3\text{mm}^3$$

$$f=210\text{N/mm}^2 \quad E=2.1\times10^5\text{N/mm}^2 \quad [V]=3\text{mm}$$

（1）按柱箍抗弯强度计算柱箍间距

$$l_1=\frac{8fWA}{F\left(l_2^2A+4l_2W\right)}$$

$$=\frac{8\times210\times6.87\times10^3\times6.13\times10^2}{52.8\times10^{-3}\times\left(700^2\times6.13\times10^2+4\times700\times6.87\times10^3\right)}$$

$$=420\text{mm}$$

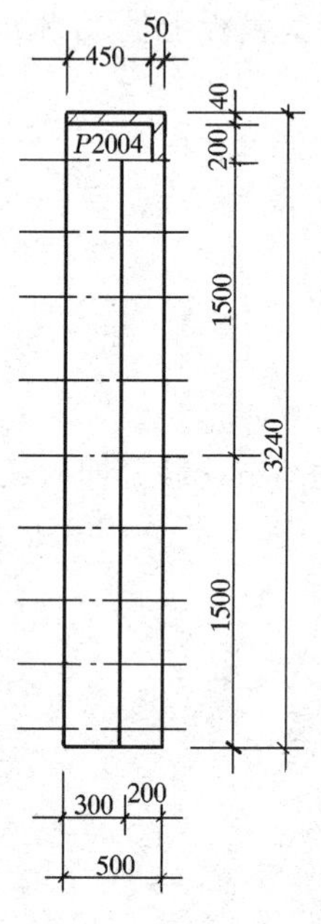

图 5-18 柱子模板图

（2）按挠度计算柱箍间距

$$l_1=\frac{384[V]EI}{5\cdot F\cdot l_2^4}$$

$$=\frac{384\times3\times2.1\times10^5\times35.09\times10^4}{5\times52.8\times10^{-3}\times700^4}$$

$$=1339\text{mm}$$

取柱箍间距为 420mm

（3）计算柱箍道数

$$3240\div420+1=8.7 \text{ 道取 } 9 \text{ 道}$$

（4）绘制柱子模板施工图，如图 5-18 所示。

四、梁模板的配制

梁模板往往与柱、墙、楼板相交接。故配模板比较复杂。另外梁模板既要承受混凝土的侧压力，又要承受垂直荷载，故支撑布置也比较特殊。因此，梁模板的施工设计有它的独特情况。梁模板的配板，宜沿梁的长度方向排，端缝一般都可错开，但配板的长度和高度要根据与柱、墙、大梁和模板上，用角模和不同规格的钢模板作嵌补模板拼出梁口，其配板长度为梁净跨减去嵌补模板的宽度，或在梁口用木方相拼。不使梁口处的板块边肋与柱混凝土接触。在柱身适当高度位置设柱箍，用以搁置梁模（图 5-19）。

梁模板与楼板模板交接，可采用阴角模板或木材拼镶。

梁模板侧模的纵、横楞布置，主要与梁的模板高度和混凝土侧压力有关，应通过计算确定。直接支撑梁底模板的横楞，其间距与梁侧模板的纵楞间距相适应，并照顾楼板的支撑布置情况。具体设计步骤如下：

（1）根据梁的尺寸计算模板块数及拼镶木模的面积，通过比较做出选择。

（2）确定模板的荷载。

（3）模板进行验算。

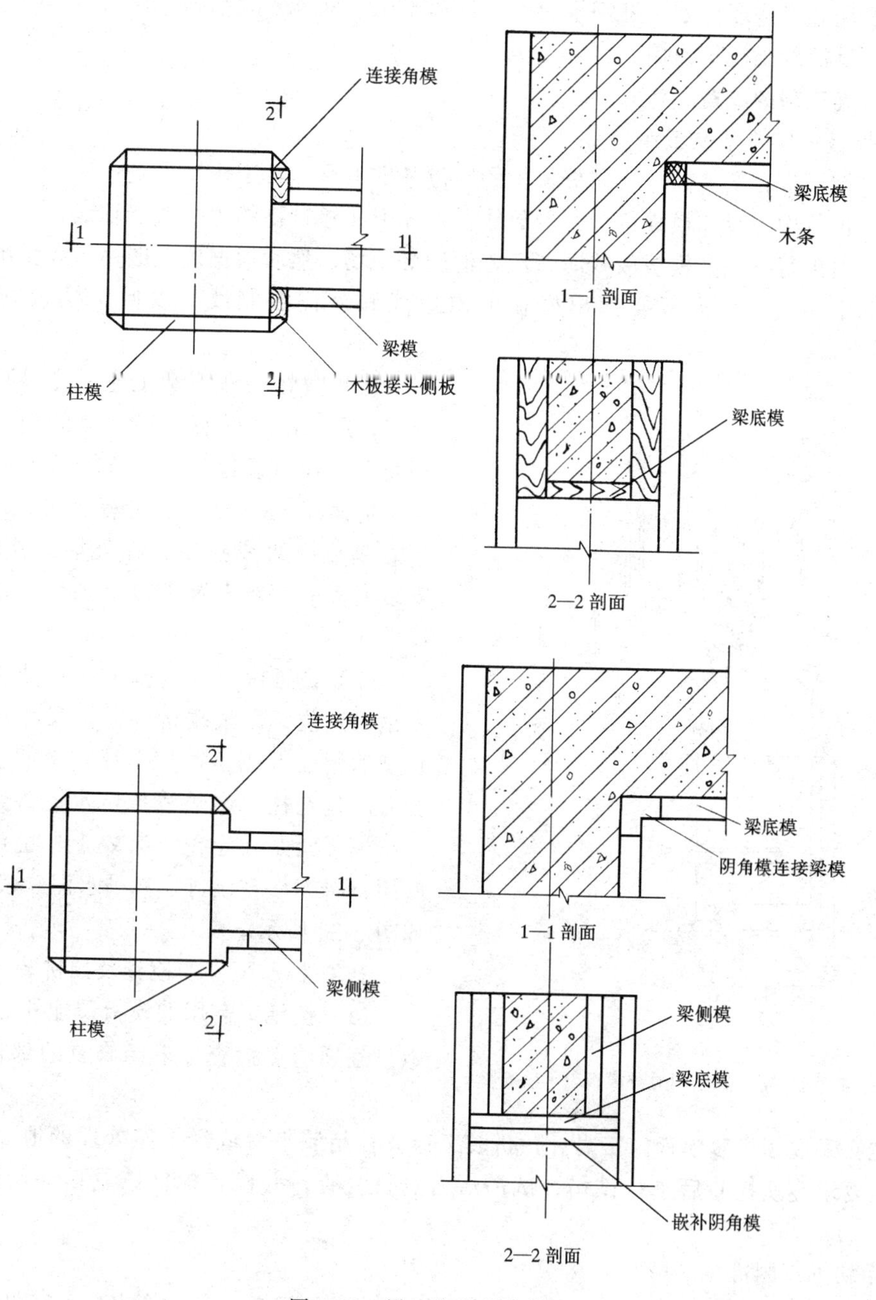

图 5-19 梁口柱头的支模

（4）立柱进行验算。

（5）绘制模板施工图，准备材料，进行施工。

第三节 基础、梁、柱组合钢模板安装

组合钢模板的安装和拆除，是以模板工程施工设计为依据，根据结构工程流水分段施

工的布置和施工进度计划，将钢模板、配件和支撑系统组装成基础、柱、墙、梁、板等模板结构，供混凝土浇筑使用。

一、施工前的准备工作

1. 模板的定位基准工作

组合钢模板在安装前，要做好模板的定位基准工作，其工作步骤是：

(1) 进行中心线和模板位置线的放线：首先引测建筑物的边柱或墙轴线，并以该轴线为起点，引出每条线，模板放线时，应先清理好现场，然后根据施工图用墨线弹出模板的内边线和中心线，墙模板要弹出模板的内边线和外侧控制线，以便于模板安装和校正。

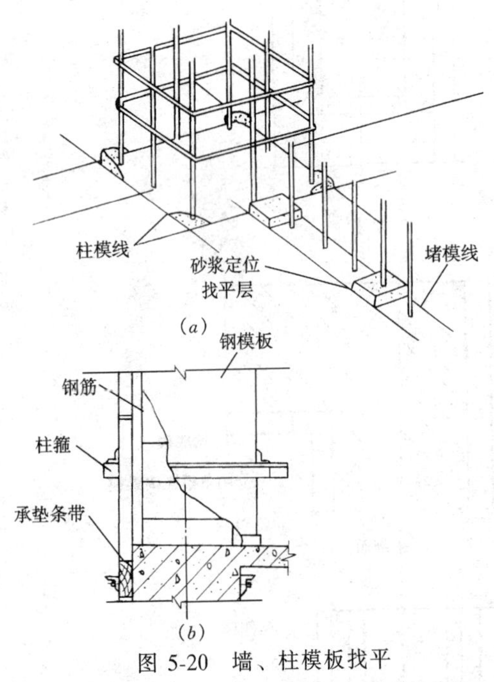

图 5-20 墙、柱模板找平

(a) 砂浆找平层；(b) 外柱外模板设承垫条带

(2) 做好标高测量工作：柱、墙模板的标高，用水准仪转移到柱、墙的钢筋上，在钢筋上做好明显标记，一般标记高度可比混凝土地面高 1m，然后据此标高用 1∶3 水泥砂浆沿模板内边线拉平，在外墙、外柱部位，安装模板前，要设置模板支承垫条带，以支撑模板。

(3) 设置模板定位基准：一种做法是采用钢筋定位，即根据构件断面尺寸切割一定长度的钢筋（或角钢）点焊在主筋上；另一种做法是在柱、墙边线抹定水泥砂浆块，然后将模板紧贴在定位砂浆块上，也可用水泥专用钉将模板直接钉在找平水泥砂浆地面上，如图 5-20 所示。

2. 模板、配件的检查及预拼装

(1) 按施工需用的模板及配件对其规格、数量逐项清点检查，未经修复的部件不得使用。

(2) 采取预拼装模板施工时，预拼装工作应在组装平台或经平整处理的地面上进行，并按表要求逐块检验后进行试吊，试吊后再进行复查，并检查配件数量，位置和紧固情况。

3. 辅助材料准备

(1) 嵌缝材料：用于模板堵缝，防止板缝漏浆，常用有木条、橡皮条、密封条等。

(2) 脱模剂：保护模板，便于脱模，常用的品种有肥皂下脚料、海藻酸钠、甲基硅树脂等。

二、模板支设安装的有关要求

1. 模板支设安装的规定

组合钢模板的支设安装，应遵守下列规定：

(1) 按模板设计要求循序拼装，保证模板系统的整体稳定。

(2) 配件必须装插牢固，支柱和斜撑下的支撑面应平整垫实，并有足够的受压面积。

(3) 预埋件与预留孔洞必须位置准确，安设牢固。

(4) 支柱所设的水平撑与剪刀撑，应按构造与整体稳定性布置。

(5) 多层支撑的支柱，上下应对应设置在同一竖向中心线上。

(6) 同一条拼接缝上的U形卡，不宜向同一方向卡紧，应交错方向插入卡紧。

(7) 墙模板的对拉螺栓孔应平直相对，穿插螺栓不得斜拉硬顶，穿孔用手电钻钻孔，严禁采用电、气焊灼孔。

2. 组合钢模板支撑安装的安全操作要求

(1) 模板上架设的电线和使用的电动工具，应采用36V的低压电源或其他有效的安全措施。

(2) 登高作业时，各种配件或工具应放在工具带内，严禁放在模板或脚手板上，防止掉落伤人。

(3) 装拆模板时，上下应有人接应，随拆随运转，并硬把活动部位固定牢固，严禁将模板大量堆放在脚手板上和抛掷。

(4) 装拆模板时，必须采用稳固的登高工具，高度超过3.5m时，必须搭设脚手架，装拆施工时除操作人员外，下面不得站人。高处作业时，操作人员应挂上安全带。

(5) 安装墙、柱模板时，应随时支撑牢固，防止倾覆。

(6) 预拼装模板安装时，垂直吊运时应采取两个以上的吊点，水平吊运应采取四个吊点，吊点应做受力计算，合理布置。模板边就位，边校正，安设连接件，并加设临时支撑稳固。

(7) 预拼装模板应整体拆除，拆除时，先控好吊索，然后拆除支撑及拼接两片模板的配件，待将模板撬开结构表面后再起吊。

三、模板的安装方法

组合钢模板安装方法基本上有两种，即单块就位组拼和预组拼，其中预组拼又可分为分片组拼和整体组拼两种。采用预组拼方法，可以加快施工速度，提高模板的安装质量，但必须具备相适应的吊装设备和有较大的拼装场地。

1. 基础模板安装

条形基础：条形基础可根据土质情况确定支模方法。如土质较好，下阶可原槽浇筑不用支模，上阶条用吊模，如土质较差，则上下两阶均需支撑。

下阶模板根据基础边线就地组拼模板，将基槽土壁修整后用短木将钢模板支撑在上壁上。

下阶模板安装是在基槽两侧地坪上打入钢管锚固桩。搭钢管吊架，使吊架保持水平，用线锤将基础中心引测到水平杆上，按中心线安装模板，用钢管、扣件将模板牢钉在吊架上。

2. 柱模板安装

(1) 单块就位组拼的方法是：先将柱子第一节四面模板就位用连接角组拼号，角模宜高出平模，校正调整好对角线，并用柱箍固定，然后以第一节模板上依附高出的角模连接件为基础，用同样方法组拼第二节模板、第三节等模板直到柱全高。各节组拼时，其水平接头和竖向接头要用U形卡正反交替连接，在安装到一定高度时，要进行支撑或拉节，以防倾倒，并用支撑或拉杆上的调节螺栓校正模板的垂直度。安装顺序如下：搭结安装架子→第一节钢模板安装就位→检查对角线、垂直度和位置→安装柱箍→第二、三等节模板及柱箍安装→安装有梁口的柱模板→全面检查校正→群体牢固。

（2）单片预组拼的方法是：将事先预组拼的单片模板，经检查其对角线、板边平直度和外形尺寸合格后，吊装就位并做临时支撑，随即进行第二片模板吊装就位，用U形卡与第一片模板组合成L形，同时做好支撑。如此在完成第三、第四片的模板吊线就位、组拼，模板就位组拼后，随即检查其位移、垂直度、对角线情况，经校正无误后，立即自下而上的安装柱箍。柱模板全部安装后，再进行一次全面检查，合格后与相邻柱群或四周支架临时拉结牢固。安装顺序如下：单片预组合模板组拼并检查→第一片安装就位并支撑→邻侧单片预组合模板安装就位→两片模板呈L形用角模连接并支撑→安装第三、四片预组合模板并支撑→检查模板位移、垂直度和对角线并校正→由下而上安装柱箍→全面检查安装质量→群体牢固。

（3）整体预组拼的方法：在吊装前，先检查已经整体预组拼的模板上、下口对角线的偏差以及连接件、柱箍等的牢固程度，检查钢筋是否有碍柱模的安装，并用铅丝将柱顶钢筋先绑扎在一起，以便柱模从顶部套入，待整体预组拼模板吊装就位后，立即用四根支撑或有花篮螺丝的揽风绳与柱顶四角拉节，并校正其中心前后偏斜，全面合格后，再群体固定。安装顺序如下：吊装前检查→吊装就位→安装支撑或揽风绳→全面质量检查→群体固定，如图5-21所示。

（4）柱模安装时，要注意以下事项：

柱模与梁模连接处的处理方法是：保证柱模的长度符合模板的模数，不符合部分放到节点部位处理，或以梁底标高为准，由上往下配模，不符模数部分放到柱跟部位处理。

支设的柱模，其标高、位置要准确，支设应牢固。高度在4m和4m以上时，一般应四面支撑，当柱高超过6m时，不宜单根柱支撑，宜几根柱同时支撑连成构架。

柱模板根部要用水泥砂浆堵严，防止跑浆。

梁、柱模板分两次支设时，在柱子混凝土达到拆模强度时，最上一段柱模先保留不拆，以便于与梁模板连接。

3. 梁模板安装

（1）安装支撑梁模板的钢支柱：安装梁钢支柱之前，如果支撑在土地面时，土地面必须夯实，支柱下垫通常脚手板、支柱的间距应由模板设计规定，支柱之间架水平拉杆。按设计标高调整支柱模楞的高度。

（2）梁模板单块就位组拼：复核梁底横楞标高，按要求起拱，一般跨度大于4m时，起拱0.2%～0.3%。校正梁模板轴线位置，再在横楞放梁底板，拉线找直，并用钩头螺栓与横楞固定，拼接角模，然后绑扎钢筋，安装并固定两侧模板拧紧锁口管，拉线调直梁口平直，有楼板模板时，再梁上连接好阴角模，与楼梯模板拼接。

（3）安装后校正梁中线、标高、断面尺寸。将梁模板内杂物清理干净，检查合格后再预检。

安装梁模板工艺流程：弹线→支立柱→拉线、起拱、调整梁底横楞标高→安装梁底模板→绑扎钢筋→安装侧模板→质量检查。

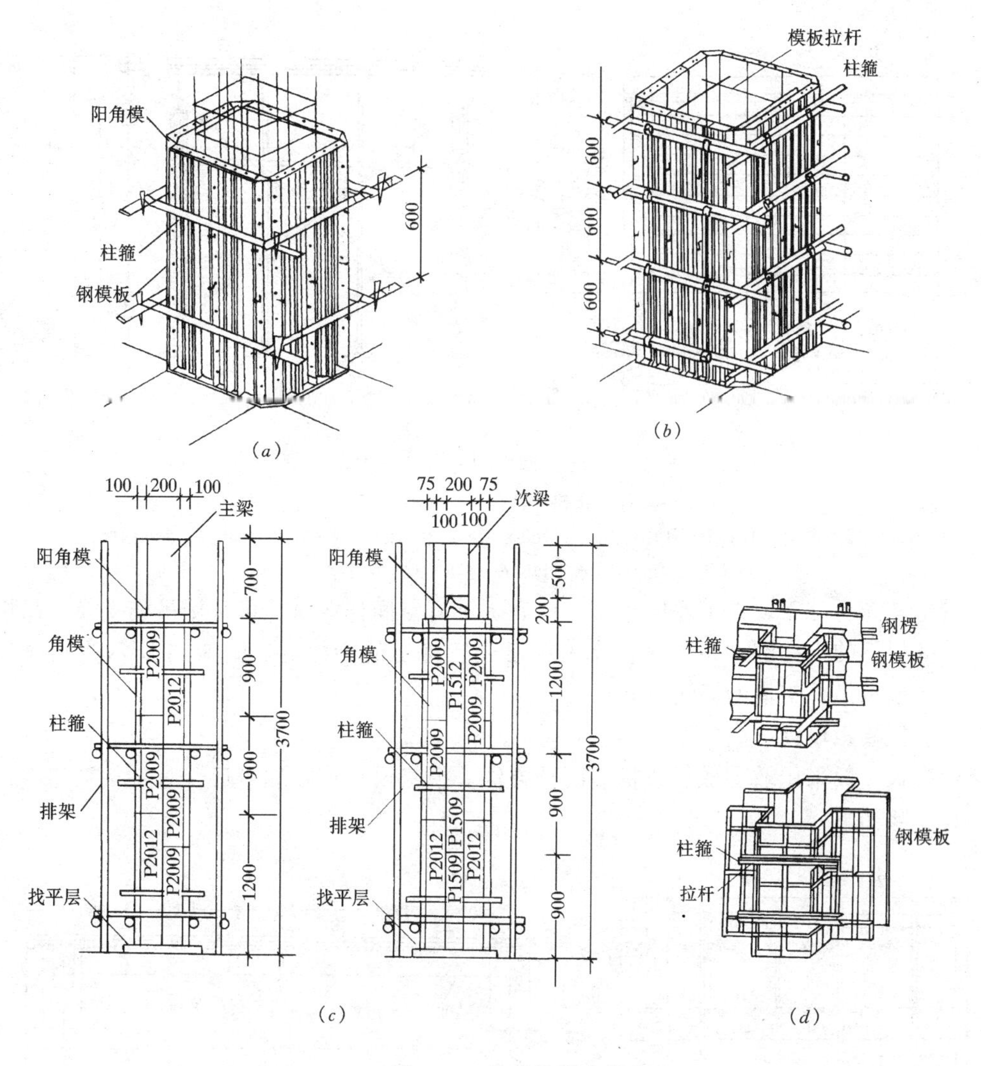

图 5-21 几种柱模支设方法

(*a*) 型钢柱箍；(*b*) 钢管柱箍；(*c*) 钢管脚手支柱模；(*d*) 附壁柱模

第四节 现浇楼板组合钢模板的配制和安装

楼板模板通常都是水平方向的模板，但也有坡度较缓的模板。楼板模板种类比较多，但是，组合钢模板仍用的相当普通。在肋形楼盖一类的楼盖施工中更较合适。

一、楼板组合钢模板的组成

楼板组合钢模板是由立柱、内外背楞、钢模板组成，如图 5-22 所示。

图示为组合钢模板拼装楼板模板。采用齐缝拼装。用阴角模与梁模拼接，四角尺寸不足之处用拼木。采用钢管做双层背楞，可调钢支柱做顶撑。钢支柱主要有水平拴结杆拴结，以谋求整体稳定性。

组合钢模板刚度较大。当混凝土板的厚度不大时，可充分利用组合钢模板的刚度，最好采用错缝拼装，设置单层背楞。这样可以节省模支撑材料，提高材料周转率。

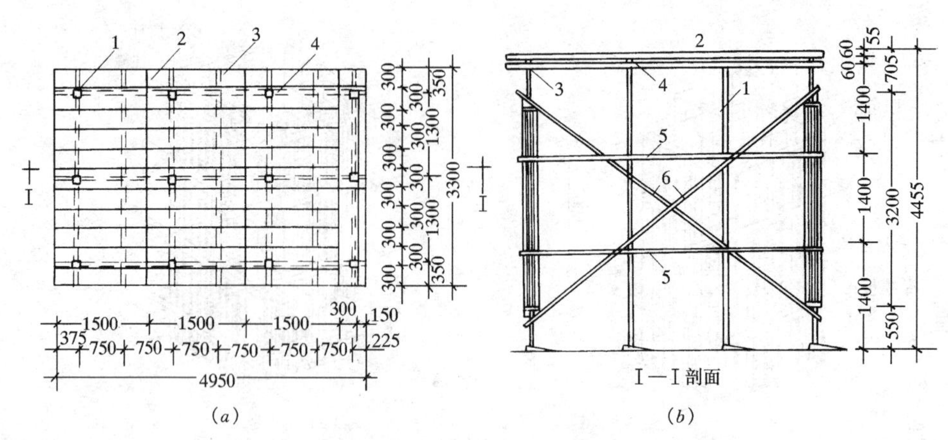

图 5-22　楼板模板的配板及支撑

（a）配模板；（b）剖面图

1—ϕ418×3.5 钢管支柱；2—钢模板；3—2□60×40×2.5 内钢楞；4—2□60×40×2.5 外钢楞；

5—ϕ48×3.5 水平撑；6—ϕ48×3.5 剪刀撑

单梁、柱先行施工，板下空间很高，或者板下有空间作业时，可采用吊模支模。吊模支模就是将板下的支撑翻到板上来，支吊在已先行施工的梁柱上。图 5-23 所示为组合钢模板为楼板模板吊柱支模的施工方式。

二、楼板模板设计

楼板模板一般采用散支散拆或拼装两种方法。模板设计可在编号后，对每一平面进行设计，其步骤如下：

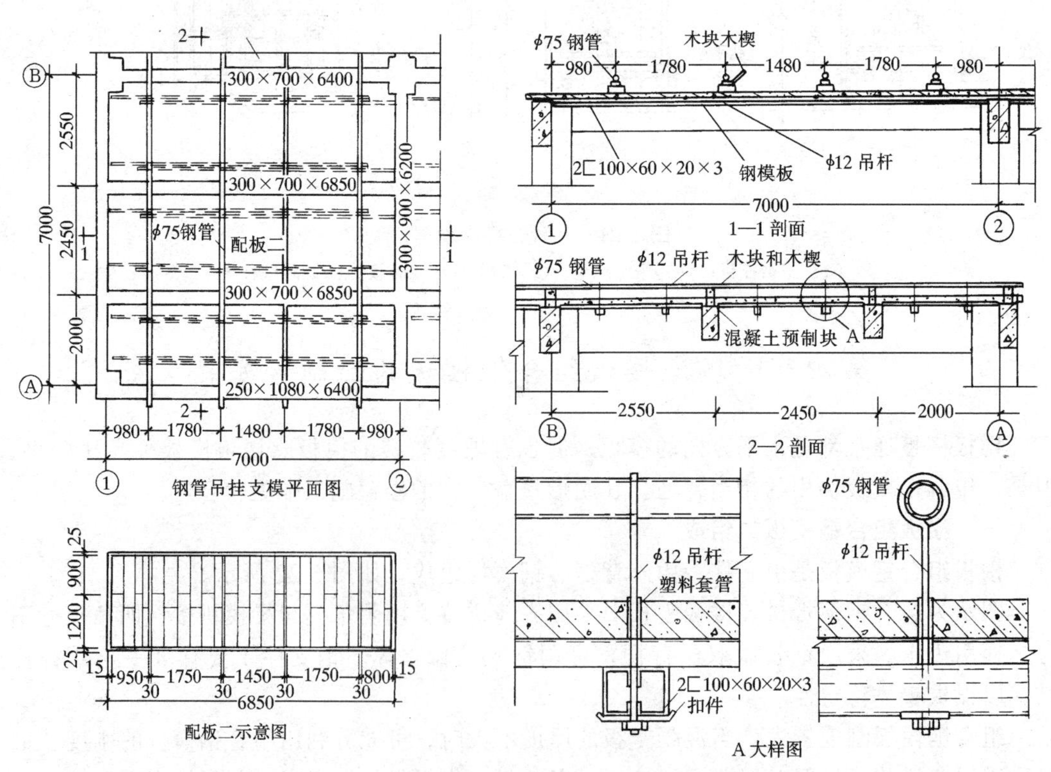

图 5-23　楼板模板吊挂支模

（1）按表沿长边配板和按表沿短边配板，计算模板块数及拼镶木模的面积，通过比较做出选择。

（2）确定模板的荷载。

（3）确定钢楞间距；对模板进行验算。

（4）对钢楞进行验算。

（5）计算确定立柱规格型号，并做出水平支撑和剪刀撑的布置。

（6）绘制楼板模板施工图，统计出材料用量。

【例 3】 某建筑的现浇混凝土楼板，支模尺寸为 4200mm×2700mm。混凝土钢筋混凝土楼板厚度为 100mm，楼层净高为 3.2m，组合钢模板采用错缝拼装，设置单层背楞，做楼板模板拼模设计。

解 查表 5-1、表 5-2。

横排时基本长度配板表（长度单位：mm） **表 5-1**

主板块数 / 配模长度 / 序号	0 / 1	1 / 2	2 / 3	3 / 4	4 / 5	5 / 6	6 / 7	7 / 8	8 / 9	其余规格块数	备注
1	1500	3000	4500	6000	7500	9000	10500	12000	13500		
2	1650	3150	4650	6150	7650	9150	10650	12150	13650	2×600+1×450=1650	△
3	1800	3300	4800	6300	7800	9300	10800	12300	13800	2×900=1800	☆
4	1950	3450	4950	6450	7950	9450	10950	12450	13950	1×450=450	
5	2100	3600	5100	6600	8100	9600	11100	12600	14100	1×600=600	
6	2250	3750	5250	6750	8250	9750	11250	12750	14250	2×900+1×450=2250	△
7	2400	3900	5400	6900	8400	9900	11400	12900	14400	1×900=900	☆
8	2550	4050	5550	7050	8550	10050	11550	13050	14550	1×600+1×450=1050	△
9	2700	4200	5700	7200	8700	10200	11700	13200	14700	2×600=1200	
10	2850	4350	5850	7350	8850	10350	11850	13350	14850	1×900+1×450=1350	

注：1. 当长度为 15m 以上时，可依次类推。

2. ☆（△）表示由此行向上移两档（一档），可获得更好的配板效果。

沿 4200mm 方向取 2×1500+1200=4200mm。沿 2700mm 方向取 9×300=2700mm。无需拼木模只是在梁与板交界处加拼木。合计需要模板 P3015，18 块；P3012，9 块。

横排时基本高度配板表（长度单位：mm）　　**表 5-2**

主板块数 / 配模长度 / 序号	0 / 1	1 / 2	2 / 3	3 / 4	4 / 5	5 / 6	6 / 7	7 / 8	8 / 9	9 / 10	其余规格块数
1	300	600	900	1200	1500	1800	2100	2400	2700	3000	
2	350	650	950	1250	1550	1850	2150	2450	2750	3050	1×200+1×150=360
3	400	700	1000	1300	1600	1900	2200	2500	2800	3100	1×100=100
4	450	750	1050	1350	1650	1950	2250	2550	2850	3150	1×150=150
5	500	800	1100	1400	1700	2000	2300	2600	2900	3200	1×200=200
6	550	850	1150	1450	1750	2050	2350	2650	2950	3250	1×150+1×100=250

注：高度 3.3m 以上照此类推。

三、楼板组合钢模板安装

1. 工艺流程：

地面夯实→支立柱→安横楞→铺模板→校正标高→加立杆的水平拉杆→质量检查。

2. 安装操作方法

(1) 土地面应夯实，并垫通长脚手板，楼层地面立支柱前也应垫通长脚手板，采用多层支架支模时，支柱应垂直，上下层支柱应在同一竖向中心线上。

(2) 从边跨一侧开始安装，先按第一排支柱和背楞，临时固定，再依次逐排安装。支柱与背楞间距应根据模板设计规定，进行布局排列。

(3) 根据标高要求，拉水平通线，调节支柱高度，将背楞找平放稳，跨度大于 4m 时，按要求进行起拱，再进行模板铺设。

(4) 当采用梁，墙作支撑结构时，一般应预先支好梁、墙模板，然后将吊架按模板设计要求支设在梁侧模通长的型钢式方木上，调节固定后再铺设模板。

(5) 当梁、柱以先行施工，板下有空间作业时，可采用吊模支模方案，以节约支撑材料。

(6) 楼板模板当采用单块就位组拼时，宜从每个节间，从四周先用阴角模板与墙，梁模板连接，然后向中央铺设，相邻模板边肋应按设计要求用 U 型卡连接，也可用钩头螺栓与钢楞连接。

(7) 预组拼模板在吊运前应检查模板的尺寸，对角线。平整度上及预埋件和预留孔洞的位置，安装就位后，立即用角模与梁、墙模板连接。

(8) 平台板铺完后，用水平仪测量模板标高，进行校正并用靠尺找平。

(9) 标高校完后，支柱之间应加水平拉杆，根据支柱高度决定水平拉杆设几道。一般情况下离地面 20～30cm 处一道。往上纵横方向每离 1.6m 左右一道，并应经常检查，保证完整牢固。

(10) 将模板内杂物清理干净，进行质量检查。

第五节　组合钢模板墙的模板配制和安装

一、墙的模板构造组成

用组合钢模板组装的墙模板是由有平面钢模板、拼木条、内钢楞、外钢楞、对拉螺栓、扣件、支撑等组成，如图 5-24 所示。

用组合钢模板配置墙模板时，由于模数制的定型模板，但尺寸不能凑足时，可在顶端和测边相拼木条。配模原则是尽量使钢模板的规格少，数量少，拼木量少。墙模板可以齐缝配置，也可以错缝配置。齐缝配置时，可以预先将打好穿墙螺栓孔洞的模板配置在规定的位置上，免去现场打孔。错缝配置时，模板整体刚度较好。当墙高度不大，可以只用单层背楞就能满足要求。横排模板采用竖向内楞，竖排模板采用横向内楞。内楞和外楞可以采用槽钢，也可以采用钢管。当采用钢管时，用对拉螺栓加弓形扣件将内楞和外楞固定在模板上。

对拉螺栓有不能回收和可多次回收重复使用的两种形式。有防水要求的外墙。地下室等处一般采用一次性的防水对拉螺栓。用于没有防水要求的内墙时，采用多次周转使用对拉螺栓，以降低成本。

二、墙模板的配制

按图纸，统计所有配模平面的尺寸并进行编号，然后对每一种平面进行配板设计。其具体步骤如下：

(1) 根据墙的平面尺寸，分别采用横排原则和竖排原则，计算出模板块数和需镶拼木模的面积。

(2) 对横竖排的方案进行比较。择优选用拼木面积较小的布置方案。

(3) 计算新浇筑混凝土的最大测压力。

(4) 计算确定内、外钢楞的规格、型号和数量。

(5) 确定对拉螺栓的规格、型号和数量。

(6) 对需配模板、钢楞、对拉螺栓的规格型号和数量进行统计、列表，以便备料。

(7) 绘制模板施工图，如图 5-25。

三、墙的组合钢模板安装

墙的组合钢模板安装分为单块安装和预拼组装。无论采用哪种方法都要按设计出的模板施工图进行施工。具体施工工艺如下：

(1) 工艺流程：弹线→抹水泥砂浆找平→作水泥砂浆定位块→安门窗洞口模板→安一侧模板→清理墙内杂物→安另一侧模板→调整固定→质量检查。

(2) 根据轴线位置弹出模板的里皮和外皮的边线和门窗洞口的位置线。

(3) 按水平线定出模板下皮的标高，并用水泥砂浆找平。

(4) 按位置线安装门窗洞口模板。门窗洞口的模板，应有锥度，安装要牢固，既不变形，又便于拆除。下预埋件或木砖。

(5) 墙面模板按位置线就位，然后安装拉杆或斜撑，安装穿墙螺栓和套管。

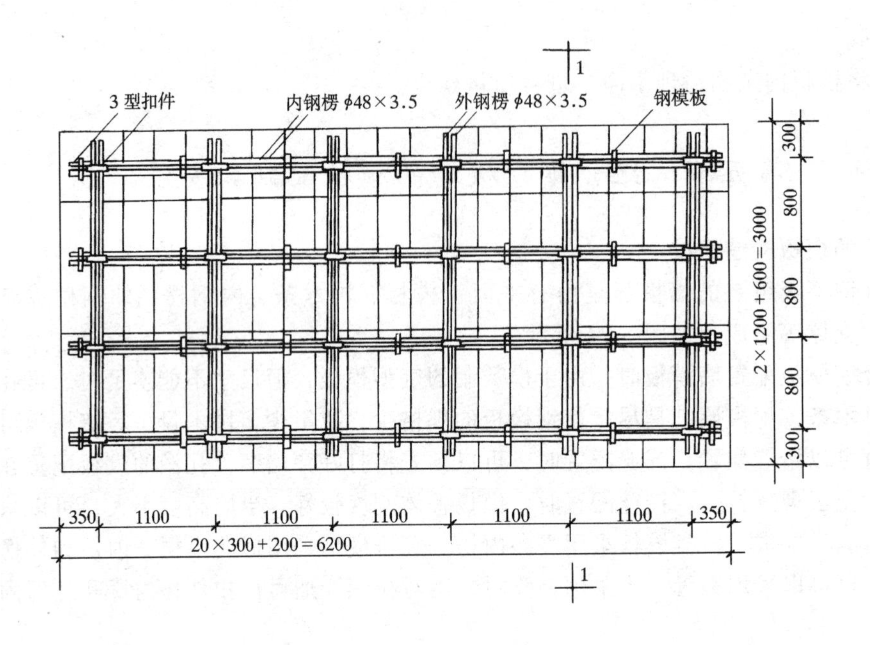

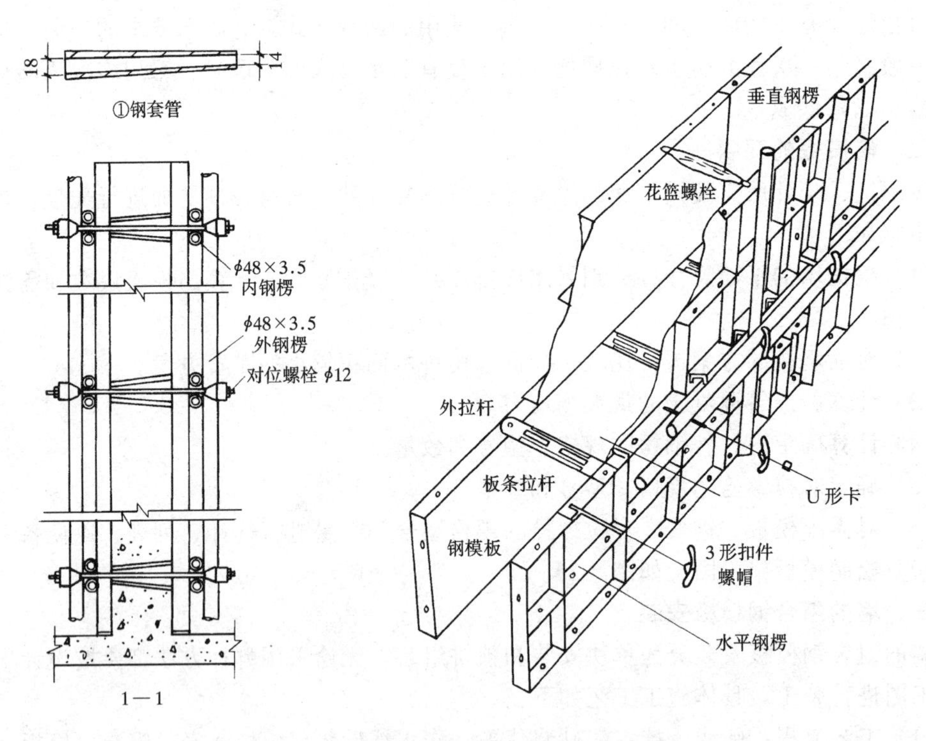

图 5-24　墙模支模用钢管、螺栓及板式拉条

（6）单块就位组拼时，应从墙角模开始，向相互垂直的两个方向组拼，这样可以减少临时支撑设置。否则，要随时注意拆换支撑或增加支撑，以保证墙模处于稳定状态。

（7）单块就位组拼时，两侧面模板同时拼装。当安成第一步钢楞处，就可以安装钢楞穿墙螺栓和套管。

（8）预组拼模板安装时，应边就位，边校正，并随即安装各种连接件、支撑件或加设

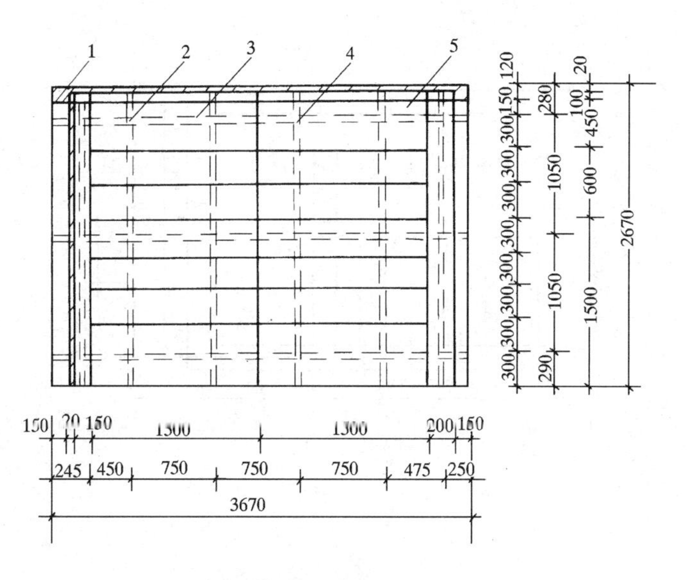

图 5-25　墙体模板配板图

1—拼木；2—对拉螺栓；3—外钢楞；4—内钢楞；5—钢模板

件临时支撑。必须待模板支撑稳固后，才能脱钩。

（9）当墙面较大，模板需分几块预拼安装时，模板之间应按设计要求增加纵横附加钢楞。附加钢楞的位置在接缝处两边，与预组拼模板上钢楞的搭接长度，一般为预组拼模板全长的 15%～20%。

（10）清扫墙内杂物，再安装另一侧模板，调整斜撑或拉杆使模板垂直后，拧紧穿墙螺栓。

（11）上下层墙模板接槎的处理：当采用单块就位组拼时，可在下层模板上端设一道穿墙螺栓，拆模时该层模板暂不拆除，在支上层模板时，作为上层模板的支撑面，当采取预组拼模板时，可在下层混凝土墙上端往下 200mm 左右处，设置水平螺栓，紧固一道通长的角钢作为上层模板的支撑。

第六节　楼梯模板的配制和安装

建筑施工中，楼梯模板一般比较复杂。楼梯模板特点是要支成倾斜的，而且要形成踏步。按楼梯的形式有直跑式、双跑式、螺旋式等。支设各种楼梯的模板即需要配制计算画出模板施工图，又需要按模板施工图的要求进行安装。

一、楼梯模板的构造

双跑式楼梯包括楼梯段、梯基梁、平台梁及平台板等，如图 5-26 所示。

平台梁和平台板模板的构造与肋形楼盖模板的构造基本相同。楼梯段模板是由底板、搁栅、牵杠、牵杠撑、侧板、踏步侧板及三角木等组成。

（1）牵杠支撑着搁栅。在搁栅上设置楼梯段底模板，钉上楼梯模板的侧板，即外帮板，用牵杠撑拉结牵杠，如图 5-27 所示。

（2）踏步侧板两端钉在梯段侧板的木档上，如果已砌好，则靠墙一段钉在反三角木上。

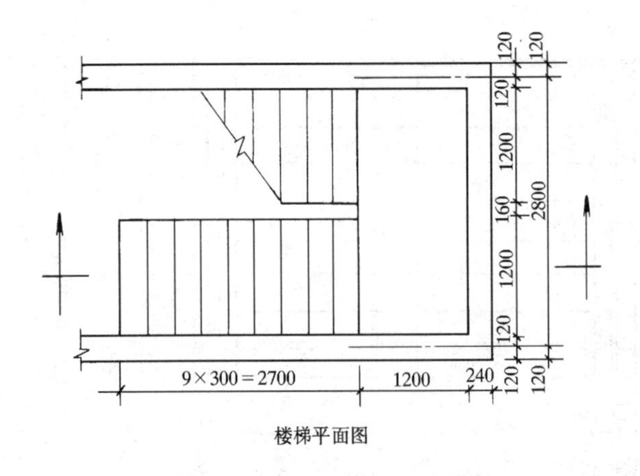

楼梯平面图

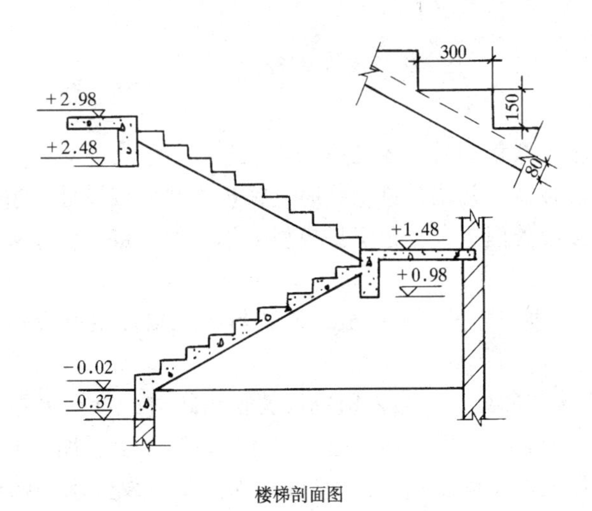

楼梯剖面图

图 5-26　楼梯详图

(3) 梯段侧板的高度要不小于板厚加踏步高长度依梯段长度而定。在梯段侧板内侧划出各踏步形状与尺寸，并在踏步高度线一侧留出踏步侧板厚度钉上木档，作钉踏步侧板用。

(4) 梯段侧板也可以做成三角梯段侧板，侧板的形状与楼段的纵剖面相同，踏步侧板可以直接钉在梯段侧板上。

(5) 反三角木是与若干三角木块钉在方木上而成的。三角木踏步长的边等于踏步宽度加踏步侧板的厚度。高的边等于踏步高度。

(6) 反三角木用于靠墙一侧或宽度大于 600mm 的楼梯模板踏步侧板的固定和加固。

(7) 用于楼梯支模的牵杠。牵杠撑可以用木方也可以用架子钢管、扣件连接支撑。梯段底模板可以使用组合钢模板。

二、放大样方法配置楼梯模板

楼梯模板有的部分可按楼梯详图配置，有的的部分则需要放出楼梯的大样图，以便量出模板的准确尺寸。放大样的方法如下：

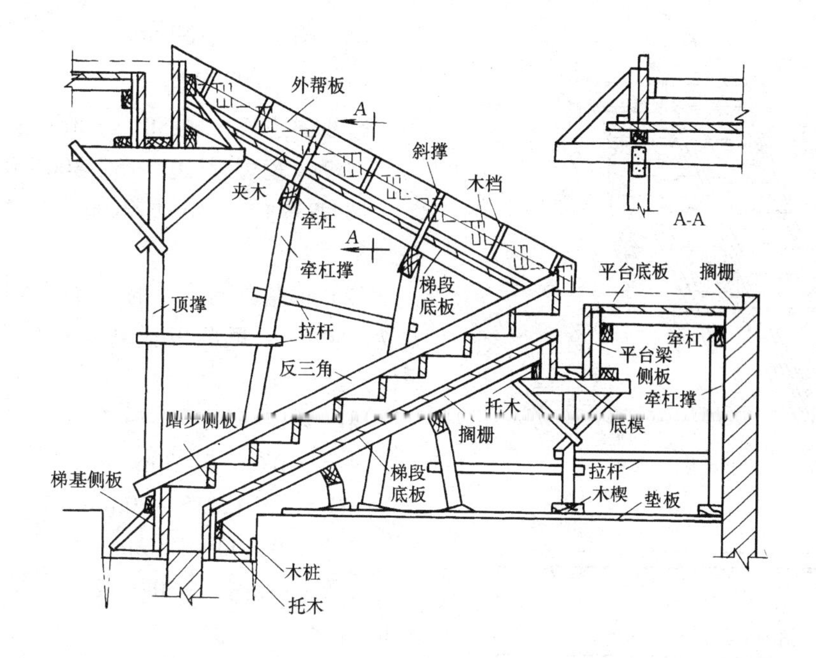

图 5-27 楼梯模板

（1）找一块平整的水泥地坪，用1∶1 或1∶2 的比例放大样。先弹出水平基线 $x-x$ 及其垂线 $y-y$。

（2）根据已知尺寸及标高，先弹出梯基梁，平台梁和平台板。

（3）定出踏步首末两级的角部位置 A、a 两点及根部位置 B、b 两点，并于两点之间弹出连线。并弹出与 $B-b$ 平行距离等于梯板厚度的平行线，与两边相交得 C、c。

（4）在 A、a 及 B、b 两线之间，通过水平等分和垂等分画出踏步的踏面和踢面。

（5）按模板厚度弹出梯段底模、侧板的模板边线。

（6）按支撑系统的构造要求弹出栏栅、牵杠、牵杠撑。

（7）按大样图分别做用梯段反三角、正三角牵杠等大样，如图 5-28、图 5-29 所示。

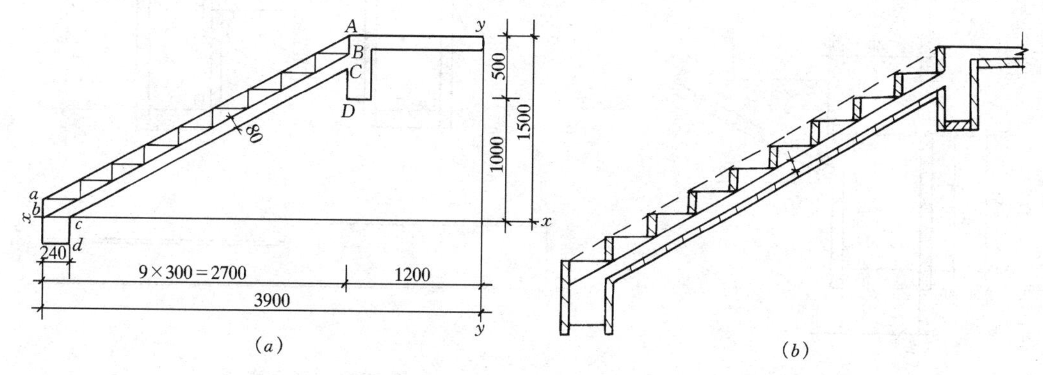

图 5-28 楼梯放样图

三、计算方法配置楼梯模板

楼梯踏步的高和宽构成的直角三角形与梯段高和水平长构成直角三角形是相似三角形。因此，踏步的坡度和坡度系数就是样段的坡度和坡度系数，如图 5-29 所示。

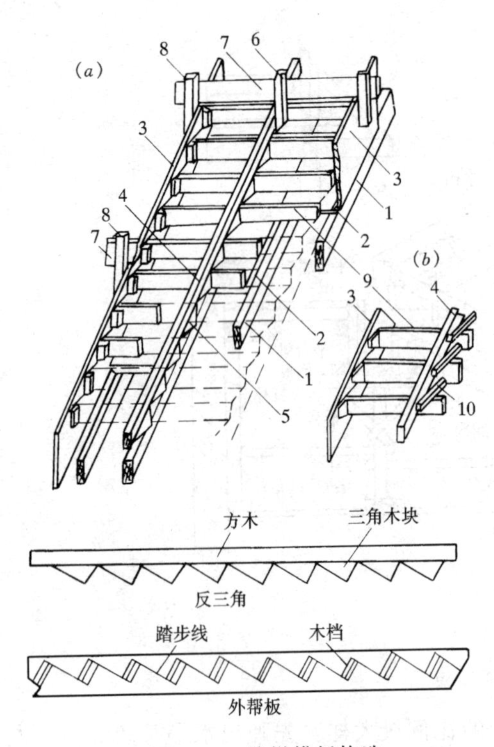

图 5-29　楼梯模板构造

1—楞木；2—底模；3—外帮板；4—反三角；5—三角板；6—吊木；7—横楞；8—立木；9—踢步侧板；10—顶木

（1）踏步高 = 150mm

踏步宽 = 300mm

踏步斜边长 = $\sqrt{150^2 + 300^2} = 335.4$m

坡度 = 短边/长边 = 150/300 = 0.5

坡度系数 = 斜边/长边 = 335/300 = 1.118

（2）梯基梁两侧模的计算：外侧模板全高为 450mm，里侧模板高度 = 外侧模板 − AC。

$AC = AB + BC$

$AB = 60 \times 0.5 = 30$mm

$BC = 80 \times 1.118 = 90$mm

$AC = 30 + 90 = 120$mm

里侧模板高 = 450 − 120 = 330mm 如图 5-30 所示。

（3）平台梁里侧模板的计算：如图 5-31 所示，平台梁里侧模板的高度有三部分，即平台梁与上、下梯段相接部分和两梯段之间的空隙部分。

计算时，平台梁底模厚度，上梯段平台梁侧模上口倒斜口都会影响侧模的高度。

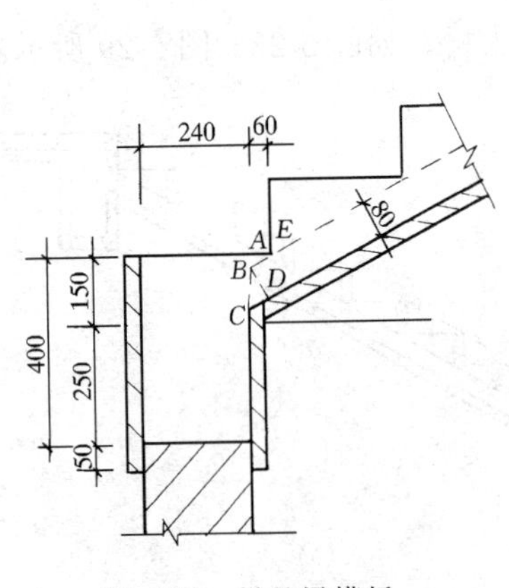

图 5-30　梯基梁模板

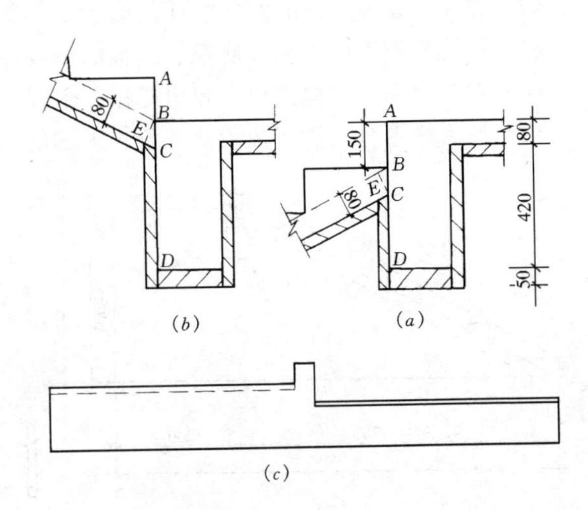

图 5-31　平台梁模板

下梯段侧模板高度：梁高 + 底模厚度 − AC = 500 + 50 − （150 + 80 × 1.118） = 310（mm）

上梯段侧模板高度：梁高 + 底模厚度 − BC + 倒斜口尺寸 = 梁高 + 底模厚度 − BE × 坡

度系数 + 侧模板厚度 × 坡度 = 500 + 50 − 80 × 1.118 + 30 × 0.5 = 475（mm）

两梯段中间空隙处侧模板高度：梁高 + 底模厚度 = 500 + 50 = 550（mm）

（4）梯段板底模长度计算

梯段模板底模长度 = 底模水平投影长度 × 坡度系数

底模水平投影长 = 2700 − 240 − 30 − 30 = 2400mm

底模长度 = 2400 × 1.118 = 2683mm

四、楼梯模板安装

现以先砌墙后浇楼梯的情况，简述楼梯模板安装步骤如下：

（1）先垫好平台梁、平台板的模板以及梯基的侧板。

（2）在平台梁和梯基侧板上钉托木，将搁栅支于托木上。在搁栅下立起牵杠及牵杠撑。

（3）在搁栅上铺梯段底板，在底板面上弹出梯段宽度线，依线立起外帮板，外帮板用夹木或斜撑固定。

（4）在靠墙的一面把反三角立起，反三角的两端可钉牢于平台梁和梯基的侧板上。

（5）在反三角与外帮板之间逐块钉踏步侧板，踏步侧板一头钉在外帮板的木档上，另一头钉在反三角的三角木块侧面上。

（6）当梯段宽度大于 800mm 时，应在梯段中间在加设反三角，以免发生踏步侧板凸肚现象。

（7）为了确保梯板符合要求厚度，在踏步侧板安装时下面可以垫上小木块，这些小木块在浇筑混凝土时随手取出。

第七节　组合钢模板安装质量和拆除

一、组合钢模板安装要求

1. 一般规定

（1）模板及其支架应根据工程结构形式、荷载大小、地基土类别、施工设备和材料供应等条件进行设计。模板及其支架应具有足够的承载能力、刚度和稳定性，能可靠地承受浇筑混凝土的重量、侧压力以及施工荷载。

（2）混凝土浇筑之前，应对模板及支架的位置、标高、截面尺寸、垂直平整度、牢固程度等进行验收。安装和浇筑混凝土时，应对模板及支架进行观察和维护。

2. 主控项目

（1）安装现浇结构的上层模板及其支架时，下层楼板应具有承受上层荷载的承载能力，或加设支架；上、下层支架的立柱应对准，并铺设垫板。

（2）选择适宜的模板隔离剂，涂刷时，不得沾污钢筋和混凝土接槎处。

3. 一般项目

（1）模板安装应满足下列要求：

模板的接缝不应漏浆；在浇筑混凝土前，木模板应浇水湿润，但模板内不应有积水；

模板与混凝土的接触面应清理干净并涂刷隔离剂，不能采用影响结构性能和装饰施工的隔离剂；

浇筑混凝土前，模板内的杂物应清理干净；

对清水混凝土及装饰混凝土工程，应使用能达到设计效果的模板。

(2) 对跨度不小于4m的现浇钢筋混凝土梁、板，其模板应按设计要求起拱；当设计无具体要求时，起拱高度宜为跨度的1/1000～3/1000。

(3) 现浇结构模板安装允许偏差应符合表5-3。

(4) 预埋件和预留孔洞允许偏差应符合表5-4。

现浇结构模板安装的允许偏差　　表5-3

序号	项　　目		允许偏差(mm)
1	轴线位置		5
2	底模上表面标高		±5
3	截面内部尺寸	基　础	±10
		柱、墙、梁	+4 −5
4	层高垂直	全高≤5m	6
		全高>5m	8
5	相邻两板表面高低差		2
6	表面平整（2m长度上）		5

预埋件和预留孔洞的允许偏差　　表5-4

序号	项　　目		允许偏差(mm)
1	预埋钢板中心线位置		3
2	预留管、预留孔中心线位置		3
3	预埋螺栓	中心线位置	2
		外露长度	+10 0
4	预留洞	中心线位置	10
		截面内部尺寸	+10 0
5	插筋	中心线位置	5
		外露长度	+10，0

二、组合钢模板安装应注意的质量问题

1. 梁、板模板

(1) 主要质量问题：梁、板底不平，下垂。梁侧模板不平。梁上下口涨模。

(2) 防治的方法是：梁、板底模板的搁栅、支柱的截面尺寸及间距应通过设计计算决定，使模板的支撑系统有足够的强度和刚度。作业中应认真执行设计要求，以防混凝土浇筑时模板变形。模板支柱下沉，使梁、板产生下垂，梁、板模板应按设计或规范起拱。梁模板上下口应设销口楞，再进行侧向支撑，以保证上下口模板不变形。

2. 柱模板

(1) 涨模、断面尺寸不准。防治的方法是：根据柱高和断面尺寸设计核算柱箍自身的截面尺寸和间距，以及对大断面柱使用穿柱螺栓和竖向钢楞，以保证柱模的强度、刚度以抵抗混凝土的侧压力，施工应认真按设计要求作业。

(2) 柱身扭向。防治的方法是：支模前线校正柱筋，使其首先不扭向，安装斜撑式拉锚，吊线找垂直时，相邻两片柱模从上端每面吊两点，使线坠到地面，线坠所示两点到柱位置线距离相等，即使柱模不扭向。

(3) 轴线位移：一排柱不在同一直线上。防治的方法是：成排的柱子，支模前要在地面上弹出柱轴线及轴边通线，然后分别弹处每柱的另一方向轴线，再确定柱的另两条边线。支模时先立两端柱模，校正垂直与位置无误后，柱模顶拉通线，再支中间各柱模板。柱距不大时，通排支设水平栏杆及剪刀撑；柱距较大时，每柱分别四面支撑，保证每柱垂

直和位置正确。

3. 墙模板

（1）墙体薄厚不一，平整度差。防治方法是：模板设计应有足够的强度和刚度，龙骨的尺寸和间距、穿墙螺栓间距、墙体的支撑方法等在作业时按要求认真执行。

（2）墙体烂根，模板接缝处跑浆。防治方法是：模板根部砂浆找平，要用橡皮条、木条等塞严。模板间卡固措施要牢靠。

（3）门窗洞口混凝土的变形。防治方法是：门窗模板与墙模或墙体钢筋固定要牢固。门窗模板内支撑要满足强度和刚度的要求。

三、组合钢模板的拆除

1. 主控项目

（1）底模及其支架拆除时的混凝土强度应符合设计要求；当设计无具体要求时，混凝土强度应符合表 5-5 的规定。

底模拆除时的混凝土强度要求 **表 5-5**

构件类型	构件跨度（m）	达到设计的混凝土立方体抗压强度标准值的百分率（%）	构件类型	构件跨度（m）	达到设计的混凝土立方体抗压强度标准值的百分率（%）
板	≤2	≥50	梁、拱、壳	≤8	≥75
	>2，≤8	≥75		>8	≥100
	>8	≥100	悬臂构件	—	≥100

（2）后浇带模板的拆除和支顶应按施工技术方案执行。

2. 一般项目

（1）侧模拆除时的混凝土强度应能保证其表面及棱角不受损伤。

（2）模板拆除的顺序和方法，应按照配板设计的规定进行，遵循先支后拆，后支先拆，先非承重部位和后承重部位以及自上而下的原则。拆模时，严禁用大锤和撬棍硬撬。

（3）单块组拼的模板：先拆除钢楞、柱箍和对拉螺栓等连接和支撑件，再由上而下逐块拆除；预组拼的柱模：先拆除钢楞、柱箍，对拉螺栓、U 形卡后，待吊钩挂好，再拆除支撑，方能脱模起吊。

（4）单块组拼的墙模，再拆除穿墙螺栓、大小钢楞和连接件后，从上而下逐块水平拆除，预组拼的墙模，应在挂好吊钩，检查所有连接件是否拆除后，方能拆除支撑脱模起吊。

（5）梁、楼板模板应先拆除底模，再拆梁侧模，最后拆梁底模。

（6）拆模时，操作人员应站在安全处，以免发生安全事故，待该片段模板全部拆除后方准将模板、配件、支架等运出堆放。

（7）拆下的模板等配件，严禁抛扔，不应对楼层形成冲击荷载，要有人接应传递，按指定地点堆放，并做到及时清运、维修和涂刷好隔离剂，以备待用。

四、组合钢模板运输、维修和保管

1. 运输

（1）不同规格的钢模板不得混装混运。运输时，必须采用有效措施，防止模板滑动、倾倒。长途运输应用简易集装箱。支撑件应捆扎牢固。连接件应分类装箱。

（2）预组装模板运输时，应分隔垫实，支捆牢固，防止变形。

（3）装卸模板和配件应轻装轻卸，严禁抛掷，并应防止碰撞损坏，严禁用钢模板作其它用途。

2. 维修和保管

（1）钢模板和配件拆除后，应及时清除粘结的灰浆，对变形和损坏的模板和配件，宜采用机械整形和清理。钢模板及配件修复后的质量标准应符合要求。

（2）维修质量不合格的模板及配件，不得使用。

（3）对暂时不使用的钢模板，板面应涂刷脱模剂或防锈油。背面油漆脱落处应补刷防锈漆，并按规格分类堆放。

（4）钢模板宜存放在室内或敞棚内，板底支垫离地面100mm以上，地面应平整坚实。楞板底支垫离地面200mm以上，两端支点距模板两端长度不大于模板长度的1/6。地面要有排水措施。

（5）入库的配件、小件要装箱入袋，大件要按规格分类整数码垛堆放。

第八节　模板工程综合练习

一、模板工基本操作练习

1. 划线练习

使用的尺、量尺、三角尺等在木条上画出30°、45°、60°、90°等的割角线，并且按各角线连接木条成30°、45°、60°、90°角。

2. 锯割练习

（1）按理论课讲解的内容修理框锯

（2）用框锯锯割木材的练习

3. 砍削练习

（1）按理论要求研磨斧子

（2）在木材上弹线，用斧子砍削平整

4. 刨削练习

（1）按理论要求修理手工刨子

（2）按理论要求刨平、刨直木材

5. 钻孔练习

使用手工钻和手电钻对木材和薄钢板进行钻孔练习

6. 圆锯机操作练习

（1）按理论要求对圆锯机进行检查和修理

（2）按理论要求进行锯割安全操作教育

（3）按理论要求操作圆锯机进行锯割木材的练习

二、组合钢模板设计练习

（1）要以一个工程的施工图进行基础、梁、柱、楼板、楼梯的模板进行配制、计算、绘制模板施工图。

（2）按模板施工图的要求准备材料、弹线、安装模板。也可以将模板比例缩小，制作、安装组合钢模板的模型。

思　考　题

5-1　怎样使用角尺？

5-2　怎样校正角尺、三角尺？

5-3　怎样放基础模板线？

5-4　怎样放柱模板线？

5-5　简述圆锯机的基本操作方法？

5-6　柱子模板配制步骤是什么？

5-7　梁的模板配制步骤是什么？

5-8　组合钢模板安装前怎样进行定位？

5-9　组合钢模板支设安装应遵守哪些规定？

5-10　柱子模板单块就位组拼的方法是什么？

5-11　安装梁模板工艺流程是什么？

5-12　现浇楼板模板设计的步骤是什么？

5-13　楼板模板安装的工艺流程是什么？

5-14　墙的模板配制的步骤是什么？

5-15　墙的组合钢模板安装的工艺流程是什么？

5-16　简述楼梯模板安装步骤？

5-17　梁、柱、墙模板支模常见哪些质量问题？怎样进行防治？

参 考 文 献

1. 邹建军. 建筑结构施工实际操作. 北京：中国建筑工业出版社，1998

2. 卢循主编. 建筑施工技术. 北京：中国建筑工业出版社，1995

3. 北京建工集团总公司. 建筑分项工程施工工艺标准. 北京：中国建筑工业出版社，1990